U0918739

"十二五"普通高等教育本科国家级规划教材

C语言程序设计

（第二版）

张淑华　朱建辉　主　编

于雪晶　顾煜新
蔡丽艳　陈希球　副主编

科学出版社

北　京

内 容 简 介

本书以教育部高等学校计算机科学与技术教学指导委员会编制的《关于进一步加强高等学校计算机基础教学的意见暨计算机基础课程教学基本要求》中有关计算机程序设计基础（C 语言）课程教学基本要求为指导，结合教育部考试中心最新的全国计算机等级考试二级（C 语言程序设计）考试大纲要求和作者多年的教学实践经验编写而成。

全书共 11 章，主要包括计算机语言与结构化程序设计的基本概念、C 语言的基本概念、三种基本结构程序设计、数组、结构体、共用体、枚举类型、函数、变量的存储属性、编译预处理、指针、用户自定义类型以及文件等内容。

本书体系完整、语言精炼，叙述深入浅出，内容详略得当、注重实践。针对全国计算机二级考试，对例题与习题都作了精心设计。

本书可作为高等学校本、专科计算机程序设计课程教学用书，也可作为全国计算机二级考试辅导用书和学生自学参考书。

图书在版编目(CIP)数据

C 语言程序设计/张淑华，朱建辉主编. —2 版. —北京：科学出版社，2015.1

（“十二五”普通高等教育本科国家级规划教材）

ISBN 978-7-03-043181-3

Ⅰ.①C… Ⅱ.①张…②朱… Ⅲ.①C 语言－程序设计－高等学校－教材 Ⅳ.①TP312

中国版本图书馆 CIP 数据核字（2015）第 018910 号

责任编辑：戴　薇　余梦洁 / 责任校对：王万红
责任印制：吕春珉 / 封面设计：多边数字

科学出版社 出版
北京东黄城根北街 16 号
邮政编码：100717
http://www.sciencep.com

北京中科印刷有限公司 印刷

科学出版社发行　各地新华书店经销

*

2012 年 1 月第　一　版　开本：787×1092　1/16
2015 年 1 月第　二　版　印张：23 1/4
2020 年 1 月第十五次印刷　字数：551 000

定价：56.00 元

（如有印装质量问题，我社负责调换〈中科〉）

销售部电话 010-62140850　编辑部电话 010-62135763-2038

前　言

教育部高等学校计算机科学与技术教学指导委员会于 2006 年编制了《关于进一步加强高等学校计算机基础教学的意见暨计算机基础课程教学基本要求》，提出计算机基础教学是面向非计算机专业的计算机教学，所以它不同于计算机专业的计算机教学。计算机基础教学的目标是培养学生掌握一定的计算机基础知识、技术与方法，以及利用计算机解决本专业领域中问题的能力。计算机程序设计基础是大学计算机基础教学系列中的核心课程，主要讲授程序设计语言的基本知识和程序设计的技术与方法。

由于 C 语言具有功能丰富、表达能力强、使用灵活方便、应用面广、目标程序效率高、可移植性好等特点，自 20 世纪 90 年代以来，C 语言迅速在全世界得到普及和推广。现在，大多数高校都把 C 语言作为第一门计算机语言进行计算机程序设计基础教学，学习和掌握 C 语言已经成为许多学生的迫切需要。

本书编者都是长期从事计算机基础教学的高校一线教师，按照计算机基础教学规律精心编排各章节内容，将多年的教学经验和体会融入书中。在各章内容的选择上兼顾教育部考试中心最新的全国计算机等级考试二级（C 语言程序设计）考试大纲要求，精选并设计例题和习题。全书共 11 章，主要包括计算机语言与结构化程序设计的基本概念、C 语言的基本概念、三种基本结构程序设计、数组、结构体、共用体、枚举类型、函数、变量的存储属性、编译预处理、指针、用户自定义类型以及文件等内容。本书体系完整、语言精炼，叙述深入浅出，内容详略得当、注重实践，力求使学生掌握结构化程序设计的方法和技能，具有用 C 语言编程并解决实际问题的能力。书中所有的例题和习题，都是在 Visual C++ 6.0 环境下调试通过的。

本书可作为高等学校本、专科计算机程序设计课程教学用书，也可作为全国计算机二级考试辅导用书和学生自学的参考书。C 语言程序设计是一门实践性很强的课程，读者可以参考、使用与本书配套的《C 语言程序设计实践教程（第二版）》（韩志明、王立君主编，科学出版社）。

本书由张淑华、朱建辉担任主编，由于雪晶、顾煜新、蔡丽艳、陈希球担任副主编。具体编写分工如下，第 1、2、3 章由于雪晶编写，第 4 章由于雪晶和蔡丽艳编写，第 5、6 章由顾煜新编写，第 7 章由顾煜新和陈希球编写，第 8 章由朱建辉编写，第 9、10、11 章和附录由张淑华编写。全书由朱丽莉教授审稿。在本书的编写和出版过程中，科学出版社给予了大力帮助和支持，在此表示感谢。

由于编者水平有限，书中难免有疏漏之处，恳请读者批评指正。

编　者

2014 年 12 月

前言

目 录

第1章 C 语言概述

C 语言是当今国际上最流行的计算机程序设计语言之一，无论是开发系统软件，还是设计应用软件，都可以看到 C 语言的身影。人们之所以选择 C 语言，是源于它具有一定的独特优点。所以，了解它的特点很重要。本章主要介绍计算机语言、C 语言的历史及 C 语言的特点，并对 C 语言程序的组成和结构特点、对结构化程序设计做了简明阐述，解释 C 语言的执行过程，最后介绍 C 语言的基本符号。

1.1 计算机语言与结构化程序设计

1.1.1 计算机语言

计算机是一种具有内部存储能力的自动、高效的电子设备，它最本质的使命就是执行指令所规定的操作。需要计算机完成什么工作，只要将其步骤用诸条指令的形式描述出来，并把这些指令存放在计算机的内部存储器中，需要结果时就向计算机发出一个简单的命令，计算机就会自动逐条顺序执行操作，全部指令执行完就得到了预期的结果。这种可以被连续执行的一条条指令的集合称为计算机的程序。也就是说，程序是计算机指令的序列，编制程序的工作就是为计算机安排指令序列。但是，指令是二进制编码，用它编制程序既难记忆，又难掌握，所以，计算机研究人员就研制出了各种计算机能够懂得、人们又方便使用的计算机语言。这样程序就可以用计算机语言来编写了。

计算机程序设计语言的发展，经历了从机器语言、汇编语言到高级语言的历程。

1. 机器语言

计算机所使用的是由“0”和“1”组成的二进制数，二进制是计算机语言的基础。计算机程序是直接用计算机能够识别的二进制代码指令进行书写的，这种程序设计语言就是机器语言。机器语言是第一代计算机语言，它通常由指示计算机一次完成一个最基本操作数值串组成。机器语言是直接对计算机硬件产生作用的，所以不同型号的计算机采用的机器语言是不一样的，这种情况使得机器语言很难被人们掌握和推广。但由于使用的是针对特定型号的计算机语言，故而运算效率是所有语言中最高的。

2. 汇编语言

一个复杂程序里的指令可能有成百万、成千万条或者更多，程序中的执行流程错综复杂，在二进制机器指令的层面上理解复杂程序到底做了什么，很容易变成人力所根本不能及的事情。为缓解这一问题，人们研发了符号形式的、使用相对容易些的汇编语言。用汇编语言写的程序需要用专门软件（汇编系统）加工、翻译成二进制机器指令后才能在计算机上使用。比如，用“ADD”代表加法，“MOV”代表数据传递等，这样一来，人们很容易读懂并理解程序在干什么，纠错及维护都变得方便了。这种程序设计语言就称为汇编语言，即第二代计算机语言。然而计算机是不认识这些符号的，这就需要一个专门的程序，负责将这些符号翻译成二进制数的机器语言，这种翻译程序被称为汇编程序。

汇编语言同样十分依赖于机器硬件，移植性不好，但效率仍然较高。针对计算机特定硬件而编制的汇编语言程序，能准确发挥计算机硬件的功能和特长，程序精炼、质量高，所以，至今仍是一种常用而强有力的软件开发工具。

3. 高级语言

不论是机器语言还是汇编语言都是面向硬件的具体操作，语言对机器的过分依赖，要求使用者必须对硬件结构及其工作原理都十分熟悉，这点非计算机专业人员是难以做到的，对于计算机的推广应用也不利。为了计算机事业的发展，促使人们去寻求一些与人类自然语言相接近且能为计算机所接受的语意确定、规则明确、自然直观和通用易学的计算机语言。这种与自然语言相近并为计算机所接受和执行的计算机语言称为高级语言。经过努力，1954年，第一个完全脱离机器硬件的高级语言——FORTRAN 问世了，40 多年来，共有几百种高级语言出现，目前被广泛使用的高级语言有 PASCAL、C、FORTRAN、VC、VB、C++、Java 等。

当然，计算机也不能直接执行高级语言描述的程序。人们在定义好一个语言之后，还需要开发出一套实现这一语言的软件，这种软件被称做高级语言系统，也常被说成是这一高级语言的实现。在研究和开发高级语言的工作过程中，人们也研究了各种实现技术。高级语言的基本实现技术是编译和解释，下面是对编译和解释两种方式的简单介绍。

1）采用编译方式实现高级语言。人们首先针对具体语言（例如 C 语言）开发出一个翻译软件，其功能就是将采用这种高级语言书写的程序翻译为所用计算机的机器语言的等价程序。用这种高级语言写出程序后，只要将它送给翻译程序，就能得到与之对应的机器语言程序。此后，只要命令计算机执行这个机器语言程序，计算机就能完成我们所需要的工作。

2）采用解释方式实现高级语言。人们首先针对具体高级语言开发一个解释软件，这个软件的功能就是读入这种高级语言的程序，并能一步步地按照程序要求工作，完成程序所描述的计算。有了这种解释软件，只要直接将写好的程序送给运行这个软件的计算机，就可以完成该程序所描述的工作。

高级语言的发展也经历了从早期语言到结构化程序设计语言，从面向过程到非过程化程序语言的过程。相应地，软件的开发也由最初的个体手工作坊式的封闭式生产，发展为产业化、流水线式的工业化生产。

高级语言的下一个发展目标是面向应用，也就是说，只需要告诉程序你要干什么，程序就能自动生成算法，自动进行处理，这就是非过程化的程序语言。

1.1.2 结构化程序设计

目前常见的程序设计方法有面向过程的程序设计方法和面向对象的程序设计方法。面向过程的程序设计方法又称为结构化程序设计方法，本节将介绍结构化程序设计方法及其基本思想。

1. 结构化程序设计

结构化程序设计（structured programming，SP）的概念最早是由荷兰学者 E.W.Dijkstra 提出来的，目的是提高程序设计的质量。

目前尚没有一个严格的、为所有人普遍接受的定义。一个比较流行的定义是：结构化程序设计是一种进行程序设计的原则和方法，按照这种原则和方法设计出的程序的特点是，结构清晰、容易阅读、容易修改、容易验证。

按照结构化程序设计方法的要求，结构化程序由三种基本控制结构组成：顺序结构、选择结构和循环结构。结构化程序的主体结构是顺序结构。

2. 结构化程序设计特征

结构化程序设计的特征主要有以下几点。

1）以三种基本结构（顺序、选择、循环）的组合来描述程序。

结构化程序设计的三种基本控制结构的流程图表示如图 1-1 所示。

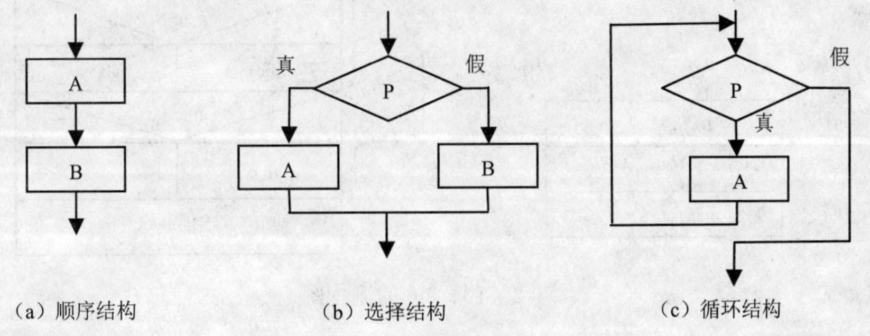

图 1-1　三种基本控制结构流程图

2）程序设计采用“自顶向下，逐步求精，模块化设计，结构化编码”的方法。程序设计时，首先考虑程序的总体结构，按程序实现的功能再细分为若干个子问题，如果子问题还包含子问题，再细化，直到每一个细节均可以用高级语言清楚表达为止。这个过程就是“自顶向下，逐步求精”。每个子问题都作为子程序，在 C 语言中用函数表示，又称为模块。这种层次分明、思路清楚、有条不紊的一步一步地进行设计的方法，既严谨又方便。

3）有限制地使用 goto 转移语句，在非用不可的情况下，也要十分谨慎，并且只限于在一个结构内部跳转，不允许从一个结构跳到另一个结构。这样可缩小程序的静态结构与动态执行过程之间的差异，使人们能正确理解程序的功能。

4）以控制结构为单位，每个结构只有一个入口，一个出口，各单位之间接口简单，逻辑清晰。

5）采用结构化程序设计语言书写程序，并采用一定的书写格式使程序结构清晰，易于阅读。

6）注意程序设计风格。采用顺序、选择和循环三种基本结构作为程序设计的基本单元，避免无限制地使用 goto 语句而使流程任意转向。

3. 设计程序的过程

下面举例说明用结构化程序设计方法设计程序的过程。

【例 1.1】 求 3 个数中的最大数。

1）给出程序的总体设计算法。

s1：给定或输入 3 个数 a、b、c。

s2：在 a、b、c 中找出大数赋给 max。

s3：输出 max。

s1、s2、s3 表示第 1 步、第 2 步、第 3 步。

2）对 s2 需进一步细化，即求出最大数的设计算法。

s21：从 a、b 中取大数赋给 max。

s22：再用 max 与 c 进行比较，取两者大的值赋给 max。

1）、2）的流程描述如图 1-2 所示。

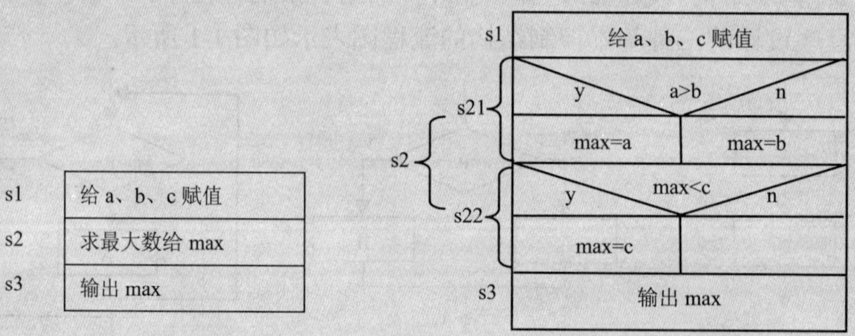

图 1-2　1）、2）的流程图

3）用计算机语言实现算法。

C 语言程序如下：

```
#include  <stdio.h>
void  main()
{
    int a,b,c,max;
    a=3;b=7;c=5;                    /*s1,也可以使用 scanf()对 a、b、c 赋值*/
    if(a>b)                         /*s21*/
        max=a;
    else
```

```
        max=b;
    if(max<c)                    /*s22*/
        max=c;
    printf("max=%d\n",max);      /*s3*/
}
```

结构化程序设计方法是公认的面向过程编程应遵循的基本方法和原则。结构化程序设计方法主要包括以下几点。

1）只采用三种基本的程序控制结构来编制程序，从而使程序具有良好的结构。

2）程序设计自顶而下。

3）用结构化程序设计流程图表示算法。有关结构化程序设计及方法有一整套不断发展和完善的理论和技术，对于初学者来说，完全掌握是比较困难的。但在学习的起步阶段就了解结构化程序设计的方法，学习好的程序设计思想，对今后的实际编程很有帮助。

1.2　C 语言的发展历史和特点

本书是介绍以 C 语言作为程序设计语言进行的程序设计，在开始对程序设计和 C 语言的系统学习之前，读者必须首先了解 C 语言的发展历史和 C 语言的基本特点。

1.2.1　C 语言的发展历史

C 语言是一种得到广泛重视并普遍应用的计算机程序设计语言，也是国际公认的最重要的几种通用程序设计语言之一，它既可用来编写系统软件，也可用来编写应用软件。

C 语言是由贝尔实验室的 Dennis Ritchie 和 Brian Kernighan 在 1972 年根据 Thompson 的 B 语言设计的，而 B 语言是由一种早期的编程语言 BCPL（basic combined programming language）发展演变而来的。BCPL 的根源可以追溯到 1960 年的 ALGOL 60（algol programming language），ALGOL 60 是一种面向问题的高级语言，离硬件较远。1963 年，英国剑桥大学推出 CPL（combined programming language）语言，CPL 修改了 ALGOL 60，使其能够直接作较低层次的操作。1967 年英国剑桥大学的 Martin Richards 对 CPL 做了改进，推出了 BCPL 语言。

最初的 C 语言是为描述和实现 UNIX 操作系统提供的一种工具语言，但 C 语言并没有被束缚在任何特定的硬件或操作系统上，它具有良好的可移植性。1977 年出现了不依赖于具体机器的 C 语言编译文本——《可移植的 C 语言编译程序》，用该程序编写的 UNIX 系统迅速在各种机器上实现，UNIX 系统支持的 C 语言也被移植到相应的计算机上。C 语言和 UNIX 系统在发展过程中相辅相成，得到了广泛应用，使 C 语言先后被移植到各种大、中、小、微型计算机上。

以 1978 年发表的第 7 版 UNIX 系统中的 C 语言编译程序为基础，B.W.Kernighan 和 D.M.Ritchie 合著了《The C Programming Language》。这本书中介绍的 C 语言成为后来广泛使用的 C 语言版本的基础，被称为标准 C 语言。1983 年，美国国家标准化协会（ANSI）根据 C 语言问世以来的各种版本对 C 语言的发展和扩充制定了新的标准，称为 ANSI C。1990

年，C 语言成为国际标准化组织（ISO）通过的标准语言，并接受了 C90 作为国际标准 ISO/IEC9899：1990。

1995 年，ISO 对 C90 做了一些修订，即“1995 基准增补 1（ISO/IEC9899/AMD1：1995）”。1999 年，ISO 又对 C 语言标准进行修订，在基本保留原来的 C 语言特征的基础上，针对应用的需要，增加了一些功能，尤其是 C++中的一些功能，命名为 ISO/IEC 9899：1999。2001 年和 2004 年先后进行了两次技术修正，即 2001 年的 TC1 和 2004 年的 TC2。ISO/IEC 9899：1999 及其技术修正被称为 C99，C99 是 C89（及 1995 基准增补 1）的扩充。本书的叙述以 C99 标准为依据，为了与 C89 作比较，在本书的叙述中对 C99 一部分新增加的功能作了特别的说明。

目前，由不同软件公司所提供的一些 C 语言编译系统并未完全实现 C99 建议的功能，它们多以 C89 为基础开发，读者应了解自己所使用的 C 语言编译系统的特点。初学者所用到的初步编程知识基本上在 C89 的范围内，因此，使用目前的 C 编译系统仍然可以满足对初学者的教学需要，在今后进行实际软件开发工作时，应注意使用能在更大程度上实现 C99 功能的编译系统。本书中所举的示例程序都是在目前流行的编译系统 Visual C++ 6.0 上编译和运行。

1.2.2 C 语言的特点

C 语言经历了不断的发展和完善，成为当今计算机界公认的一种优秀程序设计语言，C 语言之所以能具有如此强大的生命力而存在和发展，是源于其有不可替代的特点。C 语言的特点可归纳为以下几点。

1. 数据类型丰富，具有现代语言的各种数据类型

C 语言的基本数据类型有整型、浮点型、字符型。在此基础上按层次可产生多种构造类型，如数组、结构体、共用体等，同时还提供了用户自定义数据类型。C99 又扩充了复浮点类型、超长类型和布尔类型，用这些数据类型可以实现复杂的数据结构，如栈、链表、树等。因此，C 语言具有较强的数据处理能力。

2. 结构化的程序设计语言简洁、紧凑

C 语言的主要组成部分是函数，函数允许一个程序中的各任务分别定义和编码，符合模块化原理。C 语言还提供了 3 种结构化的控制语句，如用于判定的 if-else、switch 语句，用于循环的 for、while、do-while 语句等，十分便于采用自顶向下、逐步细化的结构化程序设计方法。C 语言只有 37 个关键字，而一些高级语言，关键字多达 100 个，因此，用 C 语言编写的程序更加简单、容易理解和便于维护。

3. 具有丰富的运算符

在 C 语言中共有 34 个运算符，除了一般高级语言使用的算术运算、关系运算及逻辑运算等功能外，还具有独特的以二进制位（bit）为单位的位与、位或、位非以及移位操作等运算。并且 C 语言具有如 a++、b--等单目运算和+=、-=等复合运算功能。

4. 高效率的目标代码

C 语言允许直接访问物理地址，并能进行位（bit）操作，能实现汇编语言的大部分功能，可以直接对硬件进行操作，因此，C 语言既具有高级语言的功能，又具有低级语言的许多功能，可用来编写系统软件。C 语言的这种双重性，使它既是成功的系统描述语言，又是通用的程序设计语言。有人把 C 语言称为“高级语言中的低级语言”，也有人称它为“中级语言”，意为兼有高级和低级语言的特点。

5. 具有预处理能力

在 C 语言中提供了#include 和#define 两个预处理命令，实现对字符串的宏定义以及对外部文件的包含，同时还具有#if-#else-#endif 等条件编译预处理命令。这些功能的使用提高了软件开发的工作效率并为程序的组织和编译提供了便利。

6. 可移植性好

目前，C 语言在计算机上实现大部分是通过 C 语言编译系统移植得到的。C 编译程序的可移植性使 C 语言程序便于移植。用 C 语言编写的程序，基本上可以不加修改地用于各种计算机和操作系统上。

7. 语法限制不严格，程序设计自由度比较大

例如，对数组下标越界不进行检查，由程序编写者自己保证程序的正确。对变量的类型使用比较灵活，例如，整型量与字符型数据以及逻辑型数据可以通用。一般的高级语言语法检查比较严，能检查出几乎所有的语法错误，而 C 语言允许程序编写者有较大的自由度，因此放宽了语法检查。程序员应当仔细检查程序，保证其正确，而不要过分依赖 C 语言编译程序查错。“限制”与“灵活”是一对矛盾。限制严格，就失去灵活性；而强调灵活，就必然放松限制。对于不熟练的人员，编一个正确的 C 语言程序可能会比编一个其他高级语言程序难一些。也就是说，对于用 C 语言的人，要求更高些。

总之，C 语言已成为国内外广泛使用的一种编程语言。

1.3　C 语言程序的基本结构和执行过程

如果要很好地使用 C 语言去编写程序，就要非常熟练地掌握 C 语言基本知识，本节就将通过几个简单的程序来帮读者加深了解如何阅读 C 语言程序和使用 C 语言程序，为以后进行 C 语言编程打下坚实的基础。

1.3.1　C 语言程序简单实例

C 语言是函数式语言，函数是构成 C 语言程序的基本单位。下面通过一个程序来分析 C 语言程序的组成和结构。

【例 1.2】　求两个数的最大值。

程序如下：

```
#include  <stdio.h>                      /*文件包含*/
int max(int  m,int n);                  /*函数说明*/
void  main()                            /*主函数*/
{
    int x,y,z;                          /*变量说明*/
    printf("input two numbers:\n");
    scanf("%d%d",&x,&y);                /*输入 x、y 值*/
    z=max(x,y);                         /*调用 max()函数*/
    printf("maxmum=%d",z);              /*输出*/
}
int max(int  m,int n)                   /*定义 max()函数*/
{
    if(m>n)
        return m;
    else
        return n;                       /*把结果返回主调函数*/
}
```

程序运行情况如下（本书中所有输入数据均由下划线标识）：

```
input two numbers:
2 3
maxmum=3
```

程序分析：本程序包括两个函数定义体，主函数 main( )和被调用函数 max( )。

程序第 1 行是预编译命令 #include <stdio.h>，表示包含程序中使用的标准输入输出库函数文件（后面章节将详细介绍）。

程序第 2 行是对被调用函数 max( )的声明。为什么要作这个函数声明呢？因为在主函数中要调用 max( )函数（主函数中语句“z=max(x,y);”），而 max( )函数的定义部分却在 main( )函数定义之后，计算机对程序的编译是自上而下进行的，在对程序中调用语句进行编译时，编译系统无法知道 max 是什么，因而无法把它作为函数调用处理。为了使编译系统能识别 max( )函数，就要在调用 max( )函数之前用语句“int max(int m,int n);”对 max( )函数进行“声明”，所谓声明，通俗地说就是告诉编译系统 max 是什么，以及它的有关信息（有关函数的声明将在第 8 章详细介绍）。

max( )函数的作用是将 x 和 y 中较大者返回到主函数中。max( )下面用花括号括起来的是 max( )函数的函数体。在函数体中，通过 if-else 语句判断，如果判定条件成立，由第 14 行的 return 语句将 m 的值作为 max( )的函数值返回给调用 max( )函数的函数（即主函数 main( )），如果判定条件不成立，则由第 16 行 return 语句将 n 的值返回。返回值是通过函数名 max( )带回到 main( )函数中去的（带回到语句“z=max(x,y);”，main( )函数调用 max( )函数处）。

程序第 3 行中 main 是主函数的名称，main 前面的 void 表示函数 main( )没有返回值，每个程序都有一个主函数，函数体由花括号括起来，第 4～10 行是主函数的函数体。

程序第 5 行是对变量的声明，表示定义了 3 个整形变量，变量名称分别为 x、y、z。

程序第 6 行 printf 是输出函数的名称（scanf( )和 printf( )都是 C 语言的标准输入输出函数）。本例中 printf( )函数的作用是原样输出字符串“input two numbers:”，也就是在屏幕上显示该字符串，其中“\n”是回车换行的含义，使得光标自动移到下一行行首。

程序第 7 行 scanf 是输入函数的名称。scanf( )函数的作用是输入变量 a 和 b 的值。scanf( )函数后面圆括号中包括两部分内容：一是双引号中的内容，它指定输入的数据按什么格式输入，“%d”的含义是十进制整数形式；二是输入的数据准备放到哪里，即赋给哪个变量。现在，scanf( )函数中指定的是 a 和 b，在 a 和 b 的前面各有一个“&”，在 C 语言中“&”是取地址符，&a 的含义是“变量 a 的地址”，&b 是“变量 b 的地址”。执行 scanf( )函数，从键盘读入两个整数，送到变量 a 和 b 的地址处，然后把这两个整数分别赋值给变量 a 和 b。

程序第 8 行利用 max(a,b)调用 max( )函数。在调用时，将 x 和 y 作为 max( )函数的参数（称为实际参数）的值分别传送给 max( )函数中的参数 m 和 n（称为形式参数），然后执行 max( )函数的函数体（程序第 12～17 行），使 max( )函数返回一个值（即 m 和 n 中大者的值），return 语句的作用是把函数值带回到程序的主函数调用 max( )函数的位置，取代 max(a,b)，然后把这个值赋给变量 z。

第 9 行输出结果。在执行 printf( )函数时，对双引号括起来的“maxmun=%d”是这样处理的：将“maxmun=”原样输出，“%d”由变量 z 的值取代。

本例用到了函数调用、实际参数和形式参数等概念，只作了简单的解释。读者对此可能不是很理解，可以先不予研究，通过对后面章节不断加深学习，自然迎刃而解。在本章介绍此例子，主要是使读者对 C 程序的组成和形式有一个初步的了解。

从本例中可以看到，C 语言程序有如下特点。

1．C 语言程序是由若干个函数构成的

函数是 C 语言程序的基本组成单位 。每个 C 程序有且仅有一个主函数，C 语言规定主函数的函数名为 main。除主函数外，可以没有其他函数，也可以有一个或多个其他函数。

例 1.2 中定义了两个函数：max( )和 main( )。因为在 main( )函数中调用 max( )函数，所以 main( )为主调函数，max( )为被调用函数。被调用函数可以是系统提供的库函数，如例 1.2 中在 main( )中调用的 printf( )函数和 scanf( )函数，也可以是用户根据需要自己定义的函数，如例 1.2 中的 max( )函数。一个 C 程序可以包含 0 个或多个用户自定义函数。

C 语言程序总是从主函数 main( )开始执行，并且在主函数 main( )中结束，这与主函数 main( )在程序中的位置无关，主函数 main( )可以在整个程序的任意位置，通常把主函数 main( )放在程序中其他函数的后面。

2．函数的定义

每个函数（包括主函数）的定义分为两个部分：函数说明和函数体。

1）函数的说明部分（也称为函数首部）格式如下：

```
函数类型　　函数名（形式参数１，形式参数２，…）
```

这部分包括函数类型、函数名、参数名和参数类型。

如例 1.2 中 max( )函数的说明部分：

int	max	(int	m ,	int	n)
↓	↓	↓	↓	↓	↓
函数类型	函数名	参数类型	参数名	参数类型	参数名

函数名后必须有一对圆括号“( )”，这是函数的标志；函数类型是函数返回值的类型；参数类型就是形参类型；形参可以有，也可以省略。形参省略时，函数名后的一对圆括号不能省略，如 main( )函数就没有参数。如果有参数，放在圆括号中，如“int max(int m,int n)”。

参数类型的说明也可以放在圆括号外，是传统的函数说明形式，如：

```
int max(m,n)
int m,n;
```

这种参数类型的说明形式与把形式参数放在圆括号中的参数说明形式“int max(int m, int n)”作用一样。

2）函数体的格式如下：

```
{
    变量定义部分
    实现函数功能的语句组
}
```

函数体由函数首部下面最外层的一对花括号中的内容组成。一个函数如果有多对花括号，则最外层的一对花括号中的内容为函数体的范围。

函数体一般包含变量定义（变量说明）和执行语句两部分。在例 1.2 中，函数 main( )中的“int x,y,z;”是变量定义部分，其余是实现函数功能的语句组。

3. C 语言程序中的语句最后总要有一个“分号（; ）”，作为每个语句的结束标志

分号“;”是 C 语言语句必不可少的一部分，是语句的结束标志。例如，语句“z=max(x,y);”中的分号不可少，即便是程序的最后一个语句也应该用分号结束。但需要注意的是预处理命令和函数头之后不能加分号。

4. 可以用“/*”和“*/”括住任意字符，称为“注释”（在 C99 中也支持使用“//”的注释符号，本书采用“/*”和“*/”的注释符）

注释不参与程序编译和程序执行，所以注释可以出现在程序的任何位置，通常放在一段程序的开始，用于说明该段程序的功能；或者放在某个语句的后面，解释语句的含义。

使用注释时，需要注意以下两点。

1）注释可以单独占一行，也可以占据多行。

例如：

```
int  i=10;                    /*声明变量 i
int  j=15;                    声明变量 j */
```

其中：

```
/*声明变量 i
```

```
int  j=15;                     声明变量 j */
```

是一个注释，注意“int j=15;”不是语句，是注释的一部分内容。

2）注释的内容也是任意的，但不允许在“/*”与“*/”中间又出现“/*”和“*/”注释，即注释没有嵌套结构。

例如：

```
scanf("%d%d",&x,&y);           /*输入 x、y 值/*键盘输入*/ */
```

这种格式中，/*输入 x、y 值/*键盘输入*/ */注释中包含注释就是错误的。

注释使程序变得清晰，能帮助我们阅读和理解程序。给程序加注释是一个良好的编程习惯。

5. C 语言程序书写格式自由

C 程序的书写格式很灵活，在一行上可以书写多个语句，一个语句也可以写在多行上，一般情况下，一个说明或一个语句占一行。在程序清单的任何一处都可以插入空格符号或回车符号。但是，为了程序清单层次分明、便于阅读，通常都采用缩格并对齐的书写方法。

例如：

```
if(a>b)
    c=a;
else
    c=b;
```

6. 源程序中可以有编译预处理命令

预处理命令通常应放在源文件或源程序的最前面。预处理命令一般有三种，例 1.1 中的#include 称为文件包含命令，其意义是把尖括号<>或引号""内指定的文件包含到本程序来，成为本程序的一部分。被包含的文件通常是由系统提供的，其扩展名为.h。因此也称为头文件或首部文件。C 语言的头文件中包括了各个标准库函数的函数原型。因此，凡是在程序中调用一个库函数时，都必须包含该函数原型所在的头文件。在本例中，使用了两个库函数：输入函数 scanf( )和输出函数 printf( )。函数 scanf( )和 printf( )是标准输入输出函数，其头文件为 stdio.h，因此，在程序的主函数前用#include 命令包含了 stdio.h 文件（#include <stdio.h>）。

7. C 程序的执行总是从主函数开始，并在主函数中结束

C 语言程序总是从主函数 main( )开始执行，并且在主函数 main( )中结束，这与主函数 main( )在程序中的位置无关，主函数的位置是任意的，可以在程序的开头，可以在程序的结尾，也可以在两个函数之间。其他函数总是通过函数调用来执行的。主函数可以调用任何非主函数；任何非主函数都可以相互调用，但是不能调用主函数。

下面将通过几个简单的 C 语言程序，进一步了解 C 语言程序的结构和特点。

【例 1.3】 在屏幕上显示语句 Hello C World!

```
#include <stdio.h>                /*文件包含*/
void main ()                      /*定义主函数*/
```

```
{
    printf("Hello C World!\n");        /*在屏幕输出语句*/
}
```

程序运行结果如下：

```
Hello C World!
```

这个程序是由主函数 main( )组成的。编译预处理命令#include <stdio.h> 表明在程序中用到了输入输出函数。“/*”和“*/”之间括起来的内容为注释部分，是对程序的解释，在程序编译运行的过程中没作用，可有可无。主函数 main( )的函数体用“{ }”括起来，函数体内只有一个输出函数 printf( )，运行时 printf( )按照原样向显示屏幕输出双引号中的字符串；“\n”表示输出字符串后光标换行，所有语句均以“；”结束。

【例 1.4】 输入两个整数，输出两数之和。

程序如下：

```
#include <stdio.h>                       /*包含文件*/
void  main()                             /*主函数*/
{
    int x,y,sum;                         /*变量说明*/
    int  add(int a,int b);               /*函数声明*/
    printf("input two numbers:\n");
    scanf("%d %d",&x,&y);                /*输入 x、y 值*/
    sum=add(x,y);                        /*调用 add()函数*/
    printf("sum=%d",sum);                /*输出*/
}
int add(int a,int b)                     /*定义 max()函数*/
{
    int   z;                             /*变量说明*/
    z=a+b;
    return  z;                           /*把结果返回主调函数*/
}
```

当运行程序时，首先屏幕上显示一条提示信息：

```
input two numbers:
```

此时要求用户从键盘输入两个整数分别赋值给 x 和 y。如果要输入 6 和 9，即：

```
input two numbers:
 6  9
```

就是在“input two numbers:”下面，由键盘输入“6　9”然后敲入回车键，表示输入结束。此时屏幕显示运行结果：

```
sum=15
```

上述例子中，程序的功能是由键盘输入两个整数，程序执行后输出两数之和。本程序由两个函数组成，主函数和 add( )函数。主函数 main( )调用 add( )函数，main( )是主调函数，

add( )函数是被调函数。add( )函数的功能是求两数之和，然后把两数之和返回给主函数。add( )函数是一个用户自定义函数。因此在调用前要给出说明。可见，在程序的说明部分中，不仅可以有变量说明，还可以有函数说明。关于函数的详细内容将在第 8 章介绍。在程序的每行后用“/*”和“*/”括起来的内容为注释部分，程序不执行注释部分。

1.3.2　C 语言程序执行过程

学习 C 语言离不开编写和运行 C 语言程序。在了解一些 C 语言的初步知识以后，就应该上机练习编写和运行 C 语言的程序，通过上机实践来加深对 C 语言的认识和理解。如何实现 C 语言程序呢？在不同的环境下实现的方法稍有差异。C 语言程序实现可归纳如下三步。

1. 编辑

编辑是用 C 语言写出源程序。其方法有两种：一种是使用编辑程序编写好 C 语言源程序，并以.c 为文件后缀存入文件系统；另一种是使用 C 语言编译系统提供的编辑器来编写源程序，并且存入文件系统。

2. 编译、连接

编译连接是两个过程，有些编译系统常将它们连在一起，实际上是将源程序先进行编译，通过编译可发现源程序中的语法错误。如有错误，则系统将其“错误信息”显示在屏幕上，用户根据指出的错误信息，对源程序进行编辑修改，修改后再重新编译，直到编译无错为止。编译后生成机器指令程序，被称为目标程序。此目标程序名与相应的源程序同名，其后缀为.obj。编译过程完成后，便开始连接过程。所谓连接是将目标程序与库函数或其他程序连接成为可执行的目标程序，简称可执行程序。一般可执行程序名与源程序同名，后缀为.exe。

3. 运行

当程序编译连接后，生成了可执行程序便可运行了。这里，还需补充一点，在连接过程中可能出现错误，这时必须根据“出错信息”所指示的错误进行修改后，再进行连接直到不出错为止，这样才会生成可执行文件。运行可执行文件，一般屏幕上显示出输出结果。

运行 C 语言程序的环境很多，编译系统也很多，不同环境的实现方法不同，但都包含了上面描述的三步。本书采用的 Microsoft Visual C++ 6.0 编译系统，书中所有程序均在 Microsoft Visual C++ 6.0 的环境下调试、运行。

1.4　C 语言的字符集和标识符

本节主要介绍 C 语言中的基本符号、用户标识符、关键字以及预定义标识符，以便在编写 C 语言程序时，能够正确使用基本符号和标识符，避免使用非法字符。

1.4.1　字符集

C 语言的基本符号是指在 C 程序中可以使用的字符，主要由 ASCII 字符集中的字符组成，包括阿拉伯数字、大小写英文字母、特殊符号、转义字符和键盘符号等。这些字符大多数是可见字符，对于不可见的字符（如回车键）C 语言规定用转义字符来表示，转义字符将在 2.2 节中详细介绍。C 语言的基本符号具体有以下五类字符如下。

1）阿拉伯数字 10 个：0、1、2、3、…、9。

2）大小写英文字母各 26 个：A、B、C、…、Z，a、b、c、…、z。

3）下划线：_。

4）特殊符号，主要是指运算符和操作符，通常是由 1～2 个特殊符号组成：+、−、*、/、%、<、<=、>、>=、==、!=、&&、||、!、,、&、|、～、=、++、−−、? :、<<、>>、(、)、[、]、.、->、+=、−=、*=、/=、%=、&=、^=、|=、^、#、sizeof。

5）空白字符：空格符、制表符、换行符等统称为空白字符。空白字符在程序中主要用于分隔其他成分。按规定，C 语言程序中大部分地方增加空白字符都不影响程序意义。因此人们写程序时常利用这种性质，通过加入一些空白字符，把程序排成适当格式，以增强程序的可读性。

1.4.2　标识符

程序中有许多需要命名的量。例如，程序中常常需要定义一些数据对象，以便在处理数据时使用。为了在定义和使用之间建立联系，表示不同位置用的是同一个数据对象，基本的方式就是为数据对象命名，通过名字建立起定义与使用间、同一对象的不同使用间的联系。为了这种需要，C 语言规定了数据对象名字的命名规则。程序中数据对象的名字称为标识符。C 语言的标识符可分为用户标识符、关键字（也称保留字）和预定义标识符三类。

1. 用户标识符

用户可以根据需要对 C 语言程序中用到的变量、符号常量、自定义的函数或文件指针等进行命名，形成用户标识符，这类标识符的构成规则有如下几点。

1）一个用户标识符是字母和数字字符的一个连续序列，其中不能有空白字符，而且要求第 1 个字符必须是字母。为了方便起见，C 语言特别规定将下划线字符“_”也当作字母看待。这就是说，下划线可以出现在标识符中的任何地方，特别是可以作为标识符的第 1 个字符。例如：

x1、name、door_1、_sum 这些标识符是合法的，而以下标识符是非法的。

```
m&n                 /* 出现非法字符& */
1day                /* 以数字开头 */
number-1            /* 出现非法字符- */
```

2）标识符中大、小写英文字母是有严格区分的，a 和 A 是不同的字符，name、Name、NAME、naMe 和 nMAE 是互不相同的标识符。

3）C 语言本身并没有要求标识符的长度，不同的 C 编译系统允许包含的字符个数有所不同，通常可以识别前面 8 个字符，但在任何机器上，所能识别的标识符的长度总是有限的，有些系统可以识别长达 31 个字符的标识符（如 VAX-11 VMSC），在 C99 中支持 63 字符，而有些系统只能识别 8 个字符长度的标识符，这意味着即使第 9 个字符不同，只要前 8 个字符一样，系统也认为是同一个标识符，如 Category1 和 Category2。因此，为了避免出错和增加可移植性，最好令标识符前 8 个字符有所区别。

4）标识符虽然可由用户随意定义，但标识符是用于标识某个量的符号。因此，命名应尽量有相应的意义，以便阅读程序时容易理解，作到"见名知义"。一个好的程序，标识符的选择应尽量反映出所代表对象的实际意义。如表示"年"可以用"year"，表示"长度"可以用"length"；表示加数的"和"可以用"sum"等，这样的标识符增加了可读性，使程序更加清晰。

5）用户定义的标识符不能和 C 语言中的关键字相同。

2. 关键字

C 语言的合法标识符中有一个特殊的小集合，其中的标识符称为关键字。关键字是 C 语言编译系统固有的，用做语句名、类型名的标识符。C 语言共有 37 个关键字，每个关键字在 C 程序中都代表着某一固定含义，所有关键字都要用小写英文字母表示，且这些关键字都不允许作为用户标识符使用。C 语言的关键字如表 1-1 所示。

表 1-1　C 语言关键字

描述数据类型定义	描述存储类型	描述数据类型	描述语句
typedef	auto	_bool	break
void	extern	char	case
	inline	_complex	continue
	register	const	default
	static	double	do
	volatile	float	else
		_imaginary	for
		int	goto
		long	if
		restrict	return
		short	sizeof
		signed	switch
		struct	while
		union	
		unsigned	
		enum	

对于 C 语言的关键字，要特别注意以下两点。

1）所有关键字都必须用小写字母表示。

2）用户自定义的常量名、变量名、函数名和类型名不能使用上述关键字。

1.4.3 预定义标识符

预定义标识符在 C 语言中都具有特定含义，如 C 语言提供的编译预处理命令#define 和#include 等，C 语言语法允许用户把这类标识符作其他用途，但这将使这些预定义标识符失去系统规定的原意，鉴于目前各种计算机系统的 C 语言已经把这类标识符作为统一的编译预处理中的专用命令名使用，因此为了避免误解，建议用户不要把这些预定义标识符另作它用或将它们重新定义（后续章节将详细介绍）。

习 题 1

一、选择题

1. 一个 C 语言程序是由（　　）。

A．一个主程序和若干子程序组成　　B．函数组成

C．若干过程组成　　D．若干子程序组成

2. 在下列各选项中，合法的 C 语言关键字是（　　）。

A．integer　　B．sin　　C．string　　D．void

3. C 语言规定：一个源程序中，main 函数的位置（　　）。

A．必须在最开始　　B．可以任意

C．必须在系统调用的库函数的后面　　D．必须在最后

4. 对于一个 C 程序，下列叙述中正确的是（　　）。

A．程序的执行总是从 main 函数开始，在 main 函数中结束

B．程序的执行总是从第一个函数开始，在 main 函数中结束

C．程序的执行总是从 main 函数开始，在程序的最后一个函数中结束。

D．程序的执行总是从程序中的第一个函数开始，在程序的最后一个函数中结束

5. C 语言源程序文件名的后缀是（　　）。

A．.exe　　B．.c　　C．.obj　　D．.cp

6. 下列说法正确的是（　　）。

A．C 语言程序书写时，不区分大小写字母

B．C 语言程序书写时，一行只能写一条语句

C．C 语言程序书写时，一条语句可分成几行书写

D．C 语言程序书写时，每行必须有行号

7. C 语言中的标识符只能由字母、数字和下划线 3 种字符组成，且第一个字符（　　）。

A．必须为字母　　B．必须为下划线

C．必须为字母或下划线　　D．可以是字母、数字和下划线中任意一种

二、填空题

1. C 语言程序经过编译后生成的文件扩展名是__________。

2. C 语言程序是由__________组成的。

3. 在一个 C 源程序中，注释部分两侧的分界符分别为__________。

4. 下面程序用 scanf( )函数从键盘接收两个整数，用 printf( )函数输出两个变量的值，请在画线处填上正确的内容。

```
__________
void main()
{__________;
    scanf("%d,%d",&a,&b);
```

```
    printf("%d,%d",___________);
}
```

三、简答题

1. C 语言有哪些特点？
2. C 语言的主要应用有哪些？
3. 编写一个实现某种功能的 C 语言程序，必须经历哪几个步骤？
4. 写出一个 C 程序的构成。

第2章

数据类型及其表达式

计算机的基本功能是利用程序对数据进行处理，任何计算机程序都是由数据结构与算法组成的。在C语言中数据结构的体现形式是数据类型，一种语言支持的数据类型越丰富，它的应用范围就越广。C语言具有丰富的数据类型。

本章介绍C语言的基本数据类型：整型、浮点型、字符型及空类型，相应类型的变量和常量以及类型之间的转换。并介绍运算符与表达式的概念和使用。通过本章的学习，读者应掌握C语言数据类型和运算的基本概念，为以后各章的学习打下基础。

2.1 C语言数据类型简介

数据是程序处理的对象。C语言程序处理数据之前，要求数据具有明确的数据类型。为什么在用计算机运算时，要指定数据的类型呢？在数学中，数值是不分类型的，数值的运算是绝对准确的。在计算机中，数据是存放在存储单元中的，它是具体存在的。而且，存储单元是由有限的字节构成的，每一个存储单元中存放数据的范围是有限的，不可能存放“无穷大”的数，也不能存放循环小数。所以计算机就依据数据所占据存储单元的大小和存储形式的不同，将数据分成一些集合。属于同一集合的数据对象具有相同性质，如采用统一的书写形式，在具体实现中采用同样的编码方式（按同样规则对应到内部二进制编码），对它们能做同样运算操作等。C语言中将具有相同性质的数据集合称为一个类型。

不同类型的数据在表示形式、合法的取值范围、内存中的存放形式及可以参与的运算形式等方面有所不同。程序设计过程中所使用的数据都要根据其不同的用途赋以不同的类型，一个数据只能有一种类型。C语言的数据通常分为如图2-1所示的类型(带*的是C99增加的)。

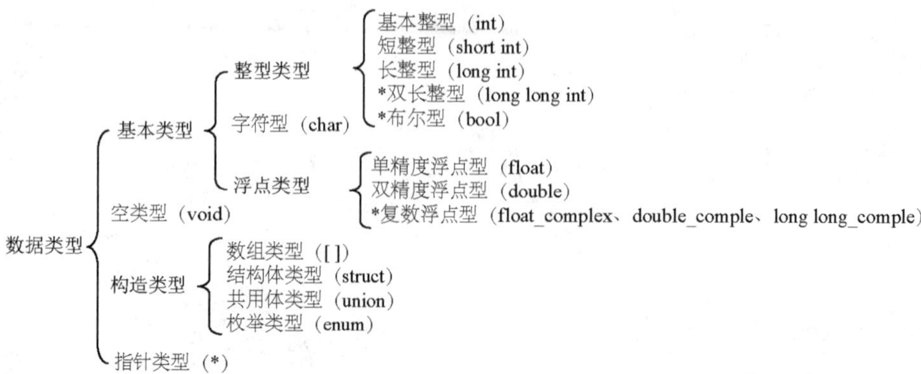

图2-1 C语言的数据类型

2.2　基本数据类型

基本数据类型就是指这种类型的数据是最小的不可分割的数据，也就是说这种数据不是由其他数据构成的，不能分解成多个数据。C 语言提供了多个基本数据类型，并规定了“类型名”。基本类型的名字由一个或几个标识符构成，一般是关键字。本节将介绍整型、字符型、实型和空类型这几个最常用的类型。

2.2.1　常量与变量

1. 常量

常量又叫常数，它是在程序运行过程中其值始终不变的量。常量有：整型常量、实型常量、字符常量和字符串常量四种类型。常量不需要事先定义，只要在程序中需要的地方直接写出即可。常量的类型也不需要事先说明，它们的类型是系统通过书写方式自动默认的。

2. 变量

有了常量，与它相对应的是变量，变量是指在程序执行过程中其值可以改变的量。通常是用来保存程序运行过程中输入的数据、计算获得的中间结果或最终结果。

C 语言中所有的变量在使用前必须先定义、说明变量类型，然后才能使用。也就是说，所有的变量在使用前，都有一个确定的数据类型与之对应，规定了变量的存储空间结构和数值范围。

定义一个变量，需要注意以下两点。

1）给出变量的名称。变量的命名规则同用户自定义标识符规则相同，其中的英文字母常用小写，给变量命名时，根据具体问题的需要任意设置，一般都用代表变量值或用途的标识符命名。可以是英文单词或缩写，也可以是中文拼音字母或缩写，一般做到“见名知意”。

2）给出变量的数据类型。当程序运行时，每个变量都要占用连续的若干个字节，所占用的字节数由变量的数据类型确定，根据实际需要设定，设定的数据类型必须是系统所允许的数据类型中的一种（基本类型或构造类型）。C 程序中的每个变量都有固定的类型，指的是每个变量只能保存一种类型的值。例如人们常说某个变量是整型变量（是 int 类型的，只能保存 int 类型的值），或是双精度变量（只能保存 double 类型的值）等。

计算机程序中处理的数据不是常量，就是变量。使用时常量要区分常量类型，变量要明确变量类型。

2.2.2　整型数据

根据程序使用数据的不同需要，C 语言提供了多种整型数据类型。整型类型一般有：基本整型（int）、短整型（short int \short）、长整型（long int\long ）、双长整型（long long int\long long）、无符号整型（unsigned int、unsigned long、unsigned short）等。由于计算机系统不同，整数的范围也不相同，并且 C 语言标准也没有具体的规定各种整型变量在内存中应该分配几个字节的存储单元，所以不同计算机上的编译系统都从自己的需要出发，规定各种整型变量在内存中应该分配多少个字节。尽管不同计算机上的编译系统在这方面的规定不同，但是一般的原则是以一个计算机字（word）存放一个 int 型数据，而 long int 型数据的字节数应不小于 int 型，short int 型不长于 int 型。

计算机中的数据，都是以数据的补码方式存储于存储单元中，通过补码（二进制）就能求出数据对应的十进制数，也就能总结出不同类型数据的范围。根据 Visual C++ 6.0 的编译系统中为不同整型分配的字节数，各种整数类型范围及所占字节数的设定如表 2-1 所示。

表 2-1　各种整数类型的数据范围

类型	所占字节	数据的范围
int	4	−2 147 483 648～2 147 483 647
short int(short)	2	−32 768～32 767
long int(long)	4	−2 147 483 648～2 147 483 647
unsigned int（unsigned）	4	0～4 294 967 295
unsigned short	2	0～65 535
unsigned long	4	0～4 294 967 295
long long int(long long)	8	−9 223 772 036 854 775 808～9 223 772 036 854 775 807

1. 整型常量

整型常量是指可以直接使用的整数。C 语言中有 3 种形式的整型常量：十进制整型常量、八进制整型常量和十六进制整型常量。

（1）十进制整型常量

十进制整型常量的表示方法与人们生活习惯中十进制整数的表示形式基本一致，但不完全相同。它是由 0～9 的数字序列组成的十进制数字，并且不能是由 0 开头的数（0 自己独立使用可以是整型常量），数字前可以带负号，来表示负数，例如：

```
0             /* 十进制整型常量 0*/
10            /* 十进制整型常量 10*/
1234          /* 十进制整型常量 1234*/
-10           /* 十进制整型常量-10*/
```

以上均是合法的十进制整型常量。

在使用十进制整型常量时需要注意以下两点。

1）不允许在数字中出现分隔符，也不允许夹杂任何非数字字符。例如，在有些应用领域将十进制数表示成：

```
1,234
```

但在 C 语言中是不合法的。

2）十进制整型常量有范围限制。在日常生活中，整数没有范围，但在 C 语言中，整型数据占据的存储空间是有限的，这就限制了整数的范围，所以十进制整型常量是有范围的。

（2）八进制整型常量

八进制整型常量就是八进制数。C 语言中规定八进制整型常量的前导符是数字 0，含义是以数字 0 开头，由 0～7 组成的数字序列都是八进制数，例如：

```
012              /*八进制 12 对应十进制 10*/
0567             /*八进制 567 对应十进制 375*/
01234            /*八进制 1234 对应十进制 668*/
```

由于八进制整型常量是由 0～7 的数字组成的字符序列，所以在数字中不能出现 0～7 以外的符号。例如：

```
0138
369
01A
```

以上都是不合法的八进制整型常量，0138 中出现了数字 8、369 不是以 0 开头的数字、01A 中出现了 A。

（3）十六进制整型常量

十六进制整型常量就是十六进制数。C 语言中，十六进制整数的前导符是 0x 或 0X，含义是以 0x 或 0X 开头的由数字 0～9 及 a～f（或 A～F）中的任意字符组成的十六进制数。其中 a～f（或 A～F）表示十进制值 10～15，可以在十六进制数前加一个负号“-”来表示负数。例如：

```
0x123            /*十六进制 0x123 对应十进制 291*/
-0X123           /*十六进制-0x123 对应十进制-291*/
0x1A             /*十六进制 0x1A 对应十进制 26*/
```

对于上述的三种整型常量，都是表示一定范围内的整数值，当它的数值超出范围时，系统会根据它们的实际数值来确定它们是短整型常量、长整型常量、无符号整型常量或者是双长整型。短整型常量就是我们常用的普通整型常量或称基本整型常量。对于不同类型的常量，主要区别除了表示形式不同外，其内涵主要是指在计算机中能够表示的数值的范围和存储时数据所占的字节数。

说明如下。

1）一个整型常量在计算机中能够表示的十进制数的范围是-2 147 483 648～2 147 483 647（对于无符号整常量为 0～4 294 967 295）。一般情况下，一个整型数在计算机中以 4 个字节存储。

2）C 语言还提供一种长整型数，长整型数由整型数后面紧跟大写字母 L（或小写字母 l）来表示，如 369L、-396L 等。一个长整型数在计算机中占 4 个字节。长整型数能够表示的十进制数的范围是-2 147 483 648～2 147 483 647。

3）C 语言提供无符号整型数，无符号整型数由整型数后面紧跟大写字母 U（或小写字母 u）来表示，如 369U、396u 等；无符号长整型数由整型数后面紧跟字母 LU、Lu、lU、lu 来表示。

2. 整型变量

（1）整型变量的定义

整型变量的定义格式为：

```
整型类型说明符    变量名 1,变量名 2,……,变量名 n;
```

例如：

```
int a,b,c;
short d;
long  e,f;
```

其中，int 是整型类型说明符，第 1 个说明语句定义了 3 个整型变量，标识符 int 说明定义的变量是整型变量，标识符 a、b、c 为 3 个变量名，之间用逗号分隔，类型说明符与变量标识符用空格隔开；第 2 个说明语句定义了变量名为 d 的短整型变量；第 3 个说明语句定义了变量名为 e、f 的长整型变量。

说明一下，通常一个变量定义以后，包含以下四个方面的属性。

1）变量的名字，符合标识符的命名规则，它提供了在程序里访问变量的基本途径。实际上变量名是以一个名字代表的一个存储地址。程序执行使用变量时是通过变量名找到相应的内存地址，对该存储单元进行读取和存入数据。

2）变量的类型，它规定了变量的存储值的类型，能够参加的何种操作方式。

3）变量的地址，每个变量被定义后都要占用连续的若干个字节，所占用的字节数由变量的数据类型确定。其中第 1 个字节的地址称为变量的地址，C 语言规定，程序变量的地址是用“&变量名”来表示的，这是变量在计算机里的具体实现。

4）变量的值，就是变量在存储空间里存放的值。每个变量可以看作一个容器，程序运行中可以将有关的数据存入变量中。在程序中可以通过名字使用相应的变量，进而使用存储在这个变量里的数据。例如：

```
int i;
i=1;
```

表示 C 语言在编译时为变量 i 分配 4 个字节大小的内存空间，以后对变量 i 的操作就是对这 4 个字节单元的内容操作。变量的名字为 i，变量的类型是整形（int），变量的地址为 &i，变量的值是 1。

在进行变量定义时，应注意以下几点。

1）允许在一个类型说明符后，同时定义多个相同类型的变量，各变量名之间用逗号间隔。类型说明符与变量名之间至少用一个空格间隔。同一类型的变量可以以任何方式分散在多个变量声明之中。例如：

```
int a,b,c;
```

等价于：

```
int a;
int b;
int c;
```

2）最后一个变量名之后必须以“;”号结尾。

3）变量定义必须放在变量使用之前，一般放在函数体的开头部分。

当利用数据类型定义了变量的名称后，C 语言在编译时就会根据这个变量的数据类型在内存中分配相应的内存空间，用于存放变量的值，使用时注意变量的名称与变量的值是不同的量。通过定义可以对变量概念有一个明确的描述。

（2）整型变量的赋值

在定义一个变量时，系统会自动根据变量的类型分配存储空间，但是当变量的值没有给出时，变量空间中不一定是空的，可能存放的值是随机值，所以变量在使用前需要一个确定的值，即需要给变量赋值。变量赋值有两种方式：变量的赋初值（初始化）和赋值语句。

在 C 语言中，赋初值和赋值语句尽管都可以使变量获取数据，但它们不是一回事。赋初值是在定义或说明变量时，将一个数值送给变量的，使变量被定义后便有了该值，直到变量的值被改变为止。赋值是变量先定义，然后再将一个数值赋值给这个变量，将这个变量的存储空间被覆盖为所赋给的值，于是变量将具有该值，直到下次被再赋值为止。赋值是使用赋值表达式完成的。

1）整型变量的赋初值。在 C 语言中允许在变量声明的同时对变量进行赋值，称为变量的赋初值。一般格式为：

```
整型类型说明符　变量名=数值;
```

其中，“=”是赋值运算符，表示将初始数据存入变量名所代表的内存单元。例如：

```
int i=1;
```

表示定义一个整型变量 i 的同时将 i 所代表的存储单元存入数据 1。如果相同类型的几个变量需要同时初始化，可以在一个声明语句中进行。

```
int　变量名 1=数值 1,……,变量名 n=数值 n;
```

例如：

```
int a=1,b=2,c=3;
```

表示 a、b、c 的初始值分别为 1、2、3。但并不表示整个程序中 3 个变量值一直不变或一直相等。

赋初值时也可以对被定义的变量中的一部分赋初值。例如：

```
int a=1,b;
```

定义了整型变量 a 和 b，a 的初始值为 1，而 b 没有赋初值。

注意，在变量定义时初始化，多个变量不能采用连续赋值形式，即使需要赋给多个变量完全相同的初值，也必须一个一个地分开写。例如：

```
int a=b=c=1;
```

这种写法就是错误的，只能写成：

```
int a=1,b=1,c=1;
```

2）赋值语句方式。赋值语句是 C 语言提供的最简单、最常用的语句，主要功能用于给变量赋值。变量的赋值语句格式为：

```
变量名=表达式;
```

其中，表达式可以是常量、变量、函数调用以及其他各类表达式。赋值后，无论原来变量的值是多少，都将被赋值符号右侧新的值所取代（将在第 3 章具体介绍）。

例如：

```
int a,b,c;
a=1;b=2;c=3;            /*a、b、c 被分别赋值为 1、2、3*/
a=2;                    /*a 的值被重新赋值为 2*/
b=a+1;                  /*计算 a+1 的值为 3,赋值给 b*/
c=a*b;                  /*计算 a*b 的值为 6,赋值给 c*/
```

2.2.3　实型数据

实型数据就是带小数点的数据。在使用的 C 语言编译系统中，所有整数类型和实数类型统称为算术类型。实数类型能表示的数也只是数学中数值的一个子集合，不同的 C 语言系统，各种类型的表示范围不同。

为了表示不同数值范围的实数，C 语言一般提供三种类型来表示实数：单精度浮点数类型，简称浮点类型，类型名为 float；双精度浮点数类型，简称双精度类型，类型名为 double；长双精度浮点型，类型名为 long double。

Visual C++ 6.0 编译系统中，对一个 float 型实数提供 4 个字节的存储单元，float 存放 7 位有效数据，存放时整数部分与小数部分分开存放。对一个 double 型实数提供 8 个字节的存储单元，而对 long double 型实数与 double 一样提供 8 个字节的存储单元，double 与 long double 可以提供 15～16 位的有效数据。读者需要注意，不同的系统提供的存储单元大小也不一样。根据 Visual C++ 6.0 编译系统中为不同实型分配的字节数，各种实型类型范围及所占字节数的设定如表 2-2 所示。

表 2-2　实型数据范围

类型	所占字节数	数值范围
float	4	3.4E-38～3.4E+38
double	8	1.7E-308～1.7E+308
long double	8	1.7E-308～1.7E+308

进行实数运算时，由于实型数据的存储单元是有限的，提供的有效数字也是有限的，在有效位之外的数据将被截取，产生误差。有效位数之内的数据是正确的，之外的数据为随机产生。因此定义时要注意数据的范围，并且实型数据尽量不要进行相等的比较。

1. 实型常量

在 C 语言中实型常量只使用带有小数点的十进制数字序列表示，实数类型的书写形式中基本包含以下四部分。

1）整数部分：十进制数字序列。

2）小数点：实心圆点，小数的标志，可以是实数第一个或最后一个字符。

3）小数部分：十进制数字序列。

4）指数部分：由阶码标志“e”或“E”以及阶码（只能为整数，可以带正、负号）组成，这种形式称为科学记数法。

例如：

```
0.1415
3.5
1.5E+4
2e-7
```

以上都是合法的实型常量。

C 语言在描述实数时，以是否存在指数部分分为两种书写类型：十进制小数形式和指数形式，并且实数书写形式中的几部分不一定同时出现，可以省略其中的某些部分，但不能随意省略，要遵循一定的规则。

（1）十进制小数形式

十进制小数形式可以包含整数部分、小数点和小数部分，如果是负数可以在数字前加负号组成。例如：

```
3.1415926
12.345
-123.456
```

注意整数部分或小数部分可以省略，但小数点是必须有的，并且小数点的前后，就是整数部分或者小数部分必须保留一部分。例如：

```
12.
.345
```

以上均是合法的小数，其中 12.只有整数部分，相当于实数 12.0；.345 只有小数部分，相当于实数 0.345。

（2）指数形式

指数形式可以包含整数部分、小数点、小数部分和指数部分，如果是负数可以在数字前加负号组成。在实际应用中，有时会遇到绝对值很大或很小的数。这时候将其写成指数形式更方便、直观，指数形式也称科学计数法，其一般形式为：

```
ae±b
```

含义是 $a\times10^{\pm b}$，其中 a 是十进制小数，b 称为阶码，必须是整数,如果是“+”号，“+”号书写时可以省略，例如：2.345e5、1.1415E-3 分别表示 2.345×10^{5}、1.1415×10^{-3}。

注意在指数形式中 e 或 E 的前面必须有数字（整数或者十进制小数），后面不仅有数而且必须是整数，前后两部分都不可以省略。例如下列数都是不合法的指数形式：

```
12e
E5
e
12e3.5
```

其中 12e 没有阶码，也就是 e 的后面没有数，E5 中 E 的前面没有数，e 中前后均没有数，e12e3.5 中 e 的后面阶码是小数。

如果实数常量不带后缀，则实数的类型被处理为双精度类型。如果想表示实数常量的类型为单精度类型，则需要在实数常量的后面加上后缀 f 或 F，简称浮点数。如果在实数常量后面加上后缀 l 或 L 则表示实数常量类型为长双精度类型。

需要注意的是，由于指数形式可以写出很多种，在计算机中输出指数形式时，计算机只支持标准规范化的指数形式，就是尾数为小数点前面是一位非 0 的数值的指数形式。

2. 实型变量

（1）实型变量的定义

C 语言提供的实型变量有三种类型：单精度（float）、双精度（double）和长双精度（long double），对每一个实型变量在使用前都必须加以定义，定义格式为：

```
实型类型标识符    变量名 1,变量名 2,……,变量名 n;
```

例如：

```
float   f;                        /*定义单精度变量 f*/
double  d ;                       /*定义双精度变量 d */
long double  ld;                  /*定义长双精度变量 ld */
```

其中，float、double 和 long double 是实数类型标识符，定义了单精度变量 f，在内存中分配 4 个字节；双精度变量 d，在内存中分配 8 个字节；长双精度变量 ld，在内存中分配 8 个字节。

（2）实型变量的赋值

实型变量赋值可以通过实型变量的初始化或者赋值语句实现。

1）实型变量的初始化格式为：

```
实型类型标识符  变量名=数值;
```

例如：

```
float  f=3.5;                     /*定义精度变量 f,并初始化值为 3.5*/
double  d=1.23 ;                  /*定义双精度变量 d, 并初始化值为 1.23*/
long double  ld=3.1415926         /*定义长双精度变量 ld, 并初始化值为 3.1415926*/
```

2）赋值语句方式为：

```
变量名=表达式;
```

例如：

```
float  f;
f=3.5;
```

【例 2.1】 使用举例：输出一个实数。

程序如下：

```
#include <stdio.h>
void main()
{
    float  f=1.5;
    double  d;
    d=356.0;
    printf("f=%f,d=%lf",f,d);
}
```

程序运行情况如下：

```
f=1.500000,d=356.000000
```

2.2.4　字符型数据

由于字符类型的数据在机器内存中是以 ASCII 码形式保存的，而 ASCII 码的取值范围为 0～255，使用 1 个字节就能够存储。因此绝大多数的 C 编译系统为字符型数据分配 1 个字节的存储空间。

字符型数据在内存中以二进制码（ASCII 码）形式存储，而整型数据在内存中也是二进制码的形式。就是说字符数据与整型数据在内存中的存储格式是一样的。基于这一点，字符型数据相当于整型数据，C 语言允许整型数据与字符型数据通用。所以字符型数据可以像整型数据一样在程序中参与相关的运算。凡是整型值可以进行的运算，字符型值也可以进行，反过来也可以。例如：

```
'A'+32;        /*执行 65（'A'的 ASCII 码值）+32=97,是'a'的 ASCII 码值*/
```

由于整型数据分为有符号整型和无符号整型，字符型数据又等同于整型数据，所以在 C 语言中提供了两种字符类型：有符号字符型（signed char/char）和无符号字符型（unsigned char）。Visual C++ 6.0 的编译系统中，对有符号字符型（signed char/char）和无符号字符型（unsigned char）均提供 1 个字节的存储单元。根据 Visual C++ 6.0 的编译系统中为字符型数据分配的空间大小，字符型数据范围及所占字节数的设定如表 2-3 所示。

表 2-3　字符型数据范围

类型	所占字节数	数值范围
signed char/char	1	−128～127
unsigned char	1	0～255

一般情况下 Visual C++ 6.0 的编译系统中，signed char 被默认为 char。

1. 字符型常量

（1）字符常量

C 语言的字符常量有两种形式，一种是用一对单引号“‘’”括起来的一个字符的普通字符常量形式，另外一种是用一对单引号“‘’”括起来的在含义上等同于一个字符的字符序列，也称为转义字符。

普通字符常量，如：‘a’、‘3’、‘!’、‘ ’、‘?’。

字符常量是由单引号引起来的字符，并不包含单引号。单引号只是定界符，不是字符内容。‘a’表示的就是字符常量 a，单引号的作用就是表示 a 不是标识符，而是常量。在这里还需要注意以下几点。

1）大小写有严格的区分，所以‘a’和‘A’是不同的字符常量。

2）数字字符和数不同，如‘3’和 3 是不同的量。‘3’是字符型常量，3 是整型常量。

3）在计算机上，规定每一个字符常量都属于计算机系统中 ASCII 码字符集里的字符，每一个字符都有一个整数与其对应，这个值就是 ASCII 码字符集里的编码值。如表 2-4 所示。

表 2-4　字符与 ASCII 值

字 符	十进制（ASCII 代码值）
‘ ’（空格）	32
‘0’	48
‘A’	65
‘a’	97

这个特殊规定是把字符看做一种特别的整数，允许程序中直接用字符的值参与算术运算。详细的 ASCII 码字符集表见附录 A。

【例 2.2】　字符数据进行算术运算。

程序如下：

```
#include <stdio.h>
void main()
{
    char a,b;
    a='1';
    b='A';
    a=a-1;
    b=b+32;
    printf("a=%c,b=%c",a,b);
```

程序运行结果如下：

```
a=0,b=a
```

在程序中变量 a 的值是字符‘1’，做运算减 1 相当于字符‘1’的 ASCII 值减 1，结果是字符‘0’，变量 b 做加 32 的运算，就相当于字符‘A’的 ASCII 值加 32，结果是字符‘a’。

除了上述形式的字符常量外，C 语言中还有一类特殊形式的字符常量，通常称为转义字符或换码序列常量，它们以“\”开头加上一个或多个字符组成，用来表示一个可以显示的字符或者是具有特殊含义的字符。常见的转义字符如表 2-5 所示。

表 2-5　转义字符序列表

字符形式	功　能	ASCII 码值
\n	换行	10
\t	水平制表（下一个 tab 键的位置）	9
\v	垂直制表（竖向跳格）	11
\b	退格	8
\r	回车	13
\f	走纸换页	12
\0	空字符	0
\a	响铃符号	7
\\	反斜杠字符\	92
\'	单引号'	39
\"	双引号"	34
\ddd	1～3 位八进制数所代表的字符	将八进制数转换为十进制数
\xhh	1～2 位十六进制数所代表的字符	将十六进制数进制转换为十进制数

转义字符表示形式中反斜杠“\”的作用就是使得后面跟随一个字符或者是多个字符已失去原有的含义，而与反斜杠组合在一起形成新的含义。

说明如下。

1）‘\ddd’表示的是反斜杠‘\’与八进制数组合在一起的转义字符，其中 ddd 可以是一位数、两位数或者是三位数。例如：

```
'\101'        /*转换为十进制 65,对应字符为'A'*/
'\40'         /*转换为十进制 32,对应字符为' '（空格）*/
'\0'          /*转换为十进制 0,对应字符为 null（空）*/
```

以上都是合法的转义字符。但必须符合八进制的规则，例如：

```
'\108'
```

在八进制数中，不能出现 0～7 以外的数字，例子中有数字 8，所以这是不合法的转义字符。

2）‘\xdd’表示的是反斜杠‘\’与十六进制数组合在一起的转义字符，其中 dd 可以是一位数或者两位数。例如：

```
'\x41'        /*转换为十进制 65,对应字符为'A'*/
'\x0'         /*转换为十进制 0,对应字符为 null(空)*/
```

【例 2.3】　转义字符举例。

```
#include <stdio.h>
void main()
{
    printf("\\A B C\n ");
    printf("\104 \x45 F\\");
}
```

程序运行结果如下：

```
\A B C
D E F\
```

（2）字符串常量

C 语言除了字符常量，还有字符串常量的形式，就是使用一对双引号“”括起来零个或多个字符组成的字符序列，任何字母、数字、符号和转义字符都可以组成字符串。例如：

```
""                          /*表示的是空串,字符串含有 0 个字符*/
" "                         /*表示空格字符串*/
"a"                         /*表示是由字符 a 组成的字符串*/
"program"                   /*表示的是含有多个字符的字符串*/
"012\t345\n67\t89"          /*表示的是含有转义字符的字符串*/
```

注意，双引号“”是字符串的定界符，不是字符串的一部分，如果要字符串中出现双引号，对双引号要采用转义字符（\"）的形式。例如：

```
" I say: "Goodbye!""
```

是错误的表示形式。正确的表示形式是：

```
"I say: \"Goodbye!\""
```

在 C 语言中，对字符串的长度一般是没有限制，系统为了处理需要，C 语言编译系统将自动在字符串的尾部加上一个特殊的“字符串结束标志”——转义字符‘\0’（在 ASCII 码中，其代码值为 0），以表示这个字符串的结束。系统依据此标志‘\0’判断字符串是否结束。因此，长度为 n 个字符的字符串，在内存中占有 n+1 个字节的空间。

字符串常量与字符常量的区别如下所示。

1）字符常量用‘’做定界符，而字符串常量用“”做定界符。

2）字符常量是 1 个字符，字符串常量是 0 个或多个字符序列组成。

3）字符常量占用 1 个字节，字符串常量占用字符串中字符数加 1 个字节的存储空间，多出来的一个字节用来存放字符串的结束标志‘\0’。

例如，“a”和‘a’是两个不同的常量。字符常量‘a’占 1 个字节，而字符串常量“a”占 2 个字节。在内存中的形式分别如图 2-2（a）和（b）所示。

（a）‘a’的存储表示　　（b）“a”的存储表示

图 2-2　字符 a 不同形式的存储表示

（3）符号常量

当某个常量引用起来比较复杂而又经常用到时，可以将该常量定义为符号常量，也就是分配一个符号序列给这个常量，在以后的引用中，这个符号序列就代表了实际的常量。这种用一个指定的名字代表一个常量称之为符号常量，即带名字的常量。

符号常量必须在使用前先定义，定义格式为：

```
#define 标识符 常量
```

例如：

```
#define  PI  3.1415926
```

其中 PI 可以代替常量，它代替的常量是 3.1415926。

#define 是宏定义，每个#define 定义一个符号常量，并且占据一个书写行。使用 #define 时不要以分号结束，它不是一个语句，而是通知编译系统的预处理命令，使系统在编译程序时，将程序中所有该符号都用所定义的常量替换。后续章节（第 9 章）将详细介绍。

2. 字符变量

（1）字符型变量的定义

C 语言的字符变量定义就是用字符类型标识符定义变量。

字符变量的定义格式为：

```
字符型类型标识符　变量名 1,变量名 2,……,变量名 n;
```

例如：

```
char     ch1,ch2;
unsigned char  ch3,ch4;
```

其中，char 与 unsigned char 是数据类型名, ch1、ch2、ch3、ch4 是字符变量名称。被定义的字符变量在内存中只占 1 个字节，只能存放 1 个字符，并且存放的不是字符本身，而是该字符的 ASCII 码值。就是说字符变量的值是该变量所代表的字符的 ASCII 代码。

例如：

```
char ch;
ch='a';
```

表示字符 a 的 ASCII 代码（97）以二进制的形式存放在变量名 ch 代表的内存单元中，而不是将字符 a 存储于内存单元中。

（2）字符型变量的赋值

1）字符型变量的初始化。

字符型变量的初始化格式为：

```
字符型类型标识符　变量名=数值;
```

例如：

```
char  ch='A';
```

注意，赋的值可以是字符型常量，也可以是整型常量。例如：

```
char  ch=65;
```

C 语言允许整型数据与字符型数据通用，执行语句“ch=65;”，相当于把某个字符的 ASCII 码赋值（65）给字符型变量 ch，而 65 是字符‘A’的 ASCII 码，所以语句“ch=65;”等同于语句“ch=‘A’;”。

2）同整型变量一样，字符型变量也可以先定义，后赋值。例如：

```
char  ch;
ch='A';
```

【例 2.4】　字符变量的赋值使用。

程序如下：

```
#include<stdio.h>
void main()
{
    char c1='A',c2,c3,c4;
    c2=65;
    c3='\101';
    c4='\x41';
    printf("%c,%c,%c,%c",c1,c2,c3,c4);
}
```

程序运行结果如下：

```
A,A,A,A
```

2.2.5　空类型

空类型是从语法完整性的角度给出的一种数据类型，表示该处不需要具体的数据值，因而没有数据类型就称之为空类型。空类型多用于函数调用没有返回值的情况。例如：

```
int add(int a,int b);
```

这个函数声明中的“int”类型说明符表示 add( )函数的返回值是整型值。如果 add( )函数被调用后，没有返回值，则函数声明中的类型说明符就可以被定义为空类型（void），例如：

```
void add(int a,int b);
```

2.3 运算符与表达式

了解数据类型之后，就知道了计算机处理数据的形式。现在再来探讨计算机处理数据的过程。处理数据就是对数据进行运算，而运算是通过运算符来完成的。在 C 语言中提供了丰富的运算符，其优先级和结合方向不尽相同，本节介绍运算符优先级和结合方向、由运算符形成的相应的表达式及其使用方法。

2.3.1 C 运算符简介

1. 运算符

C 语言的运算符种类较多，灵活性大，除了控制语句和输入输出以外，几乎所有的基本操作都可用运算符实现。参加运算的数据称为运算数或操作数。C 语言运算符如表 2-6 所示。

表 2-6 C 语言运算符表

<table>
<tr><th>优先级</th><th>运算符</th><th>名称或含义</th><th>结合方向</th></tr>
<tr><td>1</td><td>[]、()、.、-></td><td>数组下标、圆括号、成员访问（成员）、成员选择（指针）</td><td>左到右</td></tr>
<tr><td rowspan="3">2</td><td>-、（类型）、++</td><td>负号运算符、强制类型转换、自增运算符</td><td rowspan="3">右到左</td></tr>
<tr><td>--、*、&</td><td>自减运算符、取值运算符、取地址运算符</td></tr>
<tr><td>!、~ 、sizeof</td><td>逻辑非运算符、按位取反运算符、长度运算符</td></tr>
<tr><td>3</td><td>/、*、%</td><td>除、乘、余数（取模）</td><td>左到右</td></tr>
<tr><td>4</td><td>+、-</td><td>加、减</td><td>左到右</td></tr>
<tr><td>5</td><td><<、>></td><td>左移、右移</td><td>左到右</td></tr>
<tr><td>6</td><td>>、>=、<、<=</td><td>大于、大于等于、小于、小于等于</td><td>左到右</td></tr>
<tr><td>7</td><td>==、!=</td><td>等于、不等于</td><td>左到右</td></tr>
<tr><td>8</td><td>&</td><td>按位与</td><td>左到右</td></tr>
<tr><td>9</td><td>^</td><td>按位异或</td><td>左到右</td></tr>
<tr><td>10</td><td>|</td><td>按位或</td><td>左到右</td></tr>
<tr><td>11</td><td>&&</td><td>逻辑与</td><td>左到右</td></tr>
<tr><td>12</td><td>||</td><td>逻辑或</td><td>左到右</td></tr>
<tr><td>13</td><td>? :</td><td>条件运算符</td><td>右到左</td></tr>
<tr><td>14</td><td>=</td><td>赋值运算符</td><td>右到左</td></tr>
<tr><td>15</td><td>,</td><td>逗号运算符</td><td>左到右</td></tr>
</table>

对于运算符，应从以下四个方面理解。

1）运算符的作用：表示能够处理的操作。

2）与运算符相关的数据类型：包括参与操作的数据和运算结果的数据类型。

3）运算符的优先级：表示不同运算符参与运算时的先后顺序，优先级高的先于优先级低的运算符进行运算。

4）运算符的结合性：当优先级相同的时候，按照运算符的结合方向确定运算的次序，运算符的结合性分为右结合（从右向左）和左结合（从左到右）两种方式。

2. 表达式

C 语言的语句都是由表达式构成的。用运算符将运算对象连接形成的式子就是表达式。表达式是描述数据加工的一种方法，只不过它描述的是比较简单的数据加工方法。C 语言中的表达式是十分丰富的，它一般构成规则有如下几点。

1）单个的常量、变量、函数调用都是表达式。

2）运算符与常量、变量连接是表达式。

3）有限次使用上述规则获得的运算式也是表达式。

由于在复杂的表达式中可能出现各种运算符，它们的优先级别不同。因此，要注意使用圆括号来改变运算次序。每个表达式都可以按照其中运算符的优先级和运算规则依次对运算对象进行运算，最终获得一个数据，该数据称为表达式的值。

表达式值的数据类型就称为表达式的数据类型。由于表达式计算结果可能是整型、实型或逻辑型等，所以表达式的数据类型也可以分为整型、实型和逻辑型等。在 C 语言中逻辑型数据都是用整数来表示的，所以 C 语言的表达式类型实际上只区分为整型和实型，这两种类型均为数值型。在程序或语句中使用表达式时，要按照语法和表达式的位置来确定表达式的准确类型。

2.3.2　算术运算符和算术表达式

1. 算术运算符

C 语言中有 6 种基本算术运算符，分别是：+、−、*、/、-（取负）、%（取余），与数学的运算功能基本相同。其中+、−、*、/、%（取余）5 个运算符在运算时是双目运算符。“目”是指参加运算的数据，也就是运算数，可以是常量，也可以是变量。如果运算符需要的运算只有一个，就称这个运算符为单目运算符；如果“目”的个数是 2 或 3，则称为双目或三目运算符。-（取负）运算符在运算时需要一个运算数，是单目运算符。

优先级：*、/、%具有相同运算级别，并高于+、-（+、−具有相同级别）。

结合方向：自左向右（左结合性）。

对算术运算符说明如下。

1）+、−、*、/、-（取负）5 种运算符对于整型和实型都适用。

2）减法运算符“-”为双目运算符。但“-”也可作负值运算符，此时为单目运算，如 −x、−5 等具有左结合性。并且“-（取负）”运算符的优先级要高于*、/、%。

3）除法运算符“/”是双目运算符，具有左结合性，参与运算数均为整型时，结果也为整型，舍去小数，只取整数部分作为结果，当被除数与除数有一个为负，即商为负整数也称为取整运算。如果运算数中有一个是实型或者两个均为实型，则结果为双精度实型，如：10/4=2、10/-4=-2，两个运算数均为整型，结果的小数全部舍去。如果是“10/4.0”则运算结果为 2.5，两个运算数中有实数参与运算，因此结果也为实型。

4）“%”取余运算符要求参与运算的两个运算数均为整型，不能为其他类型，运算结果等于两个运算数相除后的余数。当运算数为负数时，结果的符号因机器类型而定。在 VC ++ 6.0 中结果的符号与被除数的符号一致。

2. 算术表达式

算术表达式是由算术运算符与运算数组成的，运算数通常是常量、变量、函数等，在表达式中也可以出现多个算术运算符。例如：

```
5+6
x*2
10%3
```

以上均是合法的算术表达式。作为一般情况，则可有更多的运算符和圆括号，例如：

```
-a/(b1+5)-11%7*'a'
```

要注意，C 语言表达式中的所有字符都是写在一行上的，没有分式，也没有上下标，括号只有圆括号一种，如数学表达式：

$$\frac{a+b}{c+d}$$

需写成：

（a+b）/（c+d）

C 语言中，规定了算术运算符的优先级和结合性，圆括号可用来改变优先级，如图 2-3 所示。

高	( )	
	++、--、-	（从右向左结合）
	*、/、%	（从左向右结合）
低	+、-	（从左向右结合）

图 2-3　运算符的优先级和结合性

例如，表达式“-a/(b1+5)-11%7*'a'”的求值过程如下。

1）求-a 的值。

2）求 b1+5 的值。

3）求 1）/ 2）的值。

4）求 11%7 的值。

5）求 4）* ‘a’ 的值。

6）求 3）- 5）的值。

在算术运算表达式中，自增、自减运算表达式是 C 语言中特有的，下面着重介绍它们的使用。

3. 增量运算符

在算术运算符中除了上述的 6 个基本运算符以外，还有两个特殊的运算符，++（自增运算符）和--（自减运算符），统称为增量运算符。从运算功能上看，自增和自减运算符是对某一变量加（或减）1 再赋值给这一变量。

自增（减）运算符既可以出现在运算对象的前面，也可出现在运算对象的后面。出现在运算对象的前面时称为前缀运算符，出现在运算对象的后面称为后缀运算符。例如：

```
++i(--i)
i++(i--)
```

“++i(--i)”是前缀自加表达式，“i++(i--)”是后缀自加表达式，两个式子展开都等同于“i=i+1”(i=i-1)；如果 i 的值为 3，则“++i”和“i++”的值均为 4（--i 和 i--的值均为 2）。

在使用增量运算符时需要注意以下三点。

1）增量运算符的运算对象只能是变量，而不能是常量或者表达式。例如：

```
int  i;
i=3;
i++;
```

程序段中，定义了整型变量 i，把 3 赋值给 i，i 的值为 3。执行语句“i++”等同于执行语句“i=i+1;”，i 的值变为 4。通过展开可以看出来，自增运算展开后实质是赋值运算，而赋值运算符要求赋值符号左侧必须是变量，所以自增运算符的运算对象只能是变量。如果不是变量系统会报错。例如：

```
3++;
(a+b)++;
```

这些都是不合法的。

2）对于增量运算符的前缀形式和后缀形式的表达式，在独立成语句时都等同于在运算数自身加 1 或减 1，效果是一样的，但当自增或自减运算符存在于其他的表达式中时，效果却是截然不同的。前缀运算符的作用是，先进行自加或自减运算，然后再使用变量去做其他运算；后缀运算符的作用是，先使用变量的值，在其他运算都做完了，再做自加或自减运算。例如：

```
int i=3,k;
k=++i;
```

在 k=++i 表达式中，“++”就是前缀运算符，根据规则，要先进行自加 i 的值变为 4，则 k=4。若改为：

```
k=i++;
```

在该表达式中，“++”就是后缀运算符，根据规则，要先使用 i 的值赋值给 k，则 k=3，然后 i 做自加运算，i 的值变为 4。

若改为：

```
k=++i+i;
```

在该表达式中，“++”就是前缀运算符，要先进行自加 i 的值变为 4，那后面的 i 的值是 3 还是 4 呢？说明一下，后面的 i 的值取决于计算机使用的编译系统，不同的编译系统执行结果不一样。

3）当多个加号或减号连续出现在同一个表达式中时，根据 C 语言的语法分析“最长匹

配原则”，即如果出现连续多个运算符，在保证有意义的前提下，从左至右尽可能多地组合字符成为运算符。例如：

```
k=i+++++i;
```

根据原则就可以把表达式看成：“k=(i++)+(++i)”。但为了避免歧义性，一般不采用连续多个运算符的形式。

2.3.3 关系运算符和关系表达式

1. 关系运算符

C语言提供了6种关系运算符用来比较两个运算数之间的大小关系。关系运算符如表2-7所示。

表2-7 关系运算符

运算符	名称	形式	关系运算功能
>	大于	a>b	求a是否大于b
<	小于	a<b	求a是否小于b
==	等于	a==b	求a是否等于b
>=	大于等于	a>=b	求a是否大于等于b
<=	小于等于	a<=b	求a是否小于等于b
!=	不等于	a!=b	求a是否不等于b

优先级：>、<、>=、<=具有相同的优先级并且高于具有相同优先级的!=、==。关系运算符的优先级高于赋值运算符而低于算术运算符。

例如：“5>1+3”等价于“5>(1+3)”，“a==b>c”等价于“a==(b>c)”。

结合方向：自左向右（左结合性）。

例如：“5>4>3”等价于“(5>4)>3”。

2. 关系表达式

用关系运算符将两个表达式连接起来的式子就是关系表达式。关系表达式是比较两个运算数的大小，比较的结果是一个逻辑量“真”或“假”。关系表达式通常用于逻辑判断的条件表达式中。例如：

```
1>2
a+b<=c-d
x!=y
```

以上均为合法的关系表达式。

使用关系符运算要注意以下几点。

1）关系表达式的值只有两个，判断关系成立即为“真”，用数值1表示；关系不成立值即为“假”，用数值0表示。例如：

```
int  a=1,b=2,c=3;
```

关系表达式“a<b”是成立的，所以表达式的值为“真”。

关系表达式“b>c==a”，首先计算表达式“b>c”，结果是不成立的，表达式的值为“假”，也就是数值 0，然后拿表达式“b>c”的结果 0 与 a 做相等的比较（0==a）是不成立的，所以整个表示式的值为“假”。

2）运算符>= 、==、!=、<=是两个字符构成的一个运算符，用空格从中分开写就会产生语法错误。例如：“a> =b;”是错误的，但是可以写成：“a >= b;”，在运算符的两侧增加空格会提高可读性。同样将运算符写反，例如：=>、=<、=!等形式会产生语法错误。

3）由于计算机内存放的实数与实际中的实数存在着一定的误差，如果对浮点数进行==（相等）或！=（不相等）的比较，容易产生错误结果，应该尽量避免。

4）不要将“==”写成“=”，例如：将 x==y 写成：x=y，C 语言会将该表达式作为赋值表达式处理，将 y 的值赋给 x，并判断 x 的值是否为 0，如果为 0 则表达式为“假”，否则表达式为“真”，造成逻辑含义错误。

【例 2.5】　关系运算举例。

程序如下：

```
#include <stdio.h>
void main()
{ int a,b;
    scanf("a=%d,b=%d",&a,&b);
    printf("a>b:%d\n",a>b);
    printf("a<b:%d\n",a<b);
    printf("a==b:%d\n",a==b);
    printf("a>=b:%d\n",a>=b);
    printf("a<=b:%d\n",a<=b);
    printf("a!=b:%d\n",a!=b);
}
```

程序运行情况如下：

```
a=3,b=5
a>b:0
a<b:1
a==b:0
a>=b:0
a<=b:1
a!=b:1
```

2.3.4 逻辑运算符和逻辑表达式

1. 逻辑运算符

逻辑运算符表示各运算数的逻辑关系。逻辑运算的结果是一个逻辑值，也就是“真”或“假”，“真”用 1 表示，“假”用 0 表示。但在判断一个量的值是否为“真”时，0 的值就是“假”，非 0 的值为“真”。逻辑运算符如表 2-8 所示。

表 2-8　逻辑运算符

<table>
<tr><th>运算符</th><th>名称</th><th>形式</th><th>逻辑运算功能</th></tr>
<tr><td>!</td><td>逻辑非</td><td>!a</td><td>求 a 的非</td></tr>
<tr><td>&&</td><td>逻辑与</td><td>a&&b</td><td>求 a 和 b 的与</td></tr>
<tr><td>||</td><td>逻辑或</td><td>a||b</td><td>求 a 和 b 的或</td></tr>
</table>

优先级：“!”运算级别最高、“&&”运算高于“||”运算。“!”运算的优先级高于算术运算符，而“&&”和“||”运算则低于关系运算符。例如：“a>b && c>d”等价于“(a>b)&&(c>d)”；“!b==c||d<a”等价于“((!b)==c)||(d<a)”；“a+b>c&&x+y<b”等价于“((a+b)>c)&&((x+y)<b)”。

结合方向：逻辑非（单目运算符）具有右结合性；逻辑与和逻辑或（双目运算符）具有左结合性。

说明如下。

1）“逻辑非”运算是当运算数为非 0 值时（包括实型数），运算结果是 0；反之，当运算数是 0 值时，运算结果为 1。

2）“逻辑与”运算是当且仅当两个运算数都是非 0 值，运算结果为 1；否则运算结果是 0。

3）“逻辑或”运算是两个运算数中只要有一个是非 0 值，运算结果为 1；只有当两个运算数都是 0 时，结果为 0。

2. 逻辑表达式

由逻辑运算符连接的表达式称作逻辑表达式。参与逻辑运算的操作数应该是 0 或非 0 的数值。例如：

```
1&&2
a||b
!c
```

以上均为合法的逻辑表达式。

使用逻辑运算符时，需要注意以下几点。

1）对于任意的逻辑表达式（表达式 1）&&（表达式 2），则计算（表达式 1）&&（表达式 2）的过程为先计算表达式 1 的值，若表达式 1 的值为非 0，则计算表达式 2 的值，并且依据表达式 2 的值决定（表达式 1）&&（表达式 2）的结果值（若表达式 2 的值为非 0，则结果为 1，否则为 0）；若表达式 1 的值为 0，则不用计算表达式 2 的值，而是直接得到表达式的结果值为 0。也就是有一个条件为 0 时结果为 0。例如：

```
int a=0,b=1,c;
c=(a++>0)&&(b--<0);
```

在表达式“(a++<0)&&(b−−<0)”中，由于“a++”是后缀自加，首先取变量 a 的值与 0 做比较（a>0），因而使得关系表达式(a++ <0)不成立，其结果为 0。按照 C 语言进行逻辑运算的规定，如果“&&”运算符前面表达式结果为 0，此时不再计算“&&”后面的表达式（b−−<0），无论“&&”运算符后面的表达式的值为多少，整个表达式的值都是 0，因此变量

b 的值没有改变（b 的值仍然为 1）。然后把逻辑与表达式的结果赋值给变量 c，则 c 的值为 0。

2）对于任意的逻辑表达式（表达式 1）||（表达式 2），则计算（表达式 1）||（表达式 2）的过程为先计算表达式 1 的值，若表达式 1 的值为 0，则计算表达式 2 的值，并且依据表达式 2 的值决定（表达式 1）||（表达式 2）的结果值（若表达式 2 的值为非 0，则结果为 1，否则为 0）；若表达式 1 的值非 0，则不用计算表达式 2 的值，而是直接得到（表达式 1）||（表达式 2）的结果值为 1。也就是有一个条件为 1 时结果为 1。例如：

```
int a=0,b=1,c;
c=(++a>0)||(b--<0);
```

在表达式"(++a>0)||(b−−<0)"中，由于"++a"是前缀自加，首先计算"++a(a=a+1)"，然后取变量 a 的值"1"与 0 做比较"a>0"，因而使得关系表达式"++a>0"成立，其结果为 1。因此，无论"||"运算符后面的表达式的值为多少，按照 C 语言进行逻辑运算的规定，此时不再计算"||"后面的表达式"(b−−<0)"，整个表达式的值一定是 1，所以变量 b 的值没有改变（b=1）。然后把逻辑与表达式的结果赋值给变量 c，则 c 的值为 1。

【例 2.6】　逻辑运算举例。

程序如下：

```
#include <stdio.h>
void main()
{
    int a,b;
    scanf("a=%d,b=%d",&a,&b);
    printf("a&&b=%d\n",a&&b);
    printf("a||b=%d\n",a||b);
    printf("!a=%d",!a);
}
```

程序运行情况如下：

```
a=10,b=20
a&&b=1
a||b=1
!a=0
```

2.3.5　条件运算符和条件表达式

1. 条件运算符"？ ："

条件运算符是 C 语言中唯一的一个三目运算符，它要求有三个运算对象，每个运算对象的类型可以是任意类型的常量、变量和返回值为任意类型的函数调用，也可以是它们组成的表达式。

优先级：高于赋值运算符，低于逻辑关系运算符。

结合方向：自右向左（右结合性）。

2. 条件表达式

条件表达式一般形式为：

```
表达式 1 ? 表达式 2:表达式 3
```

执行过程为，先计算“表达式 1”的值，如果为真（非 0），则计算“表达式 2”的值，并将“表达式 2”的值作为整个条件表达式的结果值；如果为假（0），则计算“表达式 3”的值，并将“表达式 3”的值作为整个条件表达式的结果值。就是说，根据条件的真或假，只能选择一个表达式的结果作为整个表达式的结果。例如：

```
(a>b) ?a:b
```

求解表达式“(a>b)?a:b”的结果时，先判断“(a>b)”的结果，如果“(a>b)”的结果是“真”，则条件表达式的值是 a 的值，否则条件表达式的值是 b 的值。

使用条件运算符应注意以下几点。

1）条件表达式中，三个运算对象的类型可以相同，也可以不相同。例如：

```
(ch>='A'&& ch<='Z')?'a':'b'
x?1:0.5
```

2）条件运算符遵循“自右向左”方向的结合原则，例如：

```
a>b?c:d>e?f:g
```

等价于：

```
a>b?c (d>e?f:g)
```

例如，设有程序段：

```
int x=10,y=9;
int a,b,c;
a= (--x==y++) ?--x:--y;
b=x++;
c=y;
```

通过程序段求 a、b、c 的结果值分别是多少？

对于表达式“a=(--x==y++)?--x: --y”；由于条件表达式的优先级高于赋值运算，首先进行条件表达式的运算，并将其结果值赋给 a。在进行条件表达式的运算时，由于“--x”是前缀运算，x 的值先减 1 后变量的值为 9，y 变量是后缀运算，y 与 x 比较之后其值改变为 10，因此“x==y”条件成立，条件表达式的值就是“:”前面“--x”的值。该语句可以看成“a=--x;”同样道理，x 的值变化为 8 后赋给 a，所以 a 的值是 8；语句“b=x++;”中，x 是后缀运算，先将 x 的值 8 赋给 b（其值为 8）后变量 x 发生变化（其值为 9）；语句“c=y;”中，将 y 的值 10 赋予变量 c，c 的值为 10。

2.3.6 赋值运算符和赋值表达式

1. 赋值运算符

C 语言的赋值运算符用“=”表示，它的功能是把其右侧表达式的值赋给左侧的变量，赋值的一般形式为：

```
变量=表达式
```

例如：a=1 表示把数值 1 赋给变量 a，也就是让变量 a 的值为 1。

赋值运算符“=”表示把表达式的值送到变量代表的存储单元中去。由此，赋值运算符的左侧只能是变量，因为它表示一个存放值的地方。例如：

```
1=a;
a+b=c;
```

这样的赋值显然是不合法的。

优先级：低于算术运算符。

结合方向：自右向左（右结合性）。

2. 赋值表达式

赋值表达式是由赋值运算符“=”连接表达式（右侧）和变量（左侧）。即将赋值运算符右侧的表达式的结果值赋予赋值运算符左侧的变量，表达式可以是常量、变量、表达式或另外一个赋值表达式。一般形式：

```
变量名=表达式
```

例如：i=3

这种形式可以出现在表达式可以出现的任何地方，如果赋值表达式再加上分号，就称为赋值语句，例如：

```
int i;
i=3;
```

既然是表达式，就具有一个值和类型。赋值表达式求值过程是：先求赋值运算符右侧表达式的值，然后把这个值赋给左侧的变量，而赋值表达式的值是左侧变量的值，表达式的类型是左侧变量的类型。例如：

```
a=2+3;
```

它的运算结果值是 5，该表达式的类型是 a 的类型，即整型。

当赋值表达式两边的数据类型不同时，由系统自动进行类型转换。其原则是将赋值运算符右侧的数据类型转换成左侧变量的数据类型。

3. 复合赋值运算符

在 C 语言中，+、-、*、/、%这 5 种算术运算符可以与赋值运算符“=”组成复合赋值运算符，如表 2-9 所示。

表 2-9　复合赋值运算符

运算符	名称	表达式形式	适用范围		相当于
			整数	实数	
+=	加赋值	a+=b	√	√	a=a+b
-=	减赋值	a-=b	√	√	a=a-b
*=	乘赋值	a*=b	√	√	a=a*b
/=	除赋值	a/=b	√	√	a=a/b
%=	取余赋值	a%=b	√	×	a=a%b

例如：

```
int a,b;
a=3;
b=5;
```

那么“a+=b;”相当于“a=a+b;”结果 a 的值为 8。

注意，“a*=a+5;”等价于“a=a*(a+5);”而不是“a=a*a+5;”。

【例 2.7】　复合赋值运算符举例。

程序如下：

```
#include <stdio.h>
void main()
{
    int a=3,b=9,c=-7;
    a+=b;
    c+=b;
    b+=(a+c);
    printf("a=%d,b=%d,c=%d\n",a,b,c);
    a+=b=c;
    printf("a=%d,b=%d,c=%d\n",a,b,c);
    a=b=c;
    printf("a=%d,b=%d,c=%d",a,b,c);
}
```

运行结果：

```
a=12,b=23,c=2
a=14,b=2,c=2
a=2,b=2,c=2
```

4. 赋值的类型转换规则

在算术赋值运算中，当赋值号右边表达式值的类型与左边变量的类型不一致但都是数值时，计算机系统将自动地把右边的类型转换成左边变量的类型后再进行赋值。转换规则如表 2-10 所示。

表 2-10　赋值的类型转换规则

赋值号左	赋值号右	转换说明
float	int	将整型数据转换成实型数据后再赋值
int	float	将实型数据的小数部分截去后再赋值
long　int	int、short int	值不变
int、short int	long int	右侧的值不超过左侧数据值的范围时值不变，否则出错
unsigned	signed	按原样赋值，如果数据范围超过相应整型的范围，出错
signed	unsigned	按原样赋值，如果数据范围超过相应整型的范围，出错

2.3.7　逗号运算符和逗号表达式

1. 逗号运算符

C 语言中，可以用“，”作为运算符，称之为逗号运算符。

优先级别：逗号运算符是优先级别最低的运算符。

结合方向：自左向右（左结合性）。

2. 逗号表达式

用逗号运算符把两个或多个表达式连接起来构成逗号表达式。逗号表达式的格式为：

```
表达式 1,表达式 2,……,表达式 n
```

例如：

```
i=1,j=2,i+j
```

逗号表达式的执行过程是：依次计算表达式 1 的值，表达式 2 的值，……，表达式 n 的值，最后将表达式 n 的值作为整个表达式的结果值。因此逗号表达式又称为“顺序求值运算”。

例如：

```
int a=2,b;
float f=5.2;
f=(b=a,2*a,2*f);
```

逗号表达式的求值顺序是：先计算“b=a”（b 的值为 2），其次计算“2*a”的值（值为 4），最后计算“2*f”的值（值为 10.4）。当整个表达式计算结束后，取“2*f”的值作为整个逗号表达式的值赋值给 f（f 的值为 10.4）。

使用逗号运算符时应注意以下几点。

1）只有出现在表达式中的逗号才可构成逗号表达式，不是出现逗号的地方都是逗号表达式，逗号在 C 语言中还用于语句之中的分隔符。例如：

```
int a,b,c;
printf("%d,%d",a,b);
```

逗号作为语句中参数的分隔符。

2）在多数情况下，使用逗号表达式不是为了取得和使用这个逗号表达式的最终结果值，其目的是为了分别按顺序求得每个表达式的结果值。这在循环结构（第 5 章）中经常使用。

3）逗号表达式一般形式中的表达式 1 和表达式 2 也可以又是逗号表达式。例如：表达式 1,（表达式 2，表达式 3）形成了嵌套情形。因此可以把逗号表达式扩展为以下形式：

```
表达式 1,表达式 2,……,表达式 n
```

整个逗号表达式的值等于表达式 n 的值。

【例 2.8】 逗号运算符应用。

程序如下：

```
#include <stdio.h>
void main()
{
    int a,b,c;
    b=(a=10,a+5,c=10);
    printf("a=%d,b=%d,c=%d\n",a,b,c);
    c=(a=10,b=5,a+b);
    printf("a=%d,b=%d,c=%d\n",a,b,c);
}
```

程序运行结果如下：

```
a=10,b=10,c=10
a=10,b=5,c=15
```

程序分析：求解“b=(a=10,a+5,c=10)”时；首先计算赋值符号右侧的逗号表达式，顺序计算：a=10、10+5、c=10，并将 c=10 的结果值（10）赋值给变量 b（b 的值为 10），调用 printf( )函数的输出结果是：a=10、b=10、c=10。求解“c=(a=10,b=5,a+b)”时；首先计算赋值符号右侧的逗号表达式的值，顺序求值的过程是：a=10、b=5、10+5，并将 10+5 的值赋予变量 c（c 的值为 15），调用 printf( )函数的输出结果是：a=10、b=5、c=15。

2.3.8 位运算符和位运算表达式

位运算是指对二进制位进行的运算。它的运算对象不是以一个数据为单位，而是对内存中存储数据的每个二进制位进行运算。每个二进制位只能存放 0 和 1。通常把组成一个数据的最右边的二进制位称为第 0 位，然后是第 1 位……，数据中最左边的二进制位是最高位。正确地使用二进制位运算，将有助于节省内存空间和编写复杂的程序。

1. 位运算符

C 语言提供了 6 个位运算符，其中除了运算符“～”是单目运算符之外，其他都是双目运算符。如表 2-11 所示。

表 2-11 位运算符

运算符	名称	例子	位运算功能
&	按位与	a&b	a 和 b 按位与
|	按位或	a|b	a 和 b 按位或
^	按位异或	a^b	a 和 b 按位异或
～	按位取反	～a	a 按位取反
<<	左移位	a<<2	a 左移 2 位
>>	右移位	b>>3	b 右移 3 位

优先级别：在位运算符中，取反运算符“～”的优先级别最高，高于位于同级别的左移位“<<”和右移位“>>”运算符，相对低级别的按位与“&”高于按位或“|”、按位或“|”高于按位异或“^”。

结合方向：其中～是右结合性，其他为自左向右（左结合性）。

注意

位运算的运算数只能是整型或者是字符型数据，而不能是实型数据。其中位运算符中除位反运算符（～）之外，均可以与赋值运算符组成复合赋值运算符，用法与算术复合赋值运算符相同。

2. 位运算表达式

用位运算符把运算数连接起来构成位运算表达式。例如：

```
1&2
13|10
```

以上均是合法的位运算表达式。

下面对 6 个位运算符表达式分别加以介绍。

（1）按位与运算符——&

按位与运算是对两个运算数据的对应二进制位进行与运算。其运算规则是：若对应两个位都为 1，则该位与的结果为 1，否则为 0。也就是：“0&0=0”、“0&1=0”、“1&0=0”、“1&1=1”。

例如，有如下定义：

```
char  a=10,b=15,c;
```

计算“c=a&b”的结果值。那么把 a 与 b 转换成二进制数为：

a:00001010

b:00001111

计算过程如下：

```
  00001010
& 00001111
----------
  00001010
```

即“a&b”的值为 10。

根据按位与运算的规则，易知以下结论。

1）一个数的某二进制位与 0 相与，该位结果为 0。

2）一个数的某二进制位与 1 相与，该位结果保持原值。

据此，按位与运算有如下两个用途。

1）清零。若想将一个数 a 的某些位置 0，只需找另一个数 b，其相应位为 0，然后与 a 进行按位与运算即可。

2）保留某个数的指定位置。要保留某个数的某一位，只要将这个数与该位为 1，其他位为 0 的数进行按位与运算就可以了。

（2）按位或运算符——|

按位或运算是对两个运算数据的对应二进制位进行或运算。其运算规则是：若对应的两个位都是 0，则该位或的结果值为 0，否则为 1。也就是："0|0=0"、"0|1=1"、"1|0=1"、"1|1=1"。

例如，有如下定义：

```
char  a=10,b=15,c;
```

计算 c=a|b 的结果值。

计算过程如下：

```
  00001010
| 00001111
----------
  00001111
```

即 a|b 的值为 15。

根据按位或的运算规则，易知以下结论。

1）一个数的某二进制位与 0 相或，该位结果保持原值。

2）一个数的某二进制位与 1 相或，该位结果为 1。

据此，按位或运算的用途是将一个数的某些特定位置 1。

（3）按位异或运算符——^

按位异或运算是对两个运算数据的对应二进制位进行异或运算。其运算规则是：若相应的两个位的值不同，则结果值为 1；若两个位的值相同，则结果值为 0。也就是："0^0=0"、"0^1=1"、"1^0=1"、"1^1=0"。

例如，如下定义：

```
char  a=10,b=15,c;
```

计算"c=a^b"结果值。

计算过程如下：

```
  00001010
^ 00001111
----------
  00000101
```

即"a^b"的值为 5。

根据按位异或运算规则，易知以下结果。

1）一个数的某二进制位与 0 相异或，可保留原值。

2）一个数的某二进制位与 1 相异或，可使 0 变 1，1 变 0。

（4）按位取反运算符——～

按位取反运算是把运算数据按二进制位取反。其运算规则是：若操作数的某位二进制位为 0，则取反后为 1；反之，当它为 1 时，取反后为 0。也就是："～0=1"、"～1=0"。

例如，有如下定义：

```
char  a=15,b;
```

计算“b=～a”的值。

计算过程如下：

$$\frac{\sim 00001111}{11110000}$$

即 b 的值为-16。

（5）左移运算符——<<

左移的运算规则是：将运算数据中的每个二进制位向左移动若干位，从左边移出去的高位部分被丢弃，右边空出的低位部分补 0。

例如，有如下定义：

```
char  a=10;
```

计算“a=a<<2”的值。

此题表示将 a 中的每个二进制位左移 2 位后存入 a 中。由于 10 的二进制表示为 00001010，所以左移 2 位后，将变为 00101000，即“a=a<<2”的结果为 40。如图 2-4 所示。

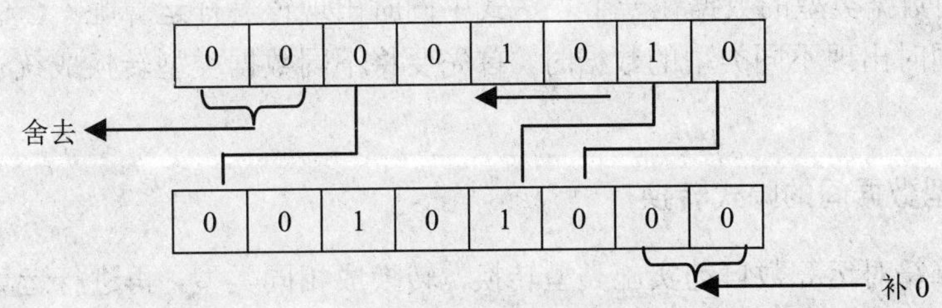

图 2-4　左移运算

由上述运算结果容易看出，在进行“左移”运算时，如果移出去的高位部分不包含 1，则左移一位相当于乘以 2，左移 n 位相当于乘以 2^n。

（6）右移运算符——>>

右移的运算规则是：将运算数据中的每个二进制位向右移动若干位，从右边移出去的低位部分被丢弃。对无符号数来说，左边空出的高位部分补 0。对有符号数来说，如果符号位为 0（即正数），则空出的高位部分补 0。如果符号位为 1（即负数），空出的高位部分补 0 还是补 1，与所使用的计算机系统有关，有的计算机系统补 0，称为“逻辑右移”；有的计算机系统补 1，称为“算术右移”。采用“逻辑右移”还是“算术右移”要取决于所使用的 C 语言的编译系统。下面以“算术右移”为例来介绍右移运算符。

例如，有如下定义：

```
char  a=10;
```

计算 a=a>>2 的值。a 右移的结果为：2。如图 2-5 所示。

在进行“右移”运算时，如果移出去的低位部分不包含 1，则右移 1 位相当于除 2，右移 n 位，相当于除 2^n，而且是整除（取整运算）。

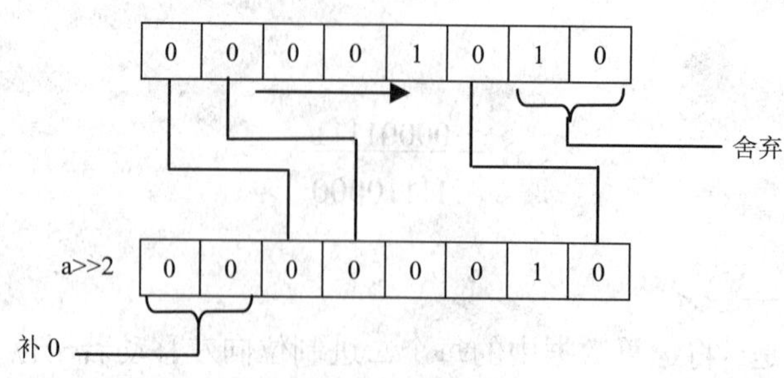

图 2-5　右移运算

2.4　不同类型数据间的转换

前面介绍了几种基本数据类型，通常我们在处理问题时，会同时用到几种不同的数据类型。那么，不同数据类型的数据在一个表达式中同时出现该怎样运算呢？C 语言规定，当在一个表达式中同时出现不同类型的数据时，首先要将不同数据类型转换成统一的类型，然后再计算。

2.4.1　不同类型数据间的隐式转换

由算术运算符对运算数自动实施类型转换，转换成相同类型，再进行运算，称为自动转换或者是隐式转换。转换的规则如图 2-6 所示。

```
double   ←    float
↑
long
↑
unsigned
↑
int    ←   char, short
```

图 2-6　数据类型隐式转换规则

图中横向向左的箭头表示必定的转换，如字符数据必定先转换为整数，short 型转为 int 型，float 型数据在运算时一律转换成双精度型，以提高运算精度（即使是两个 float 型数据相加，也要先转换成 double 型，然后再相加）。

纵向的箭头表示当运算对象为不同类型时转换的方向。例如 int 型与 doub1e 型数据进行运算，先将 int 型的数据转换成 double 型，然后再两个同类型（double 型）数据进行运算，结果为 double 型。注意箭头方向只表示数据类型级别的高低，由低向高转换，不要理解为 int 型先转成 unsigned 型、再转成 1ong 型、再转成 double 型。如果一个 int 型数据与一个 double 型数据运算，是直接将 int 型转成 double 型。同理，一个 int 型与一个 long 型数据运算，直接将 int 型转换成 1ong 型。例如：

```
int i;float f;double d;long e;
10+'a'+i*f-d/e;
```

其中 i 为 int 变量、f 为 float 变量、d 为 double 变量、e 为 long 变量，则此表达式运算次序如下。

1）进行 10+'a'的运算。先将'a'转换整数 97，运算结果为 107。

2）进行 i×f 的运算。先将 i 与 f 都转换成 double 型，运算结果为 double 型。

3）整数 107 与 i×f 的积相加，先将整数 107 转换成双精度数，结果为 double 型。

4）将变量 e 转换成 double 型，d/e 的结果为 double 型。

5）将“10+'a'+i×f”的结果与 d/e 的商相减，最后结果为 double 型。

【例 2.9】　自动类型转换示例。

程序如下：

```
#include <stdio.h>
void main()
{
    float m,n;
    int a,b;
    m=3/2+9/4;
    n =3.0/2+9/4.0;
    a=n;
    b=a*m;
    printf("m=%f, n=%f,a=%d,b=%d \n", m, n,a,b);
}
```

程序运行结果如下：

```
m=3.000000, n=3.750000,a=3,b=9
```

2.4.2　不同类型数据间的显式转换

上面的转换是自动的，但 C 语言也提供了一种显式的转换形式，即强制转换类型，其一般格式为：

（数据类型名）表达式

它把后面的表达式运算结果的类型强制转换为要求的类型，而不管类型的高低。强制类型转换最主要的用途，一是满足一些运算对类型的特殊要求，例如求余运算符“%”，要求运算符两侧的数据为整型，“(int)2.5%3”；二是防止丢失整数除法中的小数部分。

注意，无论是自动地还是强制地实现数据类型的转换，仅仅是为了单次运算或赋值的需要而对变量的数据值进行一次性的转换，并不能改变在数据说明时对该数据规定的数据类型。

例如：

```
float f;
(int)f;
```

定义中 f 的类型为 float 型，进行强制类型转换后得到一个 int 型的中间值（不要写成 int(f)），得到的结果等于 f 的整数部分，而 f 的值和类型不变（仍为 float 型）。

【例 2.10】　数据转换。

程序如下：

```
#include <stdio.h>
void main()
```

```
{
    float f;
    int x,y;
    f=3.6;
    x=f;
    y=(int)f;
    printf("f=%f,x=%d,y=%d",f,x,y);
}
```

程序运行结果如下：

```
f=3.600000,x=3, y=3
```

程序分析：程序中定义了整型变量 x 和 y，单精度变量 f，并给 f 赋值为 3.6。执行语句“x=f;”通过隐式转换，x 的值为 3，执行语句“y=(int)f;”时，把 f 的整数部分赋值给 y，是强制转换，注意此时 f 类型仍为 float 型，f 的值也没有发生变化仍等于 3.6。

习　题　2

一、选择题

1．以下选项中，正确的整型常量是（　　）。

A．34.　　B．-25　　C．3.000　　D．0789

2．若变量已经被正确定义并赋值，下列符合 C 语言语法的表达式是（　　）。

A．a=a+7:　　B．a=7+b+c,a++

C．int(12.3%4)　　D．a=a+7=c+b

3．以下选项中，正确的字符型常量是（　　）。

A．‘a’　　B．“ab”　　C．A　　D．“A”

4．表达式 3.6-5/2+1.2+5%2 的值是（　　）。

A．4.3　　B．4.8　　C．3.3　　D．3.8

5．C 语言中，运算对象必须是整型的运算符是（　　）。

A．%　　B．/　　C．!　　D．**

6．若已定义 x 和 y 为 double 类型，则当 x=1，表达式 y=x+3/2 的值是（　　）。

A．1　　B．2　　C．2.0　　D．2.5

7．设变量 x 为 float 型且已被赋值，则下列语句中能将 x 中的数值保留到小数点后两位，并将第三位四舍五入的是（　　）。

A．x=x*100+0.5/100.0　　B．x=(x*100+0.5)/100

C．x=(int)(x*100+0.5)/100.0　　D．x=(x/100+0.5)*100.0

8．已知 a=4，b=5，则执行表达式 a=a>b 后，变量 a 的值为（　　）。

A．0　　B．1　　C．4　　D．5

9．若给定条件表达式(M)?(a++)：(a--)，则其中表达式 M（　　）。

A．和(M==0)等价　　B．和(M==1)等价

C．和(M!=0)等价　　D．和(M!=1)等价

10．设 x，y，t 均为 int 型变量，则执行语句 x=y=3;t=++x||++y 后，y 的值为（　　）。

A．1　　B．3　　C．4　　D．不定值

11．先用语句定义字符型变量 c，然后将字符 a 赋给 c，则下列语句中正确的是（　　）。

A．c= ‘a’;　　B．c= “a”;　　C．c= “97”;　　D．c= ‘97’;

12．下列程序的输出结果是（　　）。

```
#include <stdio.h>
void main()
{
    int a=5,b=4,c=6,d;
    printf("%d\n",d=a>b?(a>c?a:c):(b));
}
```

A．4　　B．5　　C．6　　D．不确定

13．下列程序的输出结果为（　　）。

```
#include <stdio.h>
void main()
{
    int a,b,c=246;
    a=c/100%9;
    b=(-1)&&(-1);
    printf("%d,%d\n",a,b);
}
```

A．2,1　　B．3,2　　C．4,3　　D．2,-1

二、填空题

1．在 C 语言中，其值可以改变的量被称为__________。

2．C 程序中定义的变量代表内存中的一个__________。

3．C 语言中用__________表示逻辑“真”，用__________表示逻辑“假”。

4．请写出与下列表达式等价的表达式（1）__________，（2）__________。

(1)　!(a<0)　　(2) !1

5．当 a=5，b=8 时，C 语言表达式 5-2>=a-1<=b-2 的值是__________。

6．表达式!(5>=7)&&(4<=8)||(6>=9)的值是__________。

7．若定义 int a=6,b=3；则执行表达式 b+=b-=a*=b 后，b 的值是__________。

8．若 m 是 int 型变量，则表达式(m=5*6，m*3),m+8 的值为__________。

9．表达式 5&6 的值为__________，表达式 5|6 的值为__________。

10．下面程序段的输出结果是__________。

```
char a;   a=~6+01;   printf("%d%o\n",a,a);
```

11．下列程序输出的结果是 39.00，请填空。

```
#include <stdio.h>
```

```
void main()
{
    int a=7,b=4;
    float x=___________,y=1.1,z;
    z=a/2+b*x/y+1/2;
    printf("%6.2f\n",z);
}
```

12．执行下列语句后，z 的值是__________。

```
int x=4,y=25,z=2;
z=(--y/++x)*z--;
```

三、写出下列程序的运行结果

1．

```
#include <stdio.h>
void main( )
{   int  a=0,b=0,c=0;
    c=(c-=a-5),(a=b,b+3);
    printf("%d,%d,%d\n",a,b,c);
}
```

2．

```
#include <stdio.h>
void main()
{
    int a=023;
    printf("%d\n",--a);
}
```

3．

```
#include <stdio.h>
void main()

{   int a=8,b,c;
    a*=5+3;
    printf("%d\t",a);
    a*=b=c=8;
    printf("%d\t",a);
    a=b=c;
    printf("%d\n",a);
}
```

4．程序运行时输入 25，则输出的结果是__________。

```
#include <stdio.h>
void main()
{   int a,b;
    scanf("%d",&a);
```

```
    b=a<23?a+20:a-20;
    printf("%d\n",b);
}
```

5．程序运行时输入 75，32，则输出的结果是__________。

```
#include <stdio.h>
void  main()
{   unsigned char a,b,c,d;
    printf("enter two hex numbers:");
    scanf("%x,%x",&a,&b);
    c=a<<2; d=b>>2;
    printf("%x,%x\n",c,d);
}
```

四、编程题

1．给半径 r 赋任意值，求圆的面积。

2．从键盘输入 A～Z 中的任意一个大写字母，把它转换为对应的小写字母输出。

3．用位运算将一个数清零。

第3章 顺序结构的程序设计

学习编程，就是为了利用编写的程序去解决一定的问题。进一步说，解决问题是用一个方法去处理数据，而这个方法就是算法。所谓算法就是解决问题的步骤，有了算法之后，就要让计算机根据算法按步骤去解题。当利用高级语言开发程序时，就要借助编程语言的语句去实现。编写 C 语言程序必须掌握 C 语言语句的使用。C 语言是结构化程序设计语言，具有三种基本结构：顺序结构、选择结构、循环结构。通过这三种基本结构的组合使用，无论多么复杂的问题都能解决。

C 语言所有的流程控制都是由语句实现的，不同的语句具有不同的语法形式，用来完成不同形式的操作。C 语言语句的具体分类如图 3-1 所示。

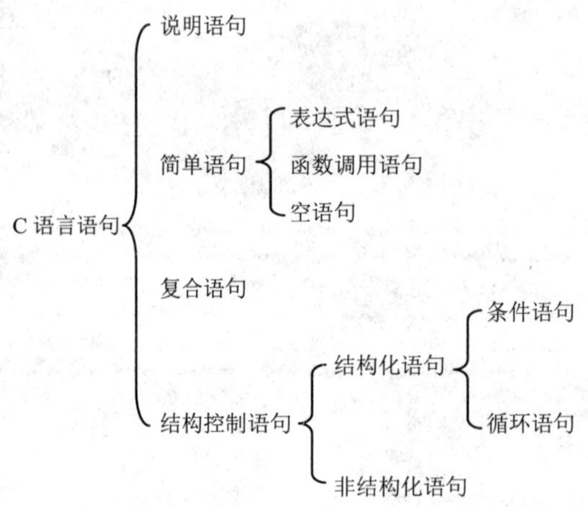

图 3-1　C 语言语句的分类

本章讨论顺序结构中常用的语句，包括表达式语句、空语句、复合语句和实现输入和输出操作的函数调用语句，从而掌握简单的程序设计算法，使读者能够具有编写简单程序的能力，为以后学习结构控制语句和复杂的算法打下基础。

3.1 C 语句概述

顺序结构是结构化程序设计的三种基本结构中最简单的。顺序结构可以独立存在，也可以与选择结构和循环结构共同使用。顺序结构中的所有语句按照语句先后顺序逐条执行，没有跳转，直到最后一条语句退出程序。

【例 3.1】　输入三角形的三边长，求三角形面积。

算法分析：已知三角形的三边长 a、b、c，则该三角形的面积公式为：

$$area = \sqrt{s(s-a)(s-b)(s-c)}$$

其中 s=(a+b+c)/2。

程序如下：

```
#include <stdio.h>
#include <math.h>
void main()
{
    float a,b,c,s,area;
    scanf("%f,%f,%f",&a,&b,&c);
    s=1.0/2*(a+b+c);
    area=sqrt(s*(s-a)*(s-b)*(s-c));
    printf("a=%f,b=%f,c=%f,s=%f\n",a,b,c,s);
    printf("area=%f\n",area);
}
```

程序运行情况如下：

```
7,8,9
a=7.000000,b=8.000000,c=9.000000,s=12.000000
area=26.832815
```

程序分析如下。

第 1 行与第 2 行定义文件包含，说明程序中使用标准输入输出函数库函数与数学函数库函数，这两行是在程序编译时完成的。第 3 行是定义主函数 main( )，main( )下面的花括号括起来的是 main( )的函数体。函数体的第 1 条语句是变量声明语句“float a,b,c,s,area;”，定义了 5 个单精度变量（a、b、c、s、area），编译时将为这 5 个单精度变量分配内存存储单元空间。

程序的第 1 条执行语句是函数体中的第 2 条语句“scanf(“%f,%f,%f”,&a,&b,&c);”，由键盘输入 3 个实数为单精度变量 a、b、c 赋值，然后顺序执行语句“s=1.0/2*(a+b+c);”与“area=sqrt(s*(s−a)*(s−b)*(s−c));”，计算出 s 与 area 的值，最后利用两条输出语句输出 a、b、c、s 与 area 的值。

从上面程序的执行方式上看，程序是按照书写的顺序，从第 1 条语句到最后一条语句完全按照顺序执行，也称之为“顺序结构”。本节介绍编写顺序结构程序常用的说明语句、简单语句和复合语句。

注意，在使用 Visual C++ 6.0 编译系统时，对上面这个程序进行编译，会显示出“警告”信息：“在初始化时把一个双精度常量赋给一个 float 型变量”。这是因为有的 C 编译系统（如 Visual C++ 6.0）把所有实数都作为双精度数处理。因此提醒用户：把双精度常量赋给 float 型变量会造成精度损失。对这类“警告”，用户知道是怎么回事就可以了，让程序继续进行连接和运行，不影响运行结果。

1. 说明语句

说明语句是对变量或被调函数的声明，不产生机器指令，其作用是描述程序中被处理数据（变量或函数）的名称和类型，供编译程序使用。说明语句可以出现在程序中任何函数或复合语句的外面（称为外部说明）或里面（称为局部说明）。

例如：

```
char ch;                          /*定义变量 ch 为字符型*/
int i;                            /*定义变量 i 为整型*/
float add (float x,float y);      /*函数的声明*/
```

2. 空语句

在 C 语言中，一个分号可以构成一个语句，称为空语句。空语句的具体格式如下：

```
;
```

空语句在语法上占据一个语句的位置，但是它不执行任何操作。尽管空语句不进行任何操作，但它代表一条语句，空语句可以起到占位置的作用。根据空语句的特点，空语句只用在必须有语句而又不需要进行任何操作的位置，空语句常用于条件语句或循环语句的执行部分。

例如：

```
while(getchar()!='\n')
;
```

例子中第 2 行是空语句，本语句的功能是，只要从键盘输入的字符不是回车则重新输入，起到延时的作用。这里的循环体为空语句。

3. 表达式语句

（1）简单表达式语句

C 语言中的表达式语句是由一个表达式加上一个分号组成，是 C 语言程序中最简单也是最常见的语句。其格式为：

```
表达式;
```

例如：

```
sum=a+b
```

是一个赋值表达式，而其后加一个分号,它就是赋值语句。例如：

```
sum=a+b;
```

任何表达式加上分号都是一个语句，例如：

```
i++;                    /*语句使变量 i 增加 1*/
3.14*R*R;               /*语句的操作无实际意义*/
```

以上都是合法的语句。但是“3.14*R*R”操作的结果并没有保存起来，也没有作为中间结果，所以这个语句无实际意义。

（2）赋值语句

C 语言中的赋值语句是表达式语句中使用最频繁最多的一种。赋值语句是由赋值表达式加上一个分号构成，其格式为：

```
变量=表达式;
```

赋值语句的功能是先求赋值运算符右侧表达式的值，然后把这个值赋给左侧的变量。

说明如下。

1）赋值语句中的“=”叫做赋值符号，是一种带有方向性的操作命令，与数学中的等号“=”具有不同的意义。如等式“i=i+1”在数学中是不成立的，但在赋值语句中“i=i+1”是有意义的，它表示把变量 i 中原来的值与 1 相加后（新值）送到变量 i 中去，同时 i 中原有的值就被新值替换。

2）赋值符号左侧必须是一个变量，不能是常量或表达式。一行内可写多个赋值语句，各语句末尾必须用分号结束。例如：

```
a=20; b=30; c=40;
```

3）赋值语句可以改变变量的值。在一个程序中，如果多次给一个变量赋值，变量的值取的是最后一次赋的值。例如：

```
x=2;
x=4;
```

执行第 1 条语句后，x 的值为 2，执行第 2 条语句后 x 的值为 4，因此，最后 x 的值为 4。

【例 3.2】 设 a 单元的值为 5，b 单元的值为 10，试编写一个程序，把两单元的内容互换。

程序如下：

```
#include <stdio.h>
void main()
{
    int a=5,b=10,s;
    s=a;                            /*变量 a 的值送给变量 s,暂时存储*/
    a=b;                            /*变量 b 的值送给变量 a 此时 a 与 b 的值相同*/
    b=s;                            /*变量 s 的值送给变量 b,a 与 b 的值交换*/
    printf("a=%d,b=%d\n",a,b);  /*输出变量 a 与 b 的值*/
}
```

程序运行结果如下：

```
a=10,b=5
```

本例中变量 a 与 b 的值交换方法如下。

第 1 步：先将变量 a 原值暂存到变量 s 中。

第 2 步：变量 b 的值送给变量 a，如果 a 的值没有暂存到 s，执行这一步 a 的值被 b 的值替换掉。

第 3 步：变量 s 的值送给变量 b,实现了 a 与 b 变量的值交换。

4）C 语言中有形式多样的赋值操作。例如，“i*=i+5;”和“i--;”都是赋值语句。又如，“x=1,y=2,z=3;”这是由赋值表达式构成的逗号表达式语句,也可以实现赋值功能。

5）一个 C 语言的赋值语句中可以包含多个赋值运算符，运算顺序是自右至左。例如，“a=b=c=8;”和“a=(b=2)*(c=6)+8;”都是由合法的赋值语句。按照赋值运算符的右结合性，因此“a=b=c=8;”实际上等价于：

```
c=8;
b=8;
a=8;
```

6）当赋值运算符两边的数据类型不同时，系统自动将赋值运算符右边表达式数据类型转换成左边变量的数据类型。例如：

```
int i;
i=3.6;
```

因为 i 是整型变量，赋值符号右侧为实型数据（3.6），根据原则类型不匹配时，把赋值符号右侧表达式数据类型转换成左侧变量的数据类型，则 i 的值为 3。

4. 函数调用语句

函数调用语句是由函数名、实际参数加上分号“;”组成。其一般形式为：

```
函数名(实际参数表);
```

执行函数语句就是调用函数体并把实际参数赋予函数定义中的形式参数，然后执行被调函数体中的语句，求其函数值。

例如，“printf("HELLOW C PROGRAM!");”就是函数调用语句。调用 printf( )库函数，输出字符串。

运行结果：

```
HELLOW  C  PROGRAM!
```

函数调用语句将在第 8 章详细讲解。

5. 复合语句

复合语句是由花括号“{ }”括起的 0 个或多个语句构成的语句，有时也称为分程序。复合语句的一般格式为：

```
{
    内部数据说明
    执行语句
}
```

例如：

```
{
    t=a;
    a=b;
    b=t;
}
```

是一条复合语句。复合语句内的各条语句都必须以分号“;”结尾，在括号“}”外一般不加分号。复合语句在语法上等价于一条语句，通常把它作为选择结构或循环结构的执行体（后续章节将详细介绍）。

由于复合语句是一个整体，等价于一条语句，可以出现在程序中的任何地方，所以复合语句也可以包含复合语句，相当于复合语句的嵌套结构。复合语句是重要的语句结构，随着学习的深入，要逐步理解和加深认识。

3.2　数据输入/输出的概念及在 C 语言中的实现

C 语言中所谓输入/输出就是指以计算机为主体而言的，C 语言本身并不提供输入/输出操作的语句，C 语言程序中的输入/输出操作是通过调用标准库函数来实现的。C 语言有很丰富的输入/输出库函数，有用于键盘输入和显示器输出的输入/输出库函数、磁盘文件读写的输入/输出库函数、硬件端口操作的输入/输出库函数等（详见附录表库函数）。本书主要是以键盘为主体的输入终端输入数据，以显示器为主体的输出终端输出数据。在使用输入/输出函数时，需要注意以下两个问题。

1）系统函数被保存在称为“C 函数库”的系统文件中，当需要使用某个函数时，应当通知系统该函数所在的函数库，这是通过包含头文件的方式来实现的，要通过预编译命令“#include”，将有关“头文件”包含到源文件中。

使用标准输入/输出库函数时要用到“stdio.h”文件，因此源文件开头应有以下预编译命令：“#include <stdio.h>”或“#include "stdio.h"”。

stdio 是 standard input & output 的缩写（标准输入/输出，I/O）。称为标准输入/输出预说明，h 是头文件的扩展名。它包含了与标准 I/O 库有关的变量定义和宏定义。

2）在所有的输入/输出库函数使用时，格式与参数要符合系统要求。

例如：

```
int i;
scanf("%d",&i);
printf("%d",i);
```

如果要给 i 赋值为 3，则运行时由键盘输入：

```
3
```

输出结果：

```
3
```

scanf( )是标准输入库函数，““%d”，&i”是 scanf( )函数的格式与函数书写形式。

printf( )是标准输出库函数，““%d”,i”是 printf( )函数的格式与函数书写形式。下面将详细介绍四个标准输入/输出库函数。

3.3 字符数据的输入和输出

根据数据类型不同，数据输入/输出时可以选择不同的输入/输出库函数。本节介绍最常用的两个专门针对字符操作的标准输入/输出库函数 putchar( )函数和 getchar( )函数。

putchar( )函数和 getchar( )函数是 C 语言标准库提供的函数。使用时，在调用 putchar( )函数或 getchar( )函数的程序开头一定要使用预编译命令“#include <stdio.h>”或“#include "stdio.h"”将输入/输出的头文件“stdio.h”包括到用户源文件中。

3.3.1 字符输入函数 getchar( )

getchar( )函数的作用是由输入设备（如键盘）上读取一个字符。getchar 是函数名，函数本身没有参数，getchar 后面的括号里什么值也没有，称之为无参函数。getchar( )函数的一般调用形式为：

```
getchar();
```

例如：

```
char ch;
ch=getchar();
```

运行输入：

```
A
```

则给字符变量 ch 赋值字符‘A’。

说明如下。

1）getchar( )函数一次只能接受一个字符。

例如：

```
char ch;
ch=getchar();
```

运行输入：

```
china
```

虽然输入的是 china，但给字符变量 ch 赋的字符仍然是输入字符串中的第一个字符‘c’。

2）getchar( )函数可以接收任意字符。包含空格、回车或 Tab 键等特殊字符。

例如：

```
char  ch1,ch2;
ch1=getchar();
ch2=getchar();
```

运行输入：

```
ab
```

第 1 个 getchar( )读取字符‘a’赋值给字符变量 ch1；第 2 个 getchar( )读取的是字符‘b’赋值给变量 ch2。

再次运行输入：

```
a b
```

第 1 个 getchar( )读取字符‘a’赋值给字符变量 ch1，而第 2 个 getchar( )读取的是字符‘ ’（字符空格）赋值给变量 ch2。所以使用 getchar( )函数时要格外注意。

3）getchar( )函数读取的字符也可以赋值给整型变量。

```
int i;
i=getchar();
```

运行输入：

```
c
```

赋给整型变量 i 的值是字符‘c’的 ASCII 码的值，则 i 的值等于 99。

4）getchar( )函数读取的字符也可以不赋值给变量。

【例 3.3】 输入一字符并输出。

程序如下：

```
#include "stdio.h"
void main()
{
    putchar(getchar());              /*输出从键盘接收一个字符*/
}
```

程序运行情况如下：

```
a
a
```

程序利用 getchar( )函数输入一个字符‘a’，并作为 putchar( )函数的参数直接输出，结果为 a。putchar( )函数是字符的输出函数，下面来介绍 putchar( )函数。

3.3.2　字符输出函数 putchar( )

putchar( )函数的作用是把一个字符输出到标准输出设备（通常指显示器或打印机）上，一般调用形式为:

```
putchar(ch);
```

例如：

```
char ch;
ch=getchar();
putchar(ch);
```

程序运行结果：

```
A
A
```

说明如下。

putchar 是函数名，ch 是函数的参数，该参数可以是整型变量或字符型变量。ch 也可以是整型常量或字符常量。注意，ch 也可以是转义字符常量，并且经常用 putchar( )函数来输出一些特殊的控制符，例如，用“putchar('\n')”输出换行，用“putchar('\r')”输出回车、用“putchar('\t')”输出跳格、用“putchar('\b')”输出退格等。

【例 3.4】 putchar( )函数的使用举例。

程序如下：

```
#include "stdio.h"
void main()
{
    char ch;
    int i;
    ch='A';
    i=66;
    putchar(ch);          /*输出字符型变量 ch 的值*/
    putchar(i);           /*输出整型常量 i 的值*/
    putchar('\t');        /*转义字符常量'\t'输出跳格*/
    putchar('C');         /*输出字符型常量'C'*/
    putchar('\x44');      /*转义字符常量'\x44'是字符常量'D'的 ASCII 值*/
    putchar('\n');        /*转义字符常量'\n'输出一个换行*/
}
```

程序运行情况如下：

```
AB      CD
```

3.4 格式化输入与输出

前面介绍的 putchar( )和 getchar( )两个函数，每次只能输出或输入一个字符，而需要一次输出或输入若干个任意类型的数据时，C 语言提供了 printf( )和 scanf( )。printf( )和 scanf( )函数也是标准输入输出库函数，在使用时必须使用预编译命令“#include”包括文件“stdio.h”。在 C 语言中，所有的库函数，在使用时都需要包含头文件。

3.4.1 格式化输入函数 scanf( )

在 C 语言中，scanf( )函数的作用是把从终端（如键盘）上输入的数据赋值给对应的变量，从输入设备输入任意类型的数据时，使用 scanf( )函数。

1. 一般调用形式

scanf( )函数的一般调用形式为：

```
scanf(格式控制字符串,输入项地址表)
```

说明：格式控制是一个用双引号括起来的字符串，它的作用是指定输入时的数据的输入格式和需要输入的个数；输入项地址列表是一个或者多个合法的地址表达式，并且是合法的变量地址。

功能：读入各种类型的数据，接收从输入设备按输入格式输入的数据并存入指定的变量地址中。

2. 格式控制字符串说明

scanf( )函数的格式控制字符串中可以有多个格式说明，格式说明的个数必须与输入项的个数相等，数据类型必须从左至右一一对应，scanf( )函数常用的格式字符如表 3-1 所示。在“%”和格式字符之间可以插入附加格式说明字符，scanf( )可以使用的附加格式说明字符，如表 3-2 所示。

表 3-1　scanf( )函数中的格式字符

格式字符	说　明
d	以带符号的十进制形式输入整数
o	以八进制无符号形式输入整数
x	以十六进制无符号形式输入整数
c	以字符形式输入单个字符
s	输入字符串。以非空字符开始，以第 1 个空白字符结束
f 或 e	输入实型数（小数形式或者指数形式）

表 3-2　scanf( )函数的附加格式说明字符

字　符	说　明
l	表示输入的是长整数或双精度实型数（可加在 d、o、x、f、e 前面）
h	表示输入短整型数据（可用于 d、o、x）
m	表示输入数据的最小宽度（列数）
*	表示本输入项在读入后不赋给相应的变量

输入数据时的格式和输入方法的注意事项如下。

1）若在格式控制字符串中每个格式说明之间不加其他符号，在执行时，系统规定由键盘输入数据时，数据之间可以用一个或多个空格、回车、跳格（Tab 键）来分隔。例如：

```
int x,y,z;
scanf("%d%d%d",&x,&y,&z);
```

输入数据之间有三种分隔方式是（假设输入的数据分别是 10、20、30)：

① 10(空格)20(空格)30
② 10(回车)20(回车)30(回车)
③ 10(tab)20(tab)30 回车

2）若在 scanf( )函数的输入控制串中含有其他的字符，则在输入时要求按一一对应的位置原样输入这些字符。例如：

```
int x,y,z;
```

```
scanf("%d,%d,%d",&x,&y,&z);
```

输入数据的三种方式是：

① 10,20,30
② 10,20,(回车)30(回车)
③ 10,(回车)20,(回车)30(回车)

又如：

```
int x,y,z;
scanf("x=%d,y=%d,z=%d",&x,&y,&z);
```

输入数据的方式是：

x=10,y=20,z=30

在执行键盘输入时，应先输入与这些字符串相同的字符“x=”，再输入数据 10，又输入“,y=”，再输入数据 20，又输入“,z=”，再输入数据 30。“ x= , y= ,z=”不是提示信息，而是要求用户原样输入的字符。

3）在输入控制字符中，格式说明的类型与输入项的类型应该一一对应匹配。如果类型不匹配，系统并不给出出错信息，但不能得到正确的输入数据。当输入长整型数据时，必须使用“%ld”格式，输入双精度时，必须使用“%lf”或“%le”，否则不能得到正确数据。例如：

```
double  x,y,z;
scanf("x=%d,y=%d,z=%d",&x,&y,&z);
printf("%f  %f  %f",x,y,z);
```

输入数据的方式是：

x=10,y=20,z=30

输出结果是：

```
-92559592117432108000000000000000000000000000000000000000000000.000000
-92559592117432222000000000000000000000000000000000000000000000.000000
-92559592117432336000000000000000000000000000000000000000000000.000000
```

虽然没有错误提示，但结果不正确。例如：

```
double  x,y,z;
scanf("x=%f,y=%f,z=%f",&x,&y,&z);
printf("%f  %f  %f",x,y,z);
```

输入数据的方式是：

x=10,y=20,z=30

运行输出结果：

```
-92559604592903506000000000000000000000000000000000000000000000.000000
-92559604688684477000000000000000000000000000000000000000000000.000000
-92559604748547584000000000000000000000000000000000000000000000.000000
```

虽然有输出结果，但结果是无效数据。

又如：

```
double  x,y,z;
scanf("x=%lf,y=%lf,z=%lf",&x,&y,&z);
printf("%f  %f  %f",x,y,z);
```

输入数据的方式是：

```
a=10,b=20,c=30
```

运行输出结果：

```
10.000000   20.000000   30.000000
```

4）关于“%c”格式。在用“%c”格式输入字符时，输入的数据之间不需要分隔符，空格、转义字符和回车符都将作为有效字符读入。例如：

```
scanf("%c%c%c", &x, &y, &z);
```

输入方式：

```
abc <回车>
```

则 x 的值是 a、y 的值是 b、z 的值是 c。

又如：

```
scanf("%c%c%c",&x,&y,&z);
```

在执行时，如果输入：

```
a  b  c <回车>
```

则字符‘a’赋给变量 x，字符‘ ’（空格）赋给变量 y，字符‘b’赋给变量 z。因此，对于字符型变量输入数据时不能随意加分隔符或其他字符。

5）在 scanf( )函数中的格式字符前可以用一个整数指定输入数据所占的宽度，但对实型数据不能指定小数的位置。

例如：

```
scanf("%2d%2d",&a,&b);
```

执行的输入是：

```
123456
```

输入控制中的两个格式说明“%2d”，说明在输入数据时，将在输入的数据中先截取 2 位赋值给变量 a，变量 a 的值为 12，然后顺序截取 2 位赋值给变量 b，变量 b 的值为 34，后面的的输入数据为无效数据。

例如：

```
scanf("%6.2f",&f);
```

“%6.2f”是不合法的精度限制。

6）跳过输入数据的方法。可以在格式字符与“%”之间加入一个“*”使输入过程跳过输入的数据。例如：

```
int x,y,z;
scanf("%d%*d%d%d",&x,&y,&z);
```

输入数据的方式是：

```
10 20 30 40
```

则系统会把 10 赋给变量 x，跳过数据 20，把 30 赋给变量 y，把 40 赋值给变量 z。

7）在输入控制中，格式说明的个数与输入项的个数应该相等。如果格式说明的个数少于输入项的个数，系统自动结束输入，多余的数据没有被读入，但可以作为下一个输入操作的输入数据；如果格式说明的个数多于输入项的个数，系统同样自动结束输入。例如：

```
int a,b,c;
scanf("%d%d",&a,&b,&c);
```

输入数据方式：

```
10  20  30
```

由于输入控制中只有两个格式说明“%d”，则只能对变量 a 和 b 分别输入 10 和 20，而 30 不能被读入，只能作为以后其他输入数据。若后面加一条“scanf(“%d”,&z);”，那么就自动的把 30 赋给 z。

3. 输入项地址表说明

输入项地址表是若干个变量的地址，而不是变量名。表示的方法是在变量名前冠以地址运算符“&”，如“&x”指变量 x 在内存的地址。例如：

```
scanf("%d",x);
```

是不合法的，应将“x”改为“&x”。

【例 3.5】 输入格式举例。

程序如下：

```
#include <stdio.h>
void  main()
{
    char ch;
    int i;
    float  f;
    scanf("%c%d%f",&ch,&i,&f);
    printf("%c,%d,%f\n",ch,i, f);
}
```

程序运行情况如下：

```
a 123 123.456
a,123,123.456000
```

3.4.2　格式化输出函数 printf( )

在 C 语言中如果向终端或指定的输出设备输出任意的数据且有一定格式要求时，则需要使用格式化输出函数 printf( )。

1. 一般调用形式

printf( )函数的一般调用形式为：

```
printf("格式控制字符串",输出值参数表)
```

说明：格式控制部分是一个用双引号括起来的字符串，用来确定输出项的格式和需要原样输出的字符串。输出值参数表的输出项可以是合法的常量、变量和表达式或函数返回值等，输出值参数表中的各项之间要用逗号分开。

功能：在格式控制字符串的控制下，将各参数转换成指定格式，在标准输出设备上显示或打印。

2. 格式控制字符串说明

格式控制字符串可包含两类内容：普通字符和格式声明符。通常有三种使用情况：不含有格式声明符号“%”的普通字符串、含有格式声明符号“%”与格式字符组成的格式化规定字符、普通字符串与格式化字符混合使用。以下分别介绍各种使用情况。

1）如果格式控制字符串中没有格式声明符号“%”，那么该输出语句里就没有任何输出参数，也不需要表示分隔的逗号，这是使用 printf( )函数的最简单形式。这种形式中，只有格式控制字符串，没有输出参数表，双引号内的格式控制字符串为输出的内容。

【例 3.6】　原样输出字符串。

程序如下：

```
#include <stdio.h>
void main()
{
    printf("I Love China");
}
```

程序输出结果如下：

```
I Love China
```

2）含有“%”符号的格式化规定字符。在输出值参数表中的每个输出项必须有一个与之对应的格式声明，每个格式声明均以百分号“%”开头，后跟一个格式字符作为结束。如“%f”、“%d”，其中“%”是格式声明符，d 和 f 是格式字符。如果要输出一些数据，可以是常量、变量或者表达式，每个数据都需要在 printf( )函数格式声明中给出对应参数的转换和输出的格式声明。

注意，格式字符必须用小写字母。如“%d”不能写成“%D”。如表 3-3 所示给出了 printf( ) 函数中可用的格式字符及其含义。

表 3-3 printf( )函数声明中格式字符及含义

格式字符	说 明
d	以十进制形式输出带符号的整数（正数不输出符号）
o	以八进制无符号形式输出整数（不输出前导符 0）
x 或 X	以十六进制无符号形式输出整数（不输出前导符 0X）
u	以十进制形式输出无符号整数
c	以字符形式输出，只输出一个字符
s	输出字符串
f	以小数形式输出单、双精度实数，隐含输出 6 位小数
e 或 E	以标准指数形式输出单、双精度数，数字部分小数位数为 6 位
g 或 G	以“%f”或“%e”格式中较短的输出宽度输出单双精度实数，不输出无意义的 0

【例 3.7】 字符的输入与输出。

程序如下：

```
#include <stdio.h>
void main()
{
    char ch;
    scanf("%c",&ch);
    printf("%c,%d",ch,ch);
}
```

程序运行情况如下：

```
A
A,65
```

程序分析：程序中 printf( )函数中有两个格式标识符，“%c”是转换输出字符，对应参数是 ch，输出结果是 A，“%d”是转换输出整数，对应参数也是 ch，但输出的是 ch 的 ASCII 值，输出结果是 65。

3）在格式说明符中含有修饰符，形成格式字符串。格式命令的一般形式为：

%[修饰符]格式字符

其中修饰符包括标志修饰符、宽度修饰符、精度修饰符、长度修饰符，用于确定输出数据的宽度、精度、对齐方式等，用于产生更加规范、整齐、美观的数据输出形式，当没有修饰符时，以上各项按系统默认值设定显示。

（1）标志修饰符

在 printf( )函数中，可以使用标志修饰符控制输出格式。常见的标志修饰符如表 3-4 所示。

表 3-4 标志修饰符说明

标志修饰符	意 义
-	输出数据左对齐，右侧补空格。默认时输出数据则为右对齐，左补空格或者“0”
+	输出数据为正时，在数据之前显示一个“+”号，为负时，在数据之前显示一个“-”号
#	输出数据为八进制时加前缀“0”，为十六进制时前缀“0x”
空格	输出数据为正值时，在数据之前打印空格，为负时，数据之前显示一个“-”号

（2）长度修饰符

常用的长度修饰符有两种：l 可以和整型输出转换说明符和实型输出转换符连用，表示输出的数据按长整型量或者双精度型量输出。h 可以和整型输出转换说明符连用，表示输出的数据按短整型量输出。其一般用法和含义如表 3-5 所示（表中用十进制代表整型数）。

表 3-5　长度修饰符说明

格　式	意　义
%ld	用于长整型数据的输出
%hd	用于短整型数据的输出
%lf	用于双精度型数据的输出

（3）宽度修饰符和精度修饰符

宽度修饰符用来指定 printf( )函数输出数据的占位宽度，用一个十进制整数表示输出数据的位数，插在百分号“%”与转换说明符之间，其作用是控制打印数据的宽度，也称为“域宽”。

精度修饰符是指以一个小数点开始，后紧跟着一个十进制整数表示精度，插在百分号“%”与转换说明符之间。对于不同数据类型，精度的含义也不相同。例如，在使用“%d”时，精度表示最少要打印的数字的个数；在使用“%f”、“%e”时，精度是小数点后面显示的数字个数；在使用“%s”时，精度表示输出的字符串中字符的个数。

宽度和精度也可以同时使用，其使用形式是：域宽.精度。

常用的宽度修饰符与精度修饰符说明以及含义如表 3-6 所示（表中用十进制代表整型数）。

表 3-6　宽度修饰符与精度修饰符说明

修饰符及说明格式	意　义
%md	以宽度 m 输出整型数，不足 m 位数时左侧补以空格
%0md	以宽度 m 输出整型数，不足 m 位数时左侧补以 0（零）
%m.nf	以宽度 m 输出实型数，小数位数为 n 位
%ms	以宽度 m 输出字符串，不足 m 位数时左侧补以空格。
%m.ns	以宽度 m 输出字符串左侧的 n 个字符，不足 m 位数时左侧补以空格。

【例 3.8】　printf( )函数的应用。

程序如下：

```
#include <stdio.h>
void main()
{
    int a=15;
    float b=123.1234567;
    double c=12345678.1234567;
    char d='p';
    printf("a=%d,%5d,%o,%x\n",a,a,a,a);
    printf("b=%f,%lf,%5.4lf,%e\n",b,b,b,b);
    printf("c=%lf,%f,%8.4lf\n",c,c,c);
    printf("d=%c,%8c\n",d,d);
}
```

程序运行情况如下：

```
a=15,   15,17,f
b=123.123459,123.123459,123.1235,1.231235e+002
c=12345678.123457,12345678.123457,12345678.1235
d=p,       p
```

本例第 8 行中以四种格式输出整型变量 a 的值，其中“%5d”要求输出宽度为 5，而 a 值为 15 只有两位，所以补三个空格。第 9 行中以四种格式输出实型量 b 的值。其中“%f”和“%lf”格式的输出相同，说明“l”符对“f”类型无影响。“%5.4lf”指定输出宽度为 5，精度为 4，由于实际长度超过 5 故应该按实际位数输出，小数位数超过 4 位部分被截去。第 10 行输出双精度实数，“%8.4lf”由于指定精度为 4 位故截去了超过 4 位的部分。第 11 行输出字符量 d，其中“%8c”指定输出宽度为 8 故在输出字符 p 之前补加 7 个空格。

3. 输出值参数表说明

输出值参数表是需要输出的一系列参数，可以是任意类型的变量、常量、表达式或函数返回值等，在使用函数输出时，格式控制字符串后的输出项，必须与格式控制字符串对应的数据按照从左到右的顺序一一对应。如果输出值参数表中有多个输出项，则各输出项之间用逗号间隔。

【例 3.9】 输出格式举例。

程序如下：

```
#include <stdio.h>
void main()
{
    char  c='a';
    char  str[]="see you";
    int  i=1234;
    float  x=123.456789;
    float  y=1.2;
    printf("1: %c,%s,%d,%f,%e,%f\n",c,str,i,x,x,y);
    printf("2: %4c,%10s,%6d,%12f,%15e,%10f\n",c,str,i,x,x,y);
    printf("3: %-4c,%-10s,%-6d,%-12f,%-15e,%-10f\n",c,str,i,x,x,y);
    printf("4: %0c,%6s,%3d,%9f,%10e,%2f\n",c,str,i,x,x,y);
    printf("5: %12.2f\n",x);
    printf("6: %.2f\n",x);
    printf("7: %10.4f\n",y);
    printf("8: %8.3s,%8.0s\n",str,str);
    printf("9: %%d: %d\n",i);
}
```

程序运行情况如下：

```
1: a,see you,1234,123.456787,1.234568e+002,1.200000
2:    a,   see you,   1234,  123.456787,   1.23457e+02, 1.200000
3: a   ,see you   ,1234  ,123.456787  ,1.23457e+02   ,1.200000
```

```
4: a,see you,1234,123.456787,1.23457e+02,1.200000
5:      123.46
6: 123.46
7:    1.2000
8:      see,
9: %d: 1234
```

习 题 3

一、选择题

1. 若 a，b，c，d 都是 int 型变量且初值为 0，以下选项中不正确的赋值语句是（　　）。

A．a=b=c=20;　　B．d−−;　　C．a+c;　　D．d=(c=15)+(b++);

2. 以下选项中，不是 C 语句的是（　　）。

A．{int a; a++; printf("%d\n",a);}　　B．{ ; }

C．a=6,c=9　　D．;

3. 设 x 为整型变量，不能正确表达数学关系 5<x<10 的 C 语言表达式是（　　）。

A．5<x<10　　B．x>5&&x<10

C．x==6||x==7||x==8||x==9　　D．!(x<=5)&&(x<10)

4. 若变量已经定义为 int 类型，要给变量 a，b，c 输入数据，则下列输入语句正确的是（　　）。

A．scanf(a,b,c);　　B．scanf("%d%d%d",a,b,c);

C．scanf("%d,%d,%d",&a,&b,&c);　　D．scanf("%D%D%D",&a,&b,&c);

5. 下列程序的输出结果是（　　）。

```
#include <stdio.h>
void main()
{   float f=123.456;

    printf("%-5.2f",f);
}
```

A．123.4　　B．123.45　　C．123.5　　D．123.46

6. 下列程序的输出结果是（　　）。

```
int a=0,b=0,c=0;
c=(a-=a-5),(a=b,b+3);
printf("%d,%d,%d\n",a,b,c);
```

A．0,0,−10　　B．0,0,5　　C．−10,3,−10　　D．3,3,−10

7. 下列程序的输出结果是（　　）。

```
#include <stdio.h>
void main()
{
    int a=2,b=5;
    printf("a=%%d,b=%%d\n",a,b);
}
```

A．a=%2,b=%5　　B．a=2,b=5

C．a=%%d,b=%%d　　D．a=%d,b=%d

8．有语句“scanf("a=%d,b=%d,c=%d",&a,&b,&c);”，为使变量 a 的值为 1，b 的值为 3，c 的值为 2，从键盘输入数据的正确格式是（　　）。

A．132　　B．1,3,2

C．a=1,b=3,c=2　　D．a=1 b=3 c=2

9．有下列程序：

```
#include <stdio.h>
void main()
{    int m,n,p;
     scanf("m=%dn=%dp=%d",&m,&n,&p);
     printf("%d%d%d\n",m,n,p);
}
```

若想从键盘上输入数据，即变量 m 的值为 123，n 的值为 456，p 的值为 789，则正确的输入格式是（　　）。

A．m=123n=456p=789　　B．m=123　n=456　p=789

C．m=123，n=456，p=789　　D．123　456　789

10．执行下列程序，当输入 1234567 时，程序的运行结果为（　　）。

```
#include <stdio.h>
void main()
{
     int a,b;
     scanf("%2d%21d",&a,&b);
     printf("%d\n",a+b);
}
```

A．17　　B．46　　C．15　　D．9

11．若 a 为整型变量，则下列语句（　　）。

```
a=2345;
printf("|%-6d|\n",a);
```

A．输出为|2345　|　　B．输出为|-2345|

C．输出为|002345|　　D．输出格式描述不合法

二、填空题

1．若有以下定义，请写出以下程序段中，输出语句执行后的程序结果__________，__________，__________。

```
int a=-50,b=300;
printf("%d %d",a,b);
printf("a=%d,b=%d\n",a,b);
printf("a=%d\tb=%d\n",a,b);
```

2．假设下列程序段，要求通过 scanf 语句给变量赋值。写出程序运行时，给 a 输入 10、b 输入 20、c

输入 30 的三种输入方式____________、____________、____________。

```
int a,b,c;
scanf("%d%d%d",&a,&b,&c);
scanf("%d,%d,%d",&a,&b,&c);
scanf("a=%d,b=%d,c=%d",&a,&b,&c);
```

3．变量 a,b,c 已定义为 int 类型并有初值 0，用以下语句进行输入：

```
scanf("%d",&a);scanf("%d",&b);scanf("%d",&c);
```

当执行以上输入语句，从键盘输入：15.6<CR>，则变量 a,b,c 的值分别是：____________、____________、____________。

三、写出下列程序的运行结果

1.

```
#include <stdio.h>
void main()
{   double a=789.654321;
    printf("a=%8.6f,a=%8.2f,a=%14.8f,a=%lf",a,a,a,a);
}
```

2.

```
#include <stdio.h>
void main()
{   int b=15;
    printf("b=%d,b=%o,b=%x\n",b,b,b);
}
```

3.

```
#include <stdio.h>
void main()
{   int a,b,c,x,y,z;
    a=10;b=2;
    c=!(a%b);x=!(a/b);
    y=(a<b)&&(b>=0);
    z=(a<b)||(b>=0);
    printf("c=%d,x=%d,y=%d,z=%d\n",c,x,y,z);
}
```

4.

```
#include <stdio.h>
void main()
{   int x=3,y=5,z=20;
    x*=4+3;
    printf("%d\n",x);
    x=y=z;
    printf("%d,%d\n",x,y);
}
```

5.

```
#include <stdio.h>
void main()
{
    char a='a',b='b',c='C';
    a=a-32;
    b+=c-a;
    c=c-32+b-a;
    printf("a=%c,b=%c,c=%c\n",a,b,c);
}
```

6.

```
#include <stdio.h>
void main()
{
    int a=7,b=2,x,y;
    a++;
    ++b;
    x=(++a)+b;
    y=(b++)+a;
    printf("%d,%d,%d,%d\n",a,b,x,y);
}
```

7.

```
#include <stdio.h>
void main()
{
    float x=4.5;
    int y;
    y=(int )x;
    printf("x=%f,y=%d,x+y=%f",x,y,x+y);
}
```

四、编程题

1. 编写一个 C 程序，输出以下信息：

```
**********************************
         HAPPY NEW YEAR!
**********************************
```

2. 编写一个 C 程序，求 a,b,c 中最大的值。

（1）设 a=5,b=8,c=10，通过程序求出最大值。

（2）从键盘输入 a,b,c 的值，通过程序求出最大值。

第4章 选择结构的程序设计

C 语言程序中的语句通常是按其在源代码文件中的出现顺序从前向后依次执行的，也就是上一章中提到的顺序结构。而有时用户编写程序时经常按照程序需要指定条件，根据条件是否满足，来决定下一步进行什么操作，这种程序结构就是选择结构。选择结构是程序设计的三种基本结构之一，用于根据给定的条件来判断执行何种操作，大多数的程序都会包含选择结构。本章讨论选择结构程序设计的语句和方法。

4.1 条件选择结构

在 C 语言中，为实现选择结构程序设计，引入了 if 条件语句和 switch-case 多条件分支选择语句。if 语句主要是提供两个分支的选择，switch-case 语句提供多分支的结构。本节先介绍 if 语句分支选择结构的语句和使用方法，然后在 if 语句的基础之上介绍 switch-case 语句如何实现多分支选择结构。

4.1.1 if 语句的两种形式

条件分支是根据给定条件的逻辑值来判断如何执行操作。在 C 语言中,条件分支语句有两种基本形式，分别是 if-else 语句和 if 语句。

1. if 语句的基本形式——if-else

if-else 型分支结构有时也称双选择结构，它的形式是：

```
if(表达式)
    语句 1
else
    语句 2
```

if-else 的执行过程是，先计算表达式的值，然后对所得的结果进行判断。当表达式的值为非 0 时（也就是表达式的结果逻辑值为“真”），执行语句 1，则称语句 1 为 if 语句的执行体语句，然后执行 if-else 条件语句后面的语句；而当所得结果为 0（也就是表达式的结果逻辑值为“假”），执行语句 2，则称语句 2 为 else 的执行体语句，然后执行 if-else 条件语句后面的语句。执行过程流程图如图 4-1 所示。

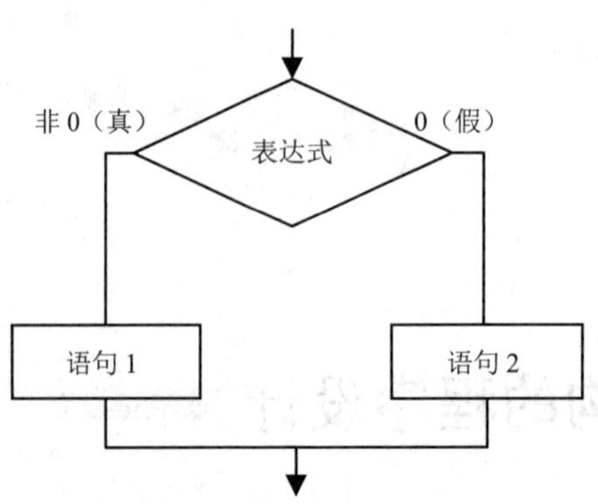

图 4-1　if-else 流程图

注意

在条件语句 if 后面有一对圆括号，这是 if 语句的语法要求，写 if 语句时必须有这对圆括号。括号里的表达式是 if 语句的判定条件，表达式可以是任何基本类型的表达式，例如常量、变量、运算表达式或者是函数返回值等，其值将被作为逻辑值使用，控制后面语句的执行。一般情况，最适合作为判定条件的是关系表达式。

【例 4.1】　输入年份并判断和显示该年是否为闰年。

算法分析：假设 year 为任意一年的变量，则判断变量 year 所代表的那一年是否为闰年的表达式“(year%4==0 && year%100!=0)||year%400==0”，如果表达式的值为“真”，是闰年，如果为“假”，则不是闰年。

程序如下：

```
#include <stdio.h>
void main()
{
    int year;
    printf ("please input a year:\n");
    scanf ("%d",&year);
    if((year%4==0 && year%100!=0)||year%400==0)
        printf ("%d is a leapyear!",year);
    else
        printf ("%d is not a leapyear!",year);
}
```

程序运行情况如下：

```
please input a year:
1972
1972 is a leapyear!
```

程序再次运行情况如下：

```
please input a year:
1973
1973 is not a leapyear!
```

程序分析：该程序要求输入一个整数 year 作为年份，当“(year%4==0 && year%100!=0)|| year%400==0”为“真”时，执行 if 语句的执行体语句“printf ("%d is a leapyear!",year);”；否则，执行 else 语句的执行体语句“printf ("%d is not a leapyear!",year);”。

【例 4.2】 输入两个整数，如果两个数的值不相等，则交换并输出两个数，否则输出“equal”。

解题思路：这个问题的算法很简单，只要做一次比较，用 if 语句实现条件判断，然后进行一次交换即可实现。但是这个思想很重要，在程序设计中经常用到。

关键是怎样实现两个变量的值的互换。不能把两个变量直接互相赋值，如果两个变量为 m 和 n，为了将 m 和 n 对换，不能用下面的方法：

```
m=n;                /*把变量 n 的值赋给变量 m，m 的值等于 n 的值*/
n=m;                /*再把变量 m 的值赋给变量 n，变量 n 值没有改变*/
```

为了实现互换，必须借助于第 3 个变量。可以这样考虑：将 A 和 B 两个杯子的水互换，用两个杯子的水倒来倒去的办法是无法实现的。必须借助于第 3 个杯子 C，先把 A 杯的水倒入 C 杯中，再把 B 杯的水倒入 A 杯中，最后再把 C 杯的水倒入 B 杯中，这就实现了两个杯子中的水互换。这是在程序中实现两个变量交换值的算法。

程序如下：

```
#include <stdio.h>
void main()
{
    int m,n,temp;
    printf("please input two numbers:\n");
    scanf("%d  %d",&m, &n);
    if(m!=n)
    {
        temp=m;
        m=n;
        n=temp;
        printf("m=%d,n=%d",m,n);
        }
    else
    printf("equal");
}
```

程序运行情况如下：

```
please input two numbers:
5 8
m=8,n=5
```

说明以下几点。

1）if 的判定条件可以是任意的表达式形式，但结果必须是表达式结果的逻辑值，表示判定条件是否成立，成立为“真”，否则为“假”。例如：

```
if(a>b)
……
```

如果判定条件“a>b”是成立的，则结果是“真”，否则为“假”。

2）注意在条件语句中，语句 1 和语句 2 可以是任意一条语句，也可以是多条语句组成的复合语句。当条件成立，执行体是多条语句操作时，要用一对“{}”将多条语句括起来。例如在例 4.2 中：

```
if(m!=n)
{
    temp=m;
    m=n;
    n=temp;
    printf("m=%d,n=%d",m,n);
    }
else
    printf("equal");
```

if 语句的判定条件是关系表达式“m!=n”，如果判定条件成立执行 if 语句的执行体，也就是 if 判定条件下方的第 1 条语句，此时执行体是复合语句：

```
{
    temp=m;
    m=n;
    n=temp;
    printf("m=%d,n=%d",m,n);
}
```

如果不使用复合语句，则程序段为：

```
if(m!=n)
    temp=m;
    m=n;
    n=temp;
    printf("m=%d,n=%d",m,n);
else
    printf("equal");
```

在这里，根据语法规则，if 语句的执行体是 if 判定条件下面的第 1 条语句，所以 if 语句的执行体就是语句“temp=m;”，后面与 else 之间所夹的 3 条语句“m=n; n=temp; printf("m=%d,n=%d",m,n);”就不再是 if 语句的执行体部分，并且 C 语言规定 else 不是语句，必须与 if 联合使用，这 3 条语句就把 if 与 else 分开成两部分，使得 else 就没有与之匹配的 if 存在，形成非法结构。在程序编译时，语法检查也不能通过，系统会报错。

3）语句 1 或语句 2 也可以是空语句（语句 1 或语句 2 只包含一个“;”，什么操作都没做）。例如：

```
if(m!=n)
    ;
else
    printf("equal");
```

其中 if 语句的执行体就是空语句。

4）if 语句的书写格式是自由的，可以把 if-else 写在一行，也可以写成多行。例如：

写成一行：

```
if(a>b) c=a;else c=b;
```

多行形式：

```
if(a>b)
    c=a;
else
    c=b;
```

从两种形式中，读者可以很明显地看出来，多行形式更清晰易懂，所以提倡使用多行缩进式的书写风格。

5）if 语句的执行体也可以是 if 语句，这就是 if 的嵌套结构。

2. if语句的简单形式

if语句的简单形式也称单选择结构，它的形式是：

```
if (表达式)
语句
```

if 语句用来判断给定的条件是否满足，根据结果（真或假）来选择执行相应的操作。它的执行过程是，如果表达式为真（非 0），则执行其后所跟的语句，否则不执行该语句。这里的执行语句可以是一条语句，也可以是复合语句。它的流程图如图 4-2 所示。

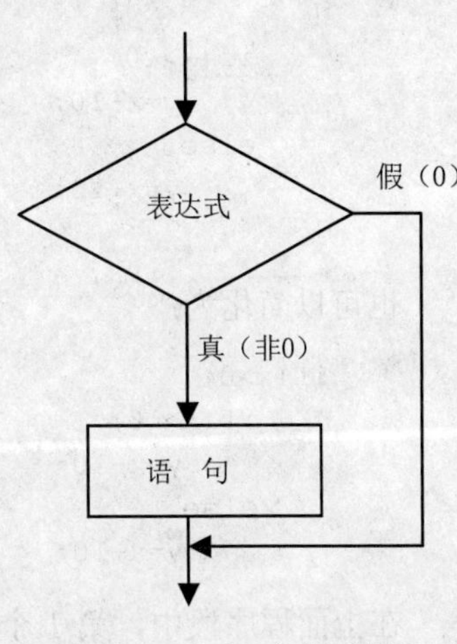

图 4-2　if 语句流程图

【例 4.3】　输入任意一个整数，然后输出这个整数的绝对值。

程序如下：

```
#include <stdio.h>
void main()
{
    int a,b;
    printf("input a integer:");
    scanf("%d",&a);
    b=a;
    if(a<0)
        b=-a;
    printf("The absolute value is %d\n",b);
}
```

程序运行情况如下：

```
input a integer: -9
The absolute value is 9
```

再次运行情况如下：

```
input a integer:  9
The absolute value is 9
```

程序分析：在这个程序中，由键盘输入一个整数赋值给变量 a，把变量 a 赋值给变量 b，然后进行判断，如果表达式“a<0”的结果为“真”（即为负数），则对变量 a 取负赋值给变量 b，如果表达式“a<0”的结果为“假”（即为正数或者是 0），则不执行语句“b=-a;”，顺序向下执行输出语句。

4.1.2 if 语句的嵌套

在一个条件分支 if 语句的执行体中还可以包含一个或多个 if 语句，称为 if 语句的嵌套。例如：

```
if(x>0)
{
    if(x>10)
        y=x-10;
    else
        y=x+10;
}
```

也可以简化为：

```
if(x>0)
    if(x>10)
        y=x-10;
    else
        y=x+10;
```

在上面程序段中，第 1 个 if 语句的执行体是第 2 个 if-else 语句，说明 if 语句的内部包含 if-else 结构，这就是 if 语句的嵌套结构。if 语句嵌套的形式一般有三种。

1. if 语句嵌套的形式一

```
if(表达式1)
    if(表达式2)
        语句1
    else
        语句2
else
    语句3
```

或者：

```
if(表达式1)
    {
    if(表达式2)
        语句1
    }
else
    语句2
```

在嵌套内的 if 语句可能是 if-else 型或者是 if 型的结构，这将会出现多个 if 和多个 else 重叠的情况，这时要特别注意 if 和 else 的配对问题，其中 else 究竟是与哪一个 if 匹配呢？

C 语言已经明确规定 else 不能独立出现，必须和 if 进行匹配使用，一个完整的 if 或 if-else

语句可以理解为一条语句。对于多重嵌套 if 结构，最容易出现的问题，就是 if 与 else 的配对错误，嵌套中的 if 与 else 的配对关系非常重要。C 语言规定其原则为：从最内层开始，else 总是与它上面相邻最近并且未匹配 else 的 if 配对。如果 if 和 else 的数目不统一，可以加"{ }"明确配对关系。例如：

```
if  (x>1)
if  (x>10) y=x-10;
else y=x+10;              /*容易引起二义性的书写格式*/
```

虽然书写格式上将 else 写在与第 1 个 if 同一层次上，企图使得两者相配对，但是由于 else 与第 2 个 if 相邻最近，并且第 2 个 if 没有和其他的 else 配对，所以 else 是与第 2 个 if 配对，为了降低混淆，可以把程序段写成上面提过的错落有致的缩进形式，例如：

```
if  (x>1)
    if  (x>10)
        y=x-10;
    else
    y=x+10;
```

这样书写就使 else 与第 2 个 if 位于同一层次，使得程序更加清晰。如果想使 else 与第 1 个 if 配对，改进的办法是使用复合语句形式，将上述程序段改为：

```
if  (x>1)
    {if  (x>10)
        y=x-10;
    }
else
    y=x+10;
```

这里通过"{ }"限定了 if 语句的执行范围，使得 else 与第 1 个 if 配对，此时，第 2 个 if 语句是第 1 个 if 语句的执行体。

注意　在 C 语言中，书写风格是自由的，不以书写格式区分不同的语句，语句之间是通过其逻辑关系加以区分的。因此，在 if 语句中使用花括号"{ }"将同一层次的语句部分括起来，使得程序结构清楚、可读性强。特别是对较大型的程序更加有必要。当仅有一条语句时，"{ }"可以省略。

【例 4.4】　编写程序，输入一个 x，按照函数功能输出 y。

$$y=\begin{cases}1 & (x>0)\\0 & (x=0)\\-1 & (x<0)\end{cases}$$

程序如下：

```
#include <stdio.h>
void main()
{
```

```
    int x,y;
    printf("please input  x:\n");
    scanf("%d",&x);
    if(x>=0)
        if(x>0)   y=1;
        else  y=0;
    else
        y=-1;
    printf("x=%d,y=%d",x,y);
}
```

程序运行情况如下：

```
please input x:
5
x=5,y=1
```

再次运行情况如下：

```
please input x:
-5
x=-5,y=-1
```

程序分析：在例题中出现了两个 if 与 else，根据 C 语言的匹配原则，第 1 个 else 与第 2 个 if 匹配，而第 2 个 else 与第 1 个 if 匹配。

2. if 语句嵌套的形式二

```
if(表达式 1)
    语句 1;
else
    if(表达式 2)
        语句 2;
    else
        语句 3;
```

或者：

```
if(表达式 1)
    语句 1;
else
    if(表达式 2)
        语句 2;
```

【例 4.5】 采用第 2 种嵌套结构形式对例 4.4 重新编写程序。

程序修改如下：

```
#include <stdio.h>
void main()
{
    int x,y;
    printf("please input  x:\n");
    scanf("%d",&x);
    if(x>0)
        y=1;
```

```
    else
        if(x=0)   y=0;
        else  y=-1;
    printf("x=%d,y=%d",x,y);
}
```

程序运行情况如下：

```
please input x:
5
x=5,y=1
```

再次运行情况如下：

```
please input x:
-5
x=-5,y=-1
```

3. if 语句嵌套的形式三

```
if(表达式 1)
    语句 1
else if (表达式 2)
    语句 2
    ……
else if (表达式 n)
    语句 n
else
    语句 n+1
```

根据上述的 if 与 else 的匹配原则，可以清楚地看出，if-else-if 结构实质上是 if-else 分支的多层嵌套。它的执行过程是，如果表达式 1 为真，则执行语句 1；否则，如果表达式 2 为真，则执行语句 2，……；否则，如果表达式 n 为真，则执行语句 n，如果 n 个表达式都不为真，则执行语句 n+1。执行的流程图如图 4-3 所示。

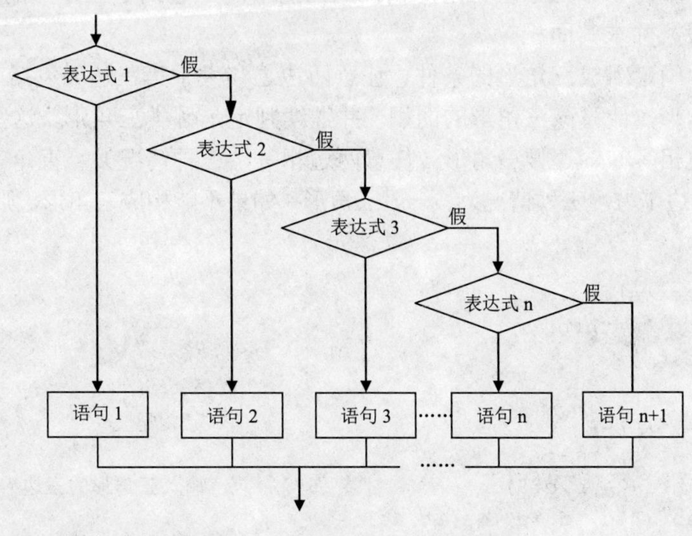

图 4-3　if-else-if 形式流程图

【例 4.6】 编写一个程序，要求输入一个字符并判断它是字母字符、数字字符、还是其他字符。

程序如下：

```
#include "stdio.h"
void main()
{
    char ch;
    printf("input a character:");
    ch=getchar();
    if(ch<32)
        printf("This is a control character\n");
    else if(ch>='0'&&ch<='9')
               printf("This is a digit\n");
         else if(ch>='A'&&ch<='Z')
                  printf("This is a capital letter\n");
              else if(ch>='a'&&ch<='z')
                       printf("This is a small letter\n");
                   else
                       printf("This is an other character\n");
}
```

程序运行情况如下：

```
input a character:a
This is a small letter
```

再次运行情况如下：

```
input a character:8
This is a digit
```

【例 4.7】 编写一个程序根据用户输入的三角形的三边判定三角形的类型（等边、等腰、直角、一般）并求其面积。

算法分析：确定组成三角形的条件，任意两边之和大于第三边（包括三种情况）；如果可以构成三角形，计算该三角形的面积，并继续判定是哪类三角形，这些三角形包括等边三角形（三边相等）、等腰三角形（任意两边相等，三种情况）、直角三角形（两边平方之和等于第三边平方，三种情况）、一般三角形；如果不能构成三角形，则提示相应信息。

程序如下：

```
#include "stdio.h"
#include "math.h"
void main()
{
    int a,b,c;                              /*定义变量*/
    float s,area;
    printf("a,b,c=");                       /*输入三角形的三边*/
    scanf("%d,%d,%d",&a,&b,&c);
    if(a+b>c&&a+c>b&&b+c>a)                 /*判定可否组成三角形*/
```

```
    {   s=(a+b+c)/2.0;                    /*计算并输出三角形面积*/
        area=sqrt(s*(s-a)*(s-b)*(s-c));
        printf("area=%f\n",area);
        if(a==b&&b==c)                    /*判定三角形的类型*/
             printf("等边三角形\n");
          else if (a==b||b==c||a==c)
                 printf("等腰三角形\n");
             else if (a*a+b*b==c*c||a*a+c*c==b*b||b*b+c*c==a*a)
                     printf("直角三角形\n");
                 else
                     printf("一般三角形\n");
    }
    else
    printf("不能组成三角形\n");
}
```

程序运行情况如下：

```
a,b,c=1,2,3

不能组成三角形
```

再次运行情况如下：

```
a,b,c=3,3,3
area=3.879114
等边三角形
```

Visual C++ 6.0 编译系统支持使用汉字，这是与 Turbo C 不同的，所以在 Visual C++ 6.0 编译系统中使用汉字，效果更清晰。

注意

4.2 开关选择结构

采用 if-else 嵌套语句格式实现多分支结构，实际上是将问题细化成多个层次，并对每个层次使用单、双分支结构的嵌套，采用这种方法一旦嵌套层次过多，将会造成编程、阅读、调试的困难。当某种算法要用某个变量或表达式单独测试每一个可能的整数值常量，然后作出相应的动作，可以通过 C 语言提供的 switch 语句直接处理多分支选择结构，switch 语句又称为开关选择结构。

switch 语句是用来处理多分支选择的一种语句，它可以处理 if-else 结构的问题，而且表达得更清楚。

4.2.1 switch 语句形式

switch 语句的一般形式如下：

```
switch (表达式)
```

```
{
    case 常量表达式 1:      语句组 1
    case 常量表达式 2:      语句组 2
        ……
    case 常量表达式 n:      语句组 n
    default:               语句组 n+1
}
```

switch 语句的执行过程为：首先计算 switch 后面表达式的值，然后根据表达式的值（算术值），逐个与 case 后面的常量表达式的值作比较，当表达式的值与某个常量表达式的值相等时，就以此作为入口，执行此 case 后面的语句，执行后，继续执行后面所有的 case 及 default 语句（不再进行判断），直至 switch 语句结束；若所有的 switch 后面表达式的值与 case 后面的常量表达式的值都不匹配，则执行 default 后面的语句。

注意

switch 语句后面圆括号里的表达式与 if 语句后面括号里的表达式的使用方式是完全不同的。switch 语句的表示式的结果是算术值，不计算结果的逻辑值，而 if 语句的表达式的结果使用的是表达式的逻辑值。

【例 4.8】 输出英文单词。

程序如下：

```
#include <stdio.h>
void main()
{
    int a;
    printf("input integer number:");
    scanf("%d",&a);
    switch (a)
    {
        case 1:printf("Monday\n");
        case 2:printf("Tuesday\n");
        case 3:printf("Wednesday\n");
        case 4:printf("Thursday\n");
        case 5:printf("Friday\n");
        case 6:printf("Saturday\n");
        case 7:printf("Sunday\n");
        default:printf("Error\n");
    }
}
```

程序运行情况如下：

```
input integer number:5
Friday
Saturday
Sunday
Error
```

程序分析：本程序是要求输入一个数字，输出一个与输入数字相对应的英文单词。首先执行语句“scanf("%d",&a);”输入数值 5，赋值给变量 a，switch 后面的括号里的表达式的值就是变量 a 的值为 5，并把 a 的值与后面各个 case 后面的常量表达式作比较，通过比较，第 5 个 case 后面的常量值为 5 与 a 的值匹配，然后执行“case 5：”后面的语句，输出 Friday，根据原则输出 Friday 后，将继续顺序执行后面的 case 与 default 语句，就是继续输出 Saturday、Sunday 和 Error，程序结束。

但是输入 5 之后，执行了 case 5 以及以后的所有语句，输出了 Friday 及以后的所有单词，这不是预期的结果，为什么会出现这种情况？这恰恰反映了 switch 语句的一个特点，在 switch 语句中，“case 常量表达式”只相当于一个执行入口，表达式的值和某个 case 后的常量值相等则执行该 case 后面的语句组，但不能在执行完该语句组后自动跳出整个 switch 语句，所以出现了继续执行所有后面 case 语句的情况。这是与前面介绍的 if 语句完全不同的，应特别注意。为了避免上述情况，使得在执行某个 case 分支后，使流程跳出 switch 结构，即终止 switch 语句的执行，C 语言还提供了一种特殊语句，专门执行跳出操作的语句：break 语句。

使用 break 语句的 switch 语句的形式为：

```
switch (表达式)
{
    case  常量表达式 1:    语句组 1   break;
    case  常量表达式 2:    语句组 2   break;
    ……
    case  常量表达式 n:    语句组 n   break;
    default:              语句组 n+1
}
```

它的流程图如图 4-4 所示。

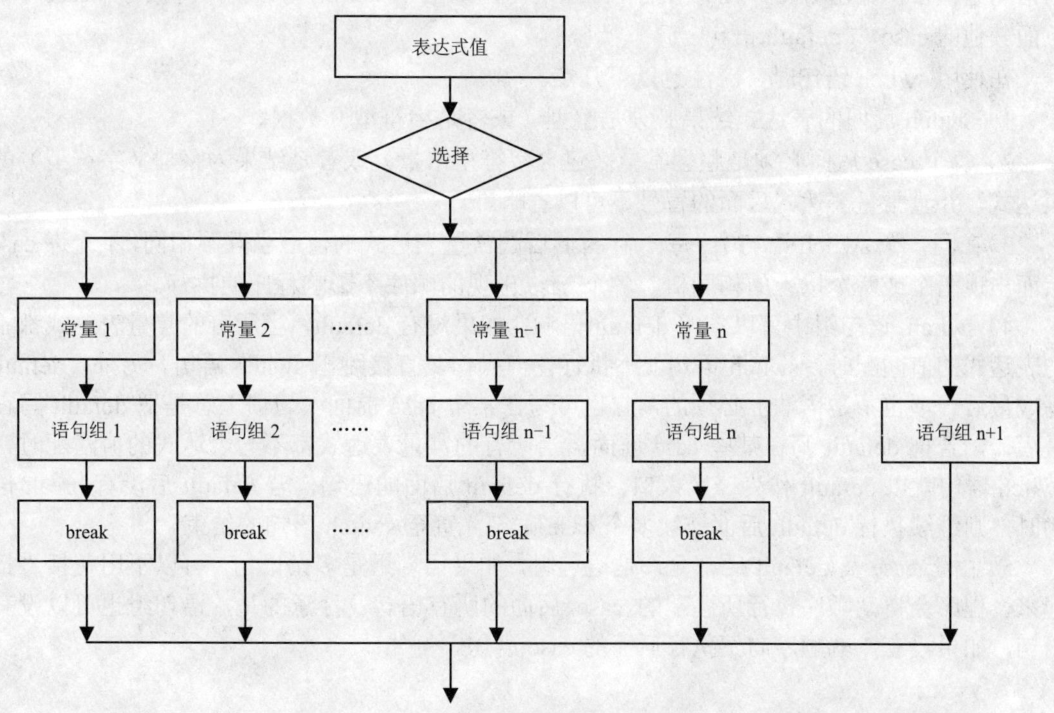

图 4-4　switch 和 break 语句流程图

【例 4.9】 利用 break 形式对例 4.8 的程序修改如下：

```
#include <stdio.h>
void main()
{
    int a;
    printf("input integer number:");
    scanf("%d",&a);
    switch (a)
    {
        case 1:printf("Monday\n");break;
        case 2:printf("Tuesday\n"); break;
        case 3:printf("Wednesday\n"); break;
        case 4:printf("Thursday\n"); break;
        case 5:printf("Friday\n"); break;
        case 6:printf("Saturday\n"); break;
        case 7:printf("Sunday\n"); break;
        default:printf("Error\n");
    }
}
```

程序运行情况如下：

```
input integer number:5
Friday
```

程序修改后，再次运行输入数值 5，通过与 case 后面的常量匹配，选择“case 5”后面的语句组执行，输出 Friday 后，执行 break 语句，跳出 switch 语句，就不再执行“case 5”下面其他的 case 与 default 语句。

在使用 switch 语句时，应注意以下几点。

1）switch 后面的表达式结果必须是整型（或者是字符型）数据。

2）每个 case 后面必须是整型常量（包含字符型常量）或者是结果为整型（字符型）的表达式，并且常量表达式后面的冒号不可以省略。

3）在同一个 switch 语句中，每一个 case 后的常量表达式的值应当互不相同，不允许 case 后面出现两个或两个以上的相同值，各个 case 出现的顺序不影响程序的执行。

4）switch 语句组中可以省略 default 语句，如果没有 default，当所有的常量表达式都不与表达式的值匹配时，switch 语句就不执行任何操作，直接跳出 switch 语句。另外，default 写成最后一项也不是语法上必须的，它也可写在某个 case 前面（习惯上总是把 default 写在最后）。若把 default 写在某些 case 前面，当所有的常量表达式都不与表达式的值匹配时，switch 语句就以 default 作为一个入口，执行 default 后面的语句，若 default 后没有 break 语句时，则继续执行 default 后面连续多个 case 语句，直至 switch 语句的结束。

5）由于 case 及 default 后都允许是语句组，如果语句组是多条语句，可以不用花括号括起来，程序会自动顺序执行所匹配的 case 后面的所有语句。注意的是，语句组也可以没有语句，如果没有，就顺序向下执行后面的 case 语句。例如：

```
……
case 2:i++;j++;
```

```
case 3:
case 4:printf("OK\n");
……
```

如果 switch 后面括号里表达式的值为 2，则 case 2 与之匹配，执行语句“i++;”，然后顺序执行“j++;”这时“i++; j++;”是两条语句，没有用花括号括起来形成复合语句。执行完“case 2:”后面的语句后，因为没有 break 语句，程序流程顺序执行“case 3:”语句，而“case 3”后面没有跟随语句，就顺序执行“case 4:”后面的语句。

【例 4.10】 输入两个整数，进行简单的加、减、乘、除运算。

程序如下：

```
#include <stdio.h>
void main()
{
    int  x,y;
    char ch;
    printf("input expression: num1+(-,*,/)num2 \n");
    scanf("%d%c%d",&x,&ch,&y);
    switch(ch)
    {
        case '+': printf("%d\n",x+y);break;
        case '-': printf("%d\n",x-y);break;
        case '*': printf("%d\n",ch*y);break;
        case '/': printf("%d\n",x/y);break;
        default: printf("input error\n");
    }
}
```

程序运行情况如下：

```
input expression: num1+(-,*,/)num2
2+6
8
```

【例 4.11】 判别某考试成绩等级是否大于 60 分。

程序如下：

```
#include <stdio.h>
void main()
{
    char grade;
    printf("Input the grade:");
    scanf("%c",&grade);
    switch(grade)
    {
        case 'A':
        case 'B':
        case 'C':   printf(">=60\n");break;
        case 'D': printf("<60\n");break;
        default: printf("error\n");
    }
}
```

程序运行情况如下：

```
Input the grade:B
>=60
```

程序再次运行情况如下：

```
Input the grade: D
<60
```

各个 case 和 default 的出现次序可以任意，但必须作适当处理，否则将会影响执行结果。例如，在例 4.10 的 switch 语句中，如果把 default 放在最前面，则应该在最后加 break 语句，例如：

```
switch(grade)
{
    default:
        printf("error\n"); break;
    case 'A':
    case 'B':
    case 'C':
        printf(">60\n"); break;
    case 'D':
    printf("<60\n"); break;
}
```

4.2.2 switch 语句的嵌套

如果在某个 case 后面的语句组中又包含了一个 switch 语句，则称这种结构为 switch 语句的嵌套结构。

【例 4.12】 switch 语句嵌套结构举例。

程序如下：

```
#include "stdio.h"
void main()
{
    int x=1,y=0,a=0,b=0;
    switch(x)
    {
        case 1: switch(y)
                {
                    case 0:  a++; break;
                    case 1:  b++; break;
                }
        case 2:
            a++; b++; break;
        case 3:
            a++; b++;
    }
```

```
    printf("a=%d,b=%d\n",a,b);
    }
```

程序运行结果如下：

```
a=2,b=1
```

程序分析：首先判断 switch 后面括号里 x 的值为 1，则选择第一个 case 作为入口，选择的“case 1:”后面的语句又是 switch 语句“switch(y)”，y 的值为 0，则选择 switch(y)下面花括号里的“case 0:”作为入口，执行语句“a++(a=a+1=1);”，然后执行语句“a++;”后面的 break 语句，使得程序流程跳到 switch(y)的花括号外，程序将继续下面“case 2:”后面的语句组“a++(a=a+1=2); b++(b=b+1=1); break;”，语句组执行结束之后，程序流程跳到 switch(x)的花括号外面，输出 a 与 b 的值。

注意，程序中 switch(x)结构的内部包含 switch(y)结构，也就是 switch 语句的嵌套结构。其中 break 语句只能跳出自己所在的本层 switch 语句结构，如果修改上面的程序为：

```
#include "stdio.h"
void main()
{
    int x=1,y=0,a=0,b=0;
    switch(x)
    {
        case 1: switch(y)
                {
                    case 0:  a++; break;
                    case 1:  b++; break;

                } break;
        case 2:
            a++; b++; break;
        case 3:
            a++; b++;
    }
printf("a=%d,b=%d\n",a,b);
}
```

程序运行结果如下：

```
a=1,b=0
```

修改后在内部嵌套的 switch(y)语句的花括号后面添加了语句“break;”，则执行完 switch(y)后，执行新添加的“break;”语句，程序流程跳到外层“switch(x)”语句，然后继续执行下面的输出语句。

4.3 选择结构程序设计举例

【例 4.13】 设计求 $ax^2+bx+c=0$ 一元二次方程解的程序。

算法分析：a=0，不是二次方程。判别式 b^2-4ac 的值等于 0 有两个相等实根；大于 0 有两个不等实根；小于 0 有两个共轭复根。

计算 $d=b^2-4ac$ 后，由于计算的实数误差，若确定为 0，可能出现 d!=0，因此用取绝对值后判别是否小于一个很小的数（10^{-6}）来解决。

程序如下：

```
#include <stdio.h>
#include <math.h>
void main()
{
    double a,b,c,d,x1,x2,p,q;
    printf("a,b,c=?");
    scanf("%lf,%lf,%lf",&a,&b,&c);
    printf("The equation");
    if(fabs(a)<=1e-6)
        printf("is not quadratic");
    else
    {
        d=b*b-4*a*c;
        if(fabs(d)<1e-6)
            printf ("has two equal roots: %8.4f\n",-b/(2*a));
        else
            if(d>1e-6)
            {
                x1=(-b+sqrt(d))/(2*a);
                x2=(-b-sqrt(d))/(2*a);
                printf("has distinct real roots: %8.4lf and %8.4lf\
                 n",x1,x2);
            }
        else
        {
            p=-b/(2*a);
            q=sqrt(-d)/(2*a);
            printf("has complex roots: \n");
            printf("%8.4lf+%8.4lfi\n",p,q);
            printf("%8.4lf-%8.4lfi\n",p,q);
        }
    }
}
```

程序运行情况如下：

```
a,b,c=? 1,2,1
The equation has two equal roots:  -1.0000
```

程序再次运行情况如下：

```
a,b,c=? 1,2,2
The equation has complex roots:
-1.0000+1.0000i
-1.0000-1.0000i
```

继续运行情况如下：

```
a,b,c=? 2,6,1
The equation has distinct real roots: -0.1771 and -2.8229
```

程序分析：为了提高精度以及避免在编译时出现“警告”，将所有变量定义为双精度浮点型。在用 scanf( )函数输入双精度实型数据时，不能用“%f”格式声明，而应当用“%lf”格式声明。即在格式符 f 的前面加修饰符 l（小写字母），表示是“长浮点型”，即双精度型。用 if 语句来实现选择结构。if 语句对给定条件“a<0”进行判断后，形成两条路径，一条是执行第 10 行的输出语句，另一条是执行第 1 个 else 语句（嵌套的 if-else）。

【例 4.14】 设计输入年、月，输出该月天数的程序。

算法分析：每年的 1、3、5、7、8、10、12 月，每月有 31 天，4、6、9、11 月，每月有 30 天，2 月闰年 29 天，平年 28 天。年号能被 4 整除但不能被 100 整除，或者年号能被 400 整除的年均是闰年。

变量 year、month、days 为整型，分别表示年、月和天数。该程序可用 switch 多分支结构。

程序如下：

```
#include <stdio.h>
void main()
  {
    int year,month,days;
    printf("input year,month=?\n");
    scanf("%d,%d",&year,&month);
    switch(month)
    {
       case 1:
       case 3:
       case 5:
       case 7:
       case 8:
       case 10:
       case 12:  days=31; break;
       case 4:
       case 6:
       case 9:
       case 11:  days=30; break;
       case 2: if((year%4==0)&&(year%100!=0)||(year%400==0))
                 days=29;
               else
                 days=28; break;
       default: printf("month is error\n");
    }
    printf("year=%d,month=%d,days=%d\n",year,month,days);
  }
```

程序运行情况如下：

```
input year,month=?
```

```
1994,8
year=1994,month=8,days=31
```

程序再次运行情况如下：

```
input year,month=?
1994,2
year=1994,month=2,days=28
```

习　题　4

一、选择题

1．在 C 语言中，if 语句后的一对圆括号里用以决定分支流程的表达式（　　）。

A．只能是逻辑表达式　　B．只能是关系表达式

C．只能是逻辑表达式或关系表达式　　D．可用任意表达式

2．在 if 后一对圆括号中表示 a 不等于 0 的关系，则正确的表达式为（　　）。

A．a< >0　　B．!a　　C．a=0　　D．a

3．运行下列程序后，输出结果是（　　）。

```
#include <stdio.h>
void main()
{
    int k=-2;
    if(k<=0)  printf("######\n");
    else  printf("******\n");
}
```

A．******　　B．******######

C．######　　D．有语法错误，不能通过编译

4．下列语句正确的是（　　）。

A．if(a>b) printf(“%d”，a);　　B．if(&&) ; a=m;

C．if(1) a=m;else a=n　　D．if(a>0) ;{else a=n;}

5．设 a,b,c 为 int 变量，且 a=6,b=7,c=8;则下列表达式中值为 0 的是（　　）。

A．a&&b　　B．a<=b

C．a||b+c&&b-c　　D．!((a<b)&&!c||1)

6．C 语言的 if 语句嵌套时，if 与 else 的配对关系是（　　）。

A．每个 else 总是与它上面最近且并未配对的 if 配对

B．每个 else 总是与最外层的 if 配对

C．每个 else 与 if 的配对是任意的

D．每个 else 总是与它上面的 if 配对

7．设定义语句“int a=1,b=0;”，则执行以下语句后，输出结果为（　　）。

```
switch(a)
    { case 1:
        switch(b)
          {case 0:printf("HAPPY");
           case 1:printf("NEW");
          }
       case 2:printf("YEAR"); break;
}
```

A. HAPPY　　B. HAPPYYEAR

C. HAPPYNEWYEAR　　D. 语法错误

8. 下列程序的运行结果为（　　）。

```
#include <stdio.h>
void main()
{
    int a=0,b=0,k=6;
    if((++a>0)||(++b>0)) k++;
    printf("a=%d,b=%d,k=%d\n",a,b,k);
}
```

A. a=0,b=0,k=6　　B. a=1,b=1,k=7　　C. a=1,b=0,k=7　　D. a=0,b=1,k=7

9. 假定所有变量均已正确定义，下列程序运行后，k 的值是（　　）。

```
a=1; b=2; c=3; k=15;
if(!a) k--;
    else if(b)  if(c)  k=4; else k=3;
```

A. 14　　B. 3　　C. 15　　D. 4

10. 执行以下程序后，输出的结果是（　　）。

```
#include <stdio.h>
void main()
{
int a=5,b=4,c=3,d=2;
    if(a>b>c)
        printf("%d\n",d);
    else  if((c-1>=d)==1)
            printf("%d\n",d+1);
          else
            printf("%d\n",d+2);
}
```

A. 2　　B. 3　　C. 4　　D. 编译有错，无结果

二、填空题

1. 当 a=4,b=5,c=6 时，执行下列语句执行后，a，b，c 的值分别为__________，__________，__________。

```
if(a>c)
b=a;a=c;c=b;
```

2．下列程序用于判断输入的整数能否被 3 或 7 整除。若能整除，输出 OK，否则输出 NO。

```
#include <stdio.h>
void main( )
{
    int a;
    printf("please enter a int number: ");
    scanf("%d",&a);
    if ________ printf("OK\n");
    else printf("NO\n");
}
```

3．将三个整数按照由小到大的顺序输出。

```
#include <stdio.h>
void main()
{
    int a,b,c,s;
    scanf("%d,%d,%d",&a,&b,&c);
    if(____(1)____)
    { s=a;a=b;b=s;}
    if(a>c)
    { s=a;____(2)____;c=s;}
    if(b>c)
    { s=b;b=c;c=s;}
    printf("%6d,%6d,%6d\n",____(3)____);
}
```

三、写出下列程序的运行结果

1．

```
#include <stdio.h>
void main()
{
    int a=3,b=-2,c=4;
    if(a<b)
        if(b<0)    c=0;
        else       c+=1;
    printf("%d\n",c);
}
```

2．执行以下程序时，若从键盘上输入 78，则输出的结果是__________。

```
#include <stdio.h>
void main()
{
    int a,b,k;
    scanf("%d%d",&a,&b);
    k=a;
    if(a<b)  k=b;
    k*=k;
    printf("%d\n",k);
}
```

3.

```
#include <stdio.h>
void main()
{
    int s=1,a=5,b=3;
    switch(s)
    {
        case 0: ++b;
        case 1: ++a;
        case 2: ++a;++b;
    }
    printf("a=%d,b=%d\n",a,b);
}
```

4. 若从键盘输入 46，以下程序的运行结果是＿＿＿＿＿＿。

```
#include <stdio.h>
void main()
{
    int k;
    scanf("%d",&k);
    if(k>30) printf("%d\t",k);
        if(k>20) printf("%d\n",k);
            if(k>10) printf("%d",k);
}
```

5.

```
#include <stdio.h>
void main()
{
    int  x=0,y=2,z=3;
    switch(x)
    {  case 0:  switch (y==2)
                {   casa  1:   printf("*");break;
                    case  2:   printf("%");break; }
       case 1:  switch(z)
                {   case  1:  printf("$");
                    case  2:  printf("*");break;
                    default:  printf("#"); }    }
}
```

四、编程题

1. 从键盘输入 3 个数，编程实现对 3 个数的比较，按由小到大的顺序输出。
2. 编写程序从键盘上输入两个整数，检查第一个数是否能被第二个数整除。
3. 有一函数

$$y=\begin{cases} x & (-5<x<0) \\ x-1 & (x=0) \\ x+1 & (0<x<10) \end{cases}$$

编写程序，要求输入 x 的值（x 为整型），输出 y 的值。

（1）利用 if 语句完成。

（2）利用 switch 语句完成。

4. 输入一个不超过 5 位的正整数。编程实现：①求出它是几位数；②分别输出每位数字。

第 5 章

循环结构的程序设计

循环结构是结构化程序设计的基本结构之一，它和顺序结构、选择结构共同作为各种复杂程序的基本构造单元。其特点是，问题分解，循环控制；在给定条件成立时，反复执行某程序段（即循环体），直到条件不成立为止退出循环结构。给定的条件称为循环条件，反复执行的程序段称为循环体。例如求 1+2+3+…+100 的累加和；能同时被 3 和 7 整除的找数问题等都可用循环结构来设计。

循环结构程序的设计步骤如下。

1）构造循环体。即需要重复执行的部分。

2）寻找控制循环的变量。即循环次数。

3）确定循环变量的三个要素：循环控制变量的初值、循环的条件、使循环趋于结束的部分（终值）。

C 语言提供了四种循环语句，用它们可以组成各种不同形式的循环结构。C 语言实现循环的语句如下。

1）用 goto 语句与 if 语句构成循环。

2）用 while 语句。

3）用 do-while 语句。

4）用 for 语句。

5.1 穷举与迭代算法

算法是对特定问题的求解步骤。在程序设计时，总是把不易理解的、复杂的求解过程设计成单一动作的多次重复。其优点是，降低程序的复杂程度，编制程序简单；能充分发挥计算机运算速度快等特点。在循环结构程序设计中，穷举与迭代是两种具有代表性的基本算法。例如：人口增长问题（迭代）、兔子繁殖问题（迭代）、百钱百鸡问题（穷举）等。

1. 穷举算法

穷举算法，也称枚举算法或试探算法，类似于数学的“完全归纳法”。它是对可能是解的众多候选解按某种顺序进行逐一枚举和检验，并从中找出那些符合要求的候选解作为问题的解。也就是对问题的可能状态一一测试，直到找到解或将所有可能状态都测试一遍。其特点是：算法简单，但是运算量大。当问题的规模变大时，执行的速度变慢。

穷举法是一种重复型算法，通常需要用多重循环来实现，重复操作（循环体）的核心是一次测试。循环控制有两种方法：计数器法与标志法。计数器法要先确定循环次数，然后逐次测试，完成测试次数后循环结束。标志法是达到某一目标后，循环结束。

穷举法实例 1：录取新生问题。

录取新生就是把考生中符合条件（如成绩达到分数线）的考生的名单打印出来。它要重复执行的操作是，对每一个考生逐一判断测试，打印其中符合条件的考生姓名。循环控制采用计数器法，要先知道考生的人数，即穷举对象的个数，然后设置一个“计数器”变量，当计数器为 1 时，测试第 1 个考生成绩，当计数器为 2 时，测试第 2 个考生成绩，……，当计数器为 n 时，测试第 n 个考生成绩，之后结束循环。

穷举法实例 2：求所有水仙花数的问题。

水仙花数是指：一个三位数，其各位数字的立方和等于该数本身。例如 $153=1^3+3^3+5^3$，故 153 是水仙花数。

用穷举法解此题的思路：从最小的三位数开始，到最大的三位为止，一个个拿出来进行判断，看是否为水仙花数。如何判断一个数 i 是否是水仙花数的关键是：怎样将一个三位数的各位取出。

方法一：用数学方法计算出各位的值。

个位 a：a=i %10

百位 c：c=i /100

十位 b：b=(i/10)%10

方法二：各位依次从最小值到最大值一个一个的测试。

个位 a：0 到 9

百位 c：1 到 9

十位 b：0 到 9

【例 5.1】　编程求 100～499 之间的所有水仙花数，即各位数字的立方和恰好等于该数本身的数。

程序如下：

```
#include <stdio.h>
void main()
{int i,j,k,n;
 for(n=100;n<500;n++)
   { i=n/100;
     j=(n/10)%10;            /*或者 j=(n-i*100)/10;也可*/
     k=n%10;
     if(i*100+j*10+k==i*i*i+j*j*j+k*k*k)
       printf("%d\n",n);}
}
```

运行结果：

```
153
370
```

```
371
407
```

2. 迭代算法

迭代算法是基于分步递增方式进行求解，如程序中凡涉及求阶乘、累加、排序等问题都要用迭代循环解决。迭代是一个不断用变量的新值取代变量的旧值，或由变量的旧值递推出变量新值的过程。迭代法是许多方法的总称，包括简单迭代法、对分法、梯度法和牛顿法等。

迭代法实例 1：人口增长问题。

按年 2%的增长速度，现有 12 亿人，10 年后将有多少人？

设现有人口数为 m，则第 1 年后人口变为 m=m×(1+2%)，要计算第 2 年后的人口，只需把上述赋值表达式再执行一次。要计算 10 年后的人口，就要把上述表达式执行 10 次。这也是用循环结构实现，只不过要重复的操作是不断从一个变量的旧值出发计算它的新值。所以这种迭代与三个因素有关：初值、迭代公式、迭代次数。

迭代法实例 2：求解阶乘。

若输入的 n 值为 5，即 5 的阶乘，则迭代次数（循环条件）为 1～5 次，分别执行迭代公式 f=f*i;，让 f 的值不断改变，f 的初值为 1。当 i=1 时，f=1*1=1;i=2 时，f=1*2=2; i=3 时，f=2*3=6; i=4 时，f=6*4=24; i=5 时，f=24*5=120;当 i=6 时，退出循环。可见，迭代就是不断用新值取代旧值，或由旧值递推出新值的过程。

【例 5.2】 用循环程序求解阶乘。

程序如下：

```
#include <stdio.h>
void main()
{int i,n;                    /*迭代次数*/
 long f;                     /*int 型取值范围太小*/
 f=1;                        /*初值。不能写作 f=0;*/
 scanf("%d",&n);
 for(i=1;i<=n;i++)
    f=f*i;                   /*迭代公式*/
  printf("%d!=%ld",n,f);
}
```

若输入：

5

运行结果：

```
5!=120
```

5.2 goto 语句

goto 语句是一种无条件转移语句，它必须与 if 语句一起共同构成循环结构。goto 语句的一般形式为：

```
goto  标号;
```

说明如下。

1）标号用标识符表示，即由字母、数字和下划线组成，且首字符必须为字母或下划线。不能用整数来作标号。例如："goto loop;"为合法标号；而"goto 123;"为非法标号。

2）语句标号后接一个"："一起出现在函数内某处，用来表示程序的某个位置。执行 goto 语句后，程序将跳转到该标号处并执行冒号后的语句。

3）标号必须与 goto 语句同处于一个函数中，但可以不在一个循环层中。

4）滥用 goto 语句将使程序流程无规律、可读性差，所以应尽量限制 goto 语句的使用。

5）用途：与 if 语句一起构成循环结构；从循环体内跳转到循环体外（一般指最深层）；改变程序自上而下的执行顺序。

【例 5.3】　用 goto 语句和 if 语句构成循环，求 sum=1+2+3+…+100 的累加和。流程图如图 5-1 所示。

程序如下：

```
#include <stdio.h>
void  main()
{
    int i,sum=0;
    i=1;                    /*循环初值*/
    loop:if(i<=100)         /*循环终值或循环条件*/

          { sum=sum+i;
            i++;            /*循环变量增值*/
            goto loop;} /*{ }内为循环体*/
    printf("sum=%d\n",sum);
}
```

运行结果：

```
sum=5050
```

程序说明：本程序从初值 i=1 开始，在 if 语句中，顺序执行"sum=0+1,i=1+1=2;"，当执行"goto loop;"语句时，流程转到"loop："处，执行"："后的 if 语句，这样就构成了循环结构，第 1 次循环结束；继续进行第 2 次循环，执行"sum=1+2,i=2+1=3;"，当执行到"goto loop;"时，流程转到"loop："处，执行"："后的 if 语句，第 2 次循环结束；这样循环往复，执行 sum=3+3=6;sum=6+4=10;……直到 sum=4950+100=5050 为止。当 i=101 时退出循环，执行循环外的 printf 语句。

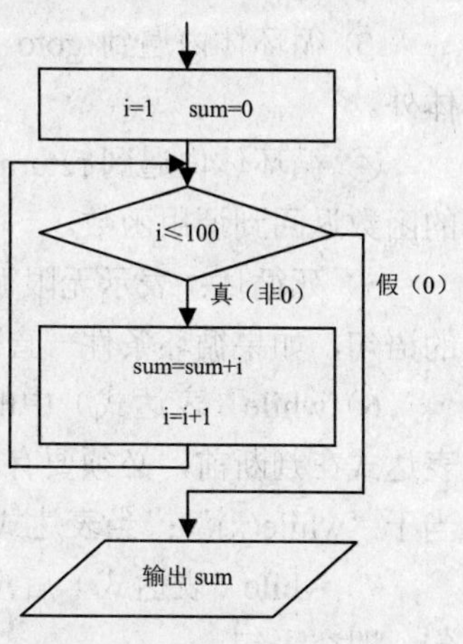

图 5-1　用 goto 求和流程图

为什么高级语言还要有 goto 语句？因为软件系统要向下兼容，用低版本编写的程序可能有 goto 语句，为了高版本能读懂低版本的程序，因此，要把 goto 的语法放进来。但是，不提倡大家使用。

5.3 while 语句

while 语句的一般形式：

```
while (表达式)
    语句
```

这里的语句称为循环体，它可以是一条单独的语句，也可以是复合语句。while 语句的执行步骤如下。

1）求出表达式的值，当值为真（非 0）时，执行 2），若值为 0，执行 3）。

2）执行循环体内语句，转向执行 1）。

3）结束 while 循环，去执行 while 循环后的语句。

每执行完一次循环体后，再判断表达式的真假，为真时继续执行循环体，为假时结束 while 语句。也就是说，当表达式为真时，反复执行其后的循环体。

说明如下。

1）先判断，后执行循环体，常称为“当型”循环语句。

2）执行 while 循环语句时，如果表达式的值第 1 次计算就为假（0），则循环体一次也不执行，即表达式不成立时退出循环体。

3）若循环体中的语句包含一个以上的语句时，应该用花括号“{}”括起来构成复合语句。例如：“while(a<b)　{t=a;a=b;b=t;}”，“{}”括起来的部分为一个复合语句，里面的三条语句相当于一条语句；若不加“{ }”，即“while(a<b)　t=a;a=b;b=t;”，则 while 语句的范围只到 while 后面第 1 个分号处，“while(a<b)　t=a;”是一个循环语句，而“a=b;b=t;”是循环外的两条语句。

4）发生下列情况之一时，while 循环结束执行：

① 表达式的值为 0。

② 循环体内遇到 break 语句。

③ 循环体内遇到 goto 语句，且与该 goto 语句配合使用的标号所指定的语句在本循环体外。

④ 循环体内遇到 return 语句，此时退出 while 循环后，执行的流程从包含该 while 语句的函数返回到调用函数。

5）死循环：表示无限循环，无法退出循环体。循环体中应有循环条件为假或退出循环的语句，如果循环条件一直为真，将出现无限循环的情况。

6）while（表达式）中的表达式同 if 语句后的表达式一样，可以是任何类型的表达式且表达式在判断前，必须要有明确的值。例如：当表达式为真（非 0）时，“while(x!=0)”相当于“while(x)”；当表达式为假（0）时，“while(x==0)”相当于“while(!x)”。

7）while（表达式）后没有分号。如果有，如“while(表达式);”则“;”为一条独立的语句，即空语句。

8）要灵活掌握表达式的值和控制条件。例如："x=10;while(x!=0)x--;"，当 x=10，表达式"10！=0"成立，执行循环语句"x=x-1=9"，反复循环递减，到当 x=0 时，"0！=0"为假，退出循环体，此时 x 为 0 值。又如"x=10;while(x--);"，因为表达式为自减后缀表达式，所以当 x=10，表达式"x--"为 10 成立，内存中执行语句 x=x-1=9，分号是空语句；反复循环递减，到当 x=0 时，"while(0)"为假，退出循环体，但此时表达式还未执行完整，还要执行 x=0-1=-1 值。

【例 5.4】　用 while 语句构成循环，求 sum=1+2+3+…+100 的累加和。流程图如图 5-2 所示。

程序如下：

```
#include <stdio.h>
void main( )
{
    int i=1;                /*循环初值/计数器的初始化(迭代)*/
    int sum=0;              /*累加器的初始化*/
    while(i<=100)           /*循环终值或循环条件*/
    {   sum=sum+i;          /*累加*/
        i++;                /*循环变量增值*/
    }                       /*"{ }"内为循环体*/
printf("sum=%d",sum);
}
```

运行结果：

```
sum=5050
```

本程序有四条语句，while 循环被视为独立的一条语句；循环体共循环了 100 次，当 i=1 时开始循环，i=101 时退出循环，去执行循环语句外的 printf 语句。

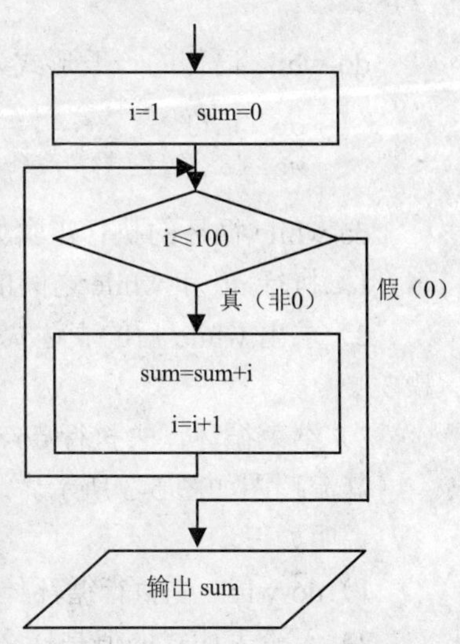

图 5-2　用 while 求和流程图

【例 5.5】　求两个正整数的最大公因子。

算法分析：采用 Euclid（欧几里德）算法来求最大公因子，其算法如下。

1）输入两个正整数 m 和 n。

2）用 m 除以 n，余数为 r，如果 r 等于 0，则 n 是最大公因子，算法结束，否则执行 3)。

3）把 n 赋给 m，把 r 赋给 n，转到 2)。

例如：有 m=49、n=21，用 m 除以 n，余数为 7。由于 7≠0，将 n 赋给 m、r 赋给 n，这时 m=21、n=7，再次用 m 除以 n，21 除以 7，余数为 0，此时的 n 值 7 就是 49 和 21 的最大公因子。程序如下：

```
#include <stdio.h>
void main()
```

```
{
    int m,n,r;
    printf("please type in two positive integers\n");
    scanf("%d%d",&m,&n);
    while(n)                              /*也可以写成 while(n!=0)*/
    {
      r=m%n;
      m=n;
      n=r;
    }
    printf("Their greatest common divisor is %d\n",m);
}
```

运行输入：

```
please type in two positive integers
49 21
```

运行结果：

```
Their greatest common divisor is 7
```

再次运行输入：

```
please type in two positive integers
50 100
```

再次运行结果：

```
Their greatest common divisor is 50
```

5.4 do-while 语句

do-while 语句的一般形式为：

```
do  语句
while (表达式) ;
```

do-while 循环的执行步骤如下。

1）执行 do 和 while 之间的语句。

2）求出 while 后的表达式值，若值为真（非 0），执行步骤 1）；若值为假（0），执行步骤 3）。

3）结束循环，去执行 do-while 循环后的语句。

其流程图如图 5-3 所示。

说明如下。

1）do-while 先执行循环体，后判断，常称为“改进的直到型”循环语句。

2）无论表达式的值是什么，循环体总是先执行一次。

3）do-while 语句的表达式括号后面必须加分号，分号是语句结构中不可缺少的一部分，它不是空语句。而在 if、while 语句中，表达式的括号后面都没有分号，若有分号，则为空语句。

4）do-while 与 while 语句退出循环的执行情况相同。

5）当 do-while（1），即循环体内无改变表达式的语句（如 i++）时，为死循环。

6）do-while 语句中的表达式与 while 语句中的表达式一样，可以是任何类型的表达式。

【例 5.6】 用 do-while 语句构成循环，求 sum=1+2+ 3+…+100 的累加和。流程图如图 5-4 所示。

程序如下：

```
#include <stdio.h>
void main()
{
  int i,sum=0;
  i=1;
  do
  {   sum=sum+i;
      i++;

   }while(i<=100);
  printf("SUM=%d\n",sum);
}
```

运行结果：

```
SUM=5050
```

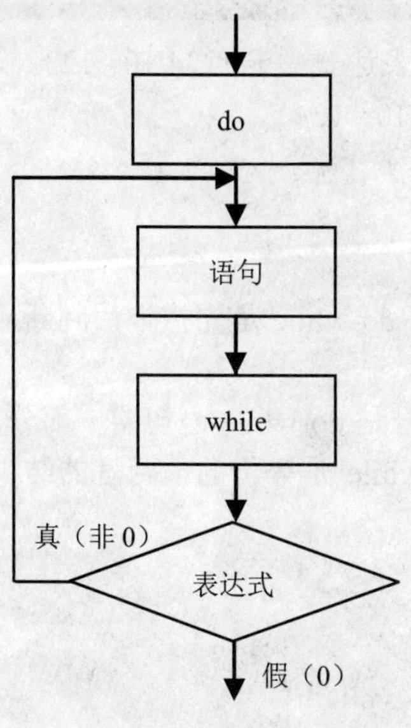

图 5-3　do-while 流程图

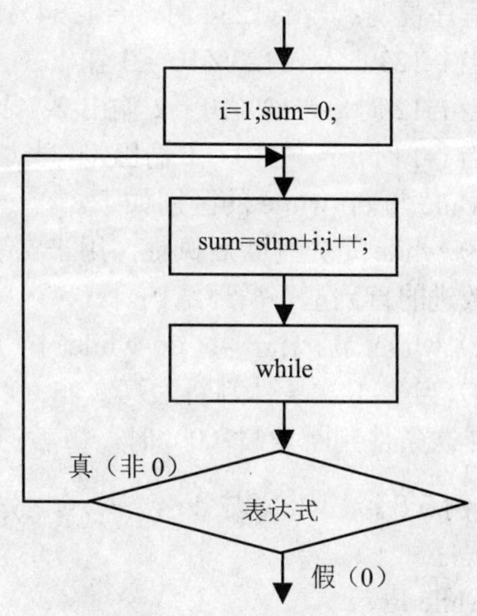

图 5-4　用 do-while 求和流程图

【例 5.7】 将一个整数的各位数字颠倒后输出。

算法分析：对于这个问题，需要首先提取最后一个数字输出，这可用取模 10 的余数来求得，然后去掉最低位再取模 10 的余数就得到次低位，依此类推，可得到整数数字的反序。

程序如下：

```
#include <stdio.h>
void main()
{
    int i,r;
    printf("Input an integer\n");
    scanf("%d",&i);
    do
    {
        r=i%10;
        printf("%d",r);
    }while((i/=10)!=0);
    printf("\n");
}
```

程序运行情况：

```
Input an integer
1234
4321
```

程序说明：当 i=1234 时，r=1234%10 = 4 输出 4；表达式中 i=1234/10= 123

当 i=123 时，r=123%10 = 3 输出 3；表达式中 i=123/10= 12

当 i=12 时，r=12%10 = 2 输出 2；表达式中 i=12/10= 1

当 i=1 时，r=1%10 = 1 输出 1；表达式中 i=1/10= 0

while 与 do-while 的区别如下。

1）while 是先判断后执行，用来实现“当型”循环；do-while 是先执行后判断，用来实现“改进的直到型”循环结构。

2）while( )后无分号，do-while( )；后有分号，且分号是 do-while 语句的一部分。

3）当第 1 次条件判断为真（非 0）时，while、do-while 是等价的，两者的结果相同；当第 1 次条件判断为假（0）时，二者的循环结果是不同。

【例 5.8】 while 与 do-while 的区别举例。

程序如下：

while 语句

```
#include <stdio.h>
void main()
{   int i,sum=0;
    scanf("%d",&i);
    while(i<=5)
```

do-while 语句

```
#include <stdio.h>
void main()
{   int i,sum=0;
    scanf("%d",&i);
    do
```

```
    {   sum=sum+i;
        i++;    }
  printf("sum=%d",sum);
  }
```

运行结果：

1
sum=15

再运行一次：

10
sum=0

```
    {   sum=sum+i;
        i++;
    }while(i<=5);
  printf("sum=%d",sum);
  }
```

运行结果：

1
sum=15

再运行一次：

10
sum=10

5.5 for 语句

for 语句是四种循环语句中功能最强、最为灵活的语句。for 语句的一般形式为：

```
for(表达式 1;表达式 2;表达式 3) 语句
```

for 循环的 3 个表达式起着不同的作用。表达式 1 用于进入循环之前给某些变量赋初值；表达式 2 表明循环的条件，它与 while 循环的表达式起相同作用；表达式 3 用于循环一次后对某些变量的值进行修正，使循环趋向结束的语句。for 中的语句称为循环体，是一条单独的语句或复合语句。相当于

```
for(循环变量赋初值;循环条件;循环变量改变) 语句
```

for 语句的执行过程如下。

1）求解表达式 1。

2）求解表达式 2，若其值为真（非 0），则转 3）步。若其值为假(0)，则转 5）步。

3）执行 for 循环体中的语句，转 4）步。

4）计算表达式 3，转 2）步。

5）for 语句结束，执行其后的语句。

for 语句的程序流程图如图 5-5 所示。

【例 5.9】 用 for 语句构成循环，求 sum=1+2+3+…+100 的累加和。流程图如图 5-6 所示。

```
#include <stdio.h>
void main()
{   int i,sum=0;
```

```
    for(i=1;i<=100;i++)
        sum+=i;
    printf("SUM=%d",sum);
}
```

运行结果：

```
SUM=5050
```

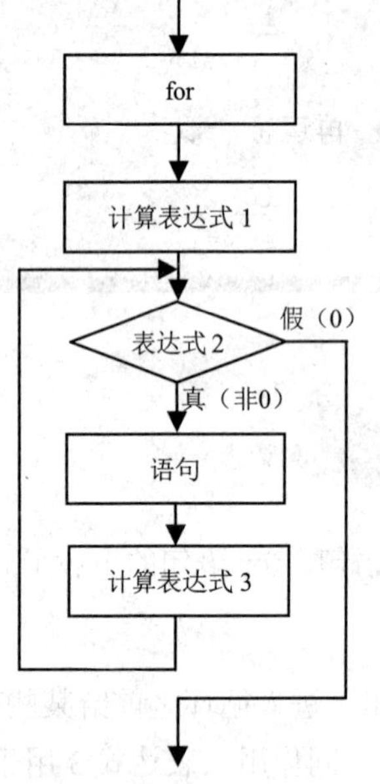

图 5-5　for 语句的程序流程图

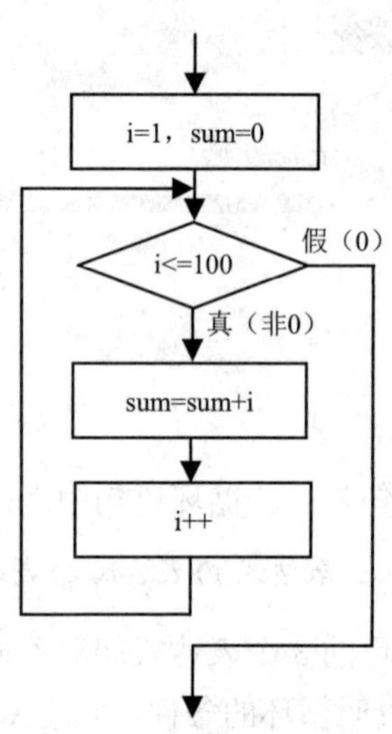

图 5-6　用 for 求和流程图

说明如下。

1）表达式 1：它是循环初始条件，赋初值，仅被执行一次；流程转到表达式 2，进行条件判断。表达式 2：循环控制条件，判断是否继续执行循环，当表达式为真（非 0）时，继续执行循环体，当表达式为假（0）时退出循环体，转到循环体外的下一条语句。表达式 3：循环后修正变量，做步长的增减，使循环趋向结束；然后再转到表达式 2 重新进行条件判断。

2）三个表达式都可以是逗号表达式。当多于一个表达式时，用逗号来分隔。表达式 1、表达式 3 可以是多个逗号表达式。例如：

```
……
int  i,j,sum;
for(sum=0,i=0,j=100;i<=j;i++,j--)
sum=sum+i+j;
……
```

逗号表达式的运算顺序按逗号运算符的运算规则来执行。

3）三个表达式都是任选项，都可以缺省，但要注意缺省表达式后，分号间隔符不能缺省。

① 若缺省表达式 1：表示该循环无初值，这时应该在 for 之前为变量赋初值，注意缺省

表达式 1 时，其后的分号不能缺省。例如：

```
......
i=1;sum=0;
for(;i<=100;i++)  sum=sum+i;
......
```

执行时，跳过表达式 1，其他不变。

② 若缺省表达式 2：表示循环条件始终为“真”，无限循环，这时就要求循环体中有结束循环的语句。如“break;”等语句。例如：

```
......
for(i=1,sum=0; ;i++)
{
    sum=sum+i;
    if(i>100)
      break;
}
......
```

表示当 i 值超过 100 时结束循环。语句 break 在这里的作用是跳出循环。

缺省表达式 2 时，相当于 while(1)语句：

```
i=1;sum=0;
while(1)
{sum=sum+i;i++;}
```

循环无终止。

③ 若缺省表达式 3：表示循环变量无改变，这样可能产生死循环，为避免死循环，通常把表达式 3 放在循环体中。例如：

```
......
for(sum=0,i=1;i<=100;)
     { sum=sum+i;
       i++;
     }
```

将表达式 3 作为循环体的一部分，也能保证循环正常结束。

④ 若同时缺省表达式 1、3，只有表达式 2 时，for 语句相当于 while 语句。例如下面左右语句都是等价的：

```
......
i=1; sum=0;          i=1; sum=0;
for (;i<=100;)       while(i<=100)
{ sum=sum+i;         { sum=sum+i;
  i++;                 i++;
}                    }
```

⑤ 若三个表达式同时缺省即无初值，无条件判断 (表达式 2 恒为真)，循环变量无增值，其形式为“for(; ;);”，两个分号不能省略。这就要求循环体中要有退出循环的语句。

4）for 语句先判断，后执行；为“当型”循环语句，循环体最少执行 0 次。

5）循环体中能够有跳出循环的语句，如 break、goto、exit( )、return 等。

6）循环体为空语句。一般形式为：

```
for (表达式 1;表达式 2;表达式 3);
```

把本来要在循环体内处理的内容放在表达式 3 中，作用是一样的。例如：

```
for(i=1,sum=0;i<=100; sum=sum+i,i++);
```

可见 for 语句功能强，可以在表达式中完成本来应在循环体内完成的操作。

【例 5.10】 Fibonacci 数列问题，即兔子繁殖问题。著名意大利数学家 Fibonacci 曾提出一个有趣的问题：设有一对新生兔子，从第 3 个月开始它们每个月都生一对兔子。按此规律，并假设没有兔子死亡，一年后共有多少对兔子？

算法分析：人们发现每月的兔子数组成如下数列：

1，1，2，3，5，8，13，21，34，……

把这一数列称为 Fibonacci 数列。那么，这个数列如何导出呢？观察一下 Fibonacci 数列可以发现这样一个规律：从第 3 个数开始，每一个数都是其前面两个相邻数之和。这是因为，在没有兔子死亡的情况下，每个月的兔子数由两部分组成：上一月的老兔子数，这一月刚生下的新兔子数。上一月的老兔子数即其前一个数。这一月刚生下的新兔子数恰好为上上月的兔子数。因为上一月的兔子中还有一部分到这个月还不能生小兔子，只有上上月已有的兔子才能每对生一对小兔子。规律如表 5-1 所示。

表 5-1　Fibonacci 数列规律

迭代次数	3	4	5	6	7	8	9	10	11	12
fib1	1	1	2	3	5	8	13	21	34	55
fib2	1	2	3	5	8	13	21	34	55	79
Fib	2	3	5	8	13	21	34	55	79	144

规律，前两项的值各为 1，从第 3 项起，每一项都是前两项的和。上述算法可以描述为：

$$fib\ n-1=fib\ n-2=1 \qquad (n<3) \qquad ①$$

$$fib\ n=fib\ n-1+fib\ n-2 \qquad (n>=3) \qquad ②$$

式②即为迭代公式，式①为初值。用 C 语言来描述式②为：

```
fib=fib1+fib2;
fib2=fib1;                    /*为下一次迭代作准备*/
fib1=fib;
```

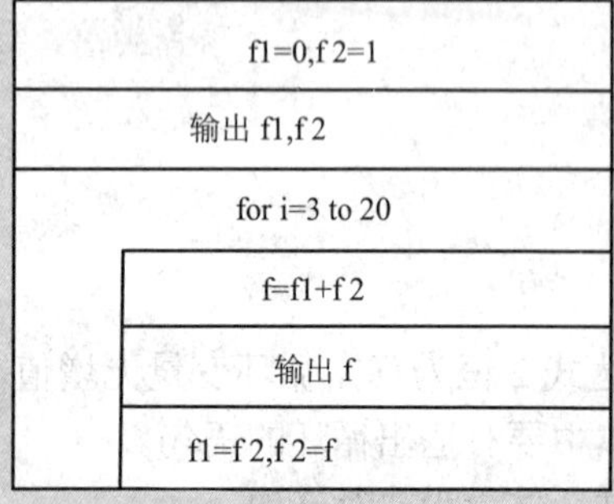

图 5-7　Fibonacci 数列流程图

最后，还要解决一个如何控制迭代次数的问题。由题意知道，重复的条件 3≤n<13，即 n=3 时进入，n=13 时退出。如果要用计数法控制循环，则需要先算出到底是循环 10 次，还是循环 11 次。不如把计数器的初值置为 3，每重复一次计数一次，当计数器超过 12 时退出循环。

问题，求 Fibonacci 数列的前 20 个数。流程图如图 5-7 所示。

程序代如下：

```
#include <stdio.h>
```

```
void main()
{
    int i,f1,f2,f;
    f1=0;
    f2=1;                              /*定义并初始化数列的前两个数*/
    printf("%10d%10d",f1,f2);          /*输出当前的 2 个数*/
    for(i=3;i<=20;i++)                 /*从第 3 个数开始迭代，输出后 18 个数*/
    {   f=f1+f2;
        printf("%10d",f);
        if(i%5==0)
            printf("\n");              /*每行输出 5 个数*/
        f1=f2;
        f2=f;                          /*计算下 2 个数*/
    }
    printf("\n");
}
```

运行结果：

```
    0         1         1         2         3
    5         8        13        21        34
   55        89       144       233       377
  610       987      1597      2584      4181
```

此程序是典型的迭代算法的问题，程序中每次循环都得到 f 值，f1 和 f 2 的值不断被新值所替代。上述源代码使用了三个变量，若要求用两个变量 f1、f 2 来实现，则有“f1=f1+f 2; f 2=f 2+f1;”两条语句必不可少的。

【例 5.11】 输出 100 以内所有偶数的和与所有奇数的和。

程序如下：

```
#include <stdio.h>
void main()
{  int i,s1=0,s2=0;
   for(i=1;i<100;i++)
       if(i%2==0)  s2=s2+i;      /*偶数累加*/
       else    s1=s1+i;          /*奇数累加*/
   printf("s1=%d,s2=%d\n",s1,s2);
}
```

运行结果：

```
s1=2500,s2=2450
```

5.6 循环的嵌套

一个循环体内又包含了另一个完整的循环结构，称为循环的嵌套。如果内循环体中又有嵌套的循环语句，则构成多重循环；嵌套在循环体内的循环体称为内循环，外面的循环称为外循环。只有在内循环完全结束后，外循环才会进行下一次循环。

嵌套循环的几种形式如图 5-8（1）～5-8（7）所示。

```
(1)  while()
      {……
       while()
        {……
        }
       ……
      }
```

```
(2)  do
      {  ……
        do
          {……
          }
        while();
          ……
      }
     while( );
```

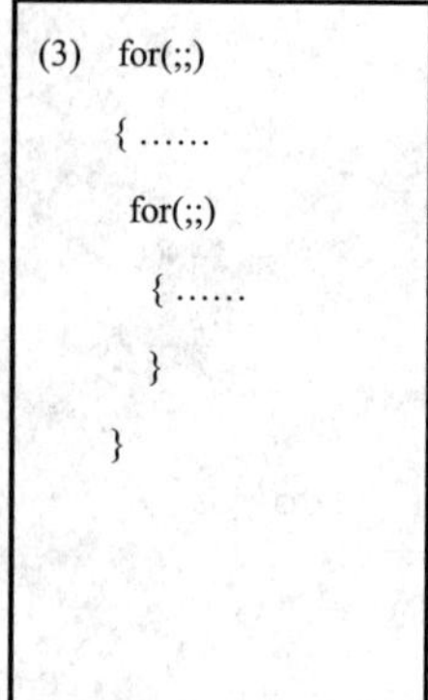


```
(4)  while()
      {……
       do
         {……
         }
       while();
        ……
      }
```

```
(5)
for( ; ;)
  {   ……
   while()
     {  ……
     }
          ……
  }
```

```
(6)
do
  {     ……
    for(; ;)
      {  ……
      }
          ……
  }
while();
```

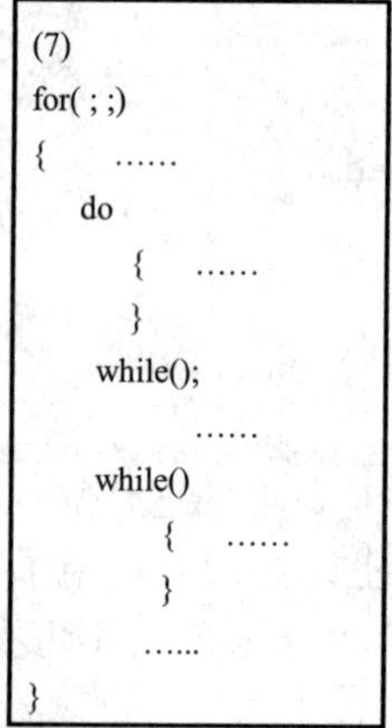

图 5-8（1）～（7）　循环嵌套的七种形式

以双循环嵌套为例来了解外循环、内循环的嵌套流程。嵌套循环执行时，先由外循环进入内循环，只有在内循环终止之后才能执行外循环，当外循环终止时，程序结束。内外循环可以视为一条语句。如图 5-9 所示。

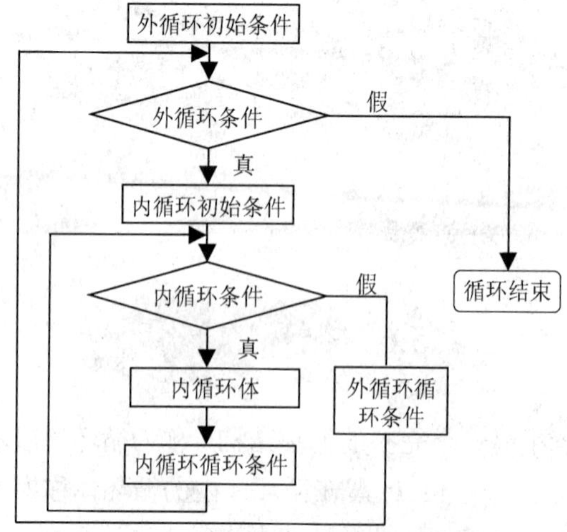

图 5-9　双重循环嵌套的流程图

说明如下。

1）三种循环可以互相嵌套，层数不限。

2）循环可以互相嵌套，但不能相互交叉。

3）在嵌套的各层循环体中，若使用复合语句，应用一对花括号将循环体语句括起来以保证逻辑上的正确性。

4）内层和外层循环控制变量不应同名，以免造成混乱。

5）嵌套的循环最好采用右缩进格式书写，以保证层次的清晰性。

【例 5.12】　输出一个图形。

程序如下：

```
#include <stdio.h>
void main( )
{   int i, j;
    for(i=1;i<=4;i++ )                  /*外循环控制输出图形的行数 */
        {   for(j=1;j<=4;j++ )          /*内循环控制每行输出的*字符*/
                printf("*");
            printf("\n");
        }
}
```

运行结果：

```
****
****
****
****
```

程序说明：本程序的函数体中有两条语句，其中第 1 行是第 1 条语句；第 2～6 行为第 2 条语句，这里把 for 语句嵌套视为一条语句。在第 2 条语句中又包含有两条语句，即内层“for(j=1; j<=4; j++)printf("*");”语句和“printf("\n");”语句。执行流程是这样的，先定义 i、j 两个变量，然后进入循环语句中的外循环，顺序执行“i=1; 1<=4;”成立，进入内循环的“for(j=1; j<=4; j++)”语句，顺序执行“j=1; 1<=4;”成立，执行“printf("*");”输出一个“*”号，然后在执行内循环的表达式 3 的“j++”语句，此时 j 为 2，再去判断 j 的值“2<=4”成立，这样变量 j 循环了 1～4 共 4 次，输出了 4 个“*”号，当变量 j=5 时，“5<=4”不成立，退出“for(j=1; j<=4; j++)printf("*");”语句，执行其后的“printf("\n");”语句，至此，内层循环结束，只有在内循环完全结束后，外循环才会进行下一轮。由此流程转到外循环中的表达式 3 “i++”,i 增值为 2，再去判断“2<=4”成立，再次进入内循环，又输出了 4 个“*”号后，执行换行。如此循环，外循环共循环了 4 次，输出了 4 行，内循环循环了 4 次，输出 4 个“*”号，即每行输出 4 个“*”号。

那么，用类似的思路不难编写出下面例 5.13 的程序。

【例 5.13】 输出一个图形。

程序如下：

```
#include <stdio.h>
void main( )
{  int  i, j;
   for(  i=1 ; i<=4 ;  i++  )                /*外循环控制输出图形的行数 */
     {  for(  j=1;  j<=i ;  j++ )            /*内循环控制每行输出的字符*/
          printf("*");
        printf("\n");
     }
}
```

运行结果：

```
*
**
***
****
```

5.7 循环结构中的跳转语句

为了使循环控制更加灵活，C 语言还经常使用 break 和 continue 语句。使用 break 语句强行退出本层循环；使用 continue 语句只是结束本次循环，并未退出循环。

5.7.1 break 语句

break 语句只能用于 switch 语句和循环语句，一般是在循环次数不能确定的情况下使用，通常在循环体中增加一个分支结构执行过程，当条件成立时，由 break 语句退出循环体，结束循环过程。

break 语句形式为：

```
break;
```

说明如下。

1）跳出本层的 switch 语句，流程转到 switch 结构外的下一条语句。

2）跳出本层循环，迫使本层循环立即终止，流程转到循环体外的下一条语句。

执行流程图如图 5-10～图 5-13 所示。

【例 5.14】 break 语句的应用。

程序如下：

```
#include <stdio.h>
void main()
{   int  n;
    for (n=1;n<=10;n++)
```

```
        {if(n%3==0) break;
         printf("%4d",n);}
      printf("!!!!!\n");}
```

运行结果：

```
   1   2!!!!!
```

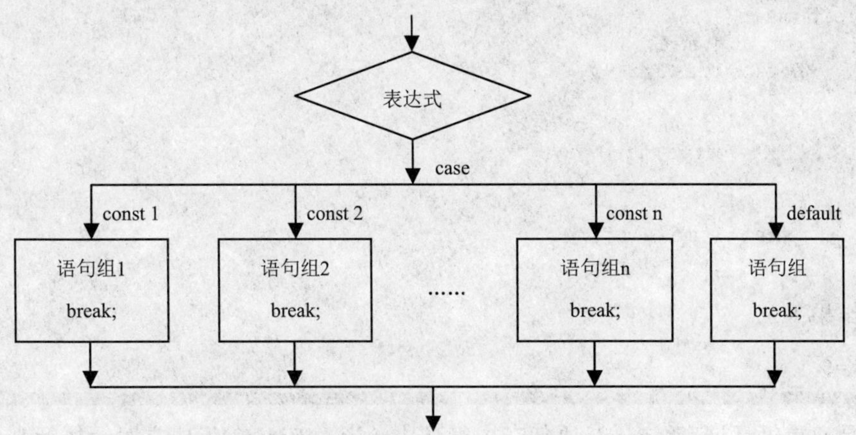

图 5-10　break 语句在 switch 中的流程图

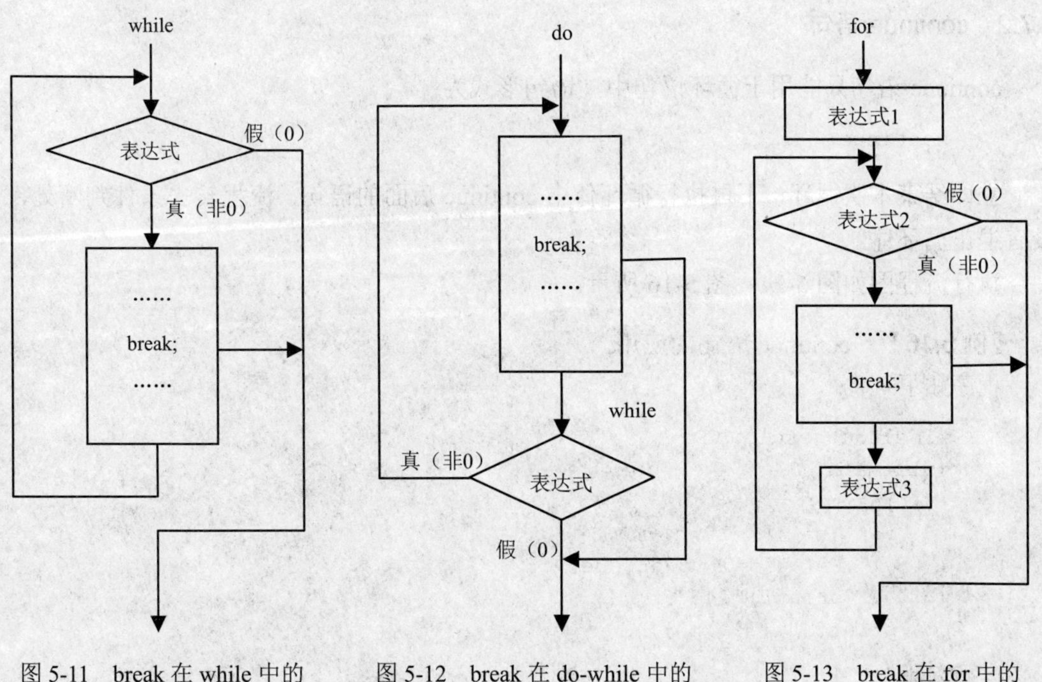

图 5-11　break 在 while 中的流程图

图 5-12　break 在 do-while 中的流程图

图 5-13　break 在 for 中的流程图

虽然 for 语句规定的循环是 n 从 1 到 10，但当 n=3 时，“3%3==0”成立，执行 break 语句，退出循环。此时，break 语句对 if-else 的条件语句不起作用，它不可以退出 if-else，只能退出 for 循环。

【例 5.15】 输出运行结果。

程序如下：

```
#include <stdio.h>
void main()
{   int i,j,m=1;
    for(i=1;i<3;i++)
    { for(j=3;j>0;j--)
        { if(i*j>3) break;
          m*=i*j;
        }
    }
    printf("m=%d\n",m);
}
```

运行结果：

```
m=6
```

本例是双重循环嵌套，break 语句在内循环中，当“if(i*j>3)”成立时，执行 break 语句，break 语句的执行使程序从内层“for(j=3;j>0;j--)”循环中退出，只是退出内循环，而没有退出外循环“for(i=1;i<3;i++)”，继续执行外循环的“i++”语句及其他语句。

5.7.2 continue 语句

continue 语句只能用于循环语句中，语句形式为：

```
continue;
```

立即结束本次循环，不再执行循环体中 continue 后面的语句，流程转去条件判断处，它没有退出循环体。

执行流程图如图 5-14～图 5-16 所示。

【例 5.16】 continue 语句的应用。

程序如下：

```
#include <stdio.h>
void main( )
{   int  n;
    for (n=1;n<=10;n++)
      { if(n%3==0) continue;
        printf("%4d",n);}
    printf("!!!!!\n");}
```

运行结果：

```
   1   2   4   5   7   8  10!!!!!
```

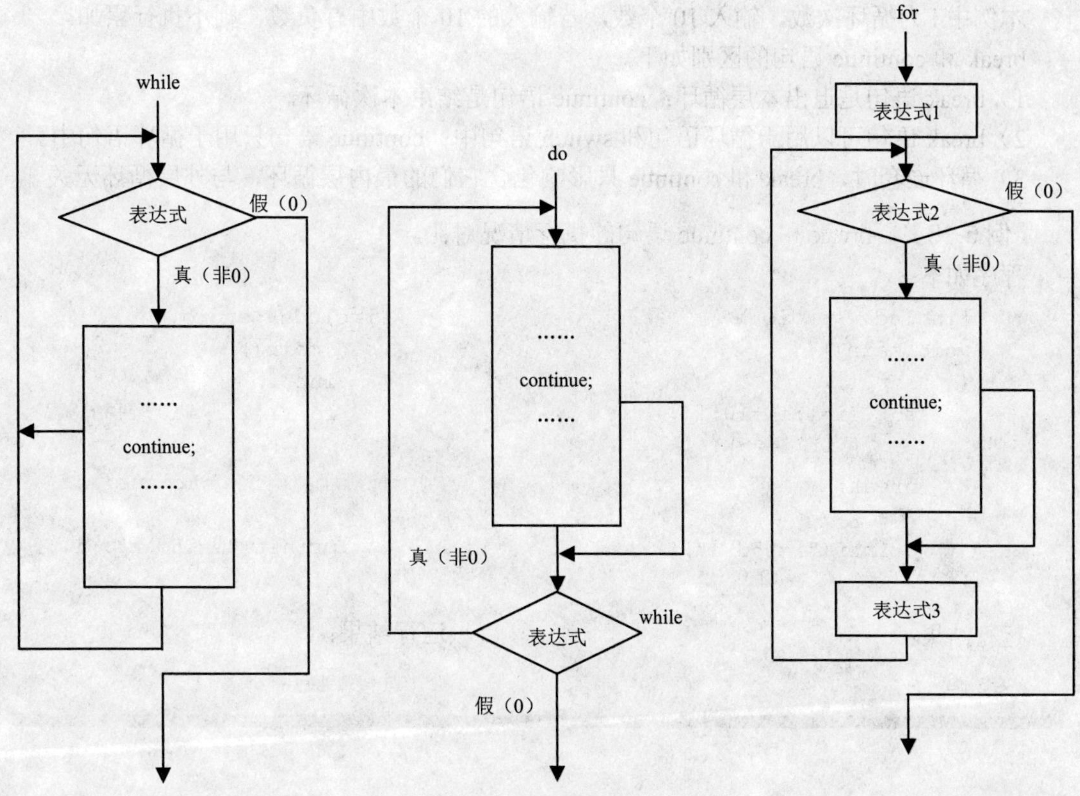

图 5-14　continue 语句在 while 中的流程图　　图 5-15　continue 语句在 do-while 中的流程图　　图 5-16　continue 语句在 for 中的流程图

当 n 为 3、6、9 时，分别执行 continue 语句，它只是结束循环，不执行“printf(“%4d”,n);”语句，并没有退出循环。

【例 5.17】　求输入的正数之和。

程序如下：

```
#include <stdio.h>
void main()
{
    int i,n,sum=0;
    for(i=1;i<=10;i++)
       {
        scanf("%d",&n);
        if(n<0) continue;
        sum=sum+n;
        }
    printf("SUM=%d\n",sum);
}
```

运行结果：

若输入：1 -2 3 -4 5 -6 7 -8 9 -10
运行结果：SUM=25

本例中 i 为循环次数，输入 10 个数，若输入的 10 个数中有负数，则不执行累加。

break 和 continue 语句的区别如下。

1）break 语句是退出本层循环；continue 语句是结束本次循环。

2）break 语句可以用于循环语句和 switch 语句中；continue 语句只用于循环语句中。

3）循环嵌套时，break 和 continue 只影响包含它们的最内层循环，与外层循环无关。

【例 5.18】 break 和 continue 语句的执行情况对比。

程序如下：

```
#include <stdio.h>
void main()
{   int i;
    for (i=1;i<=10;i++)
        { if(i==5)
    break;
        }
    printf("i=%5d\n",i);
}
```

运行结果：

```
i=    5
```

```
#include <stdio.h>
void main()
{   int i;
    for(i=1;i<=10;i++)
        { if (i==5)
            continue;
        }
    printf("i=%5d\n", i);
}
```

运行结果：

```
i=   11
```

5.8 循环结构程序设计举例

【例 5.19】 编程输出如下形式的乘法九九表。

```
1   2   3   4   5   6   7   8   9
–   –   –   –   –   –   –   –   –
1
2   4
3   6   9
4   8   12  16
5   10  15  20  25
6   12  18  24  30  36
7   14  21  28  35  42  49
8   16  24  32  40  48  56  64
9   18  27  36  45  54  63  72  81
```

算法分析：输出下三角形的关键是控制每行打印的列数，规律是：第 1 行打印 1 列，第 2 行打印 2 列，……，第 9 行打印 9 列，即第 m 行打印 m 列，而在上例中是每行都打印 9 列。其 N-S 图如图 5-17 所示。

程序如下：

```
#include <stdio.h>
void main()
{
    int m,n;
    for(m=1;m<10;m++)
      printf("%4d",m);                    /*打印表头*/
    printf("\n");
    for(m=1;m<10;m++)
      printf("   _");
      printf("\n");
      for(m=1;m<10;m++)                   /*被乘数 m 从 1 变化到 9*/
      {
         for(n=1;n<=m;n++)                /*乘数 n 从 1 变化到 m*/
           printf("%4d",m*n);             /*输出第 m 行 n 列中的 m×n 的值*/
         printf("\n");                    /*输出换行符,准备打印下一行*/
      }
}
```

请思考：如何将输出结果的下三角形改为矩形的形式？

【例 5.20】　求 100～200 间的全部素数。

算法分析：所谓素数（质数）是除了 1 和它本身之外再不能被其他数整除的自然数。如果一个正整数只有两个因子：1 和 m，则称 m 为素数。求素数的方法有很多种，最简单的方法是根据素数的定义来求。对于一个自然数 m，让 m 被 2～(m−1)除，如果 m 不能被 2～(m−1)之中任何一个整数整除，则称 m 为素数，否则 m 为合数。在本程序中对素数的求法进行了改进，因为 m 的初值为奇数 101，所以用了增值为 2，m=m+2，则 m 的值均为奇数，这样提高了效率。本程序中，if(m%i==0)　break;语句，若能被 i 整除，就不是素数，则提前结束内层循环，此时 i 必然小于 m。如果 m 不能被 2～(m−1)之间的整数整除，则在完成最后一次循环后，i 还要加 1，然后才终止循环。在循环之后判别 i 的值是否大于或等于 m，若是，则表明未曾被 2～(m−1)间任一整数整除过，因此输出“是素数”。

程序如下：

```
#include <stdio.h>
void main()
{
     int m,i,n=0;
     for(m=101;m<=200;m=m+2)
       {
          if(n%10==0) printf("\n");
          for(i=2;i<m;i++)
            if(m%i==0)  break;
          if(i>=m) {printf("%d ",m); n=n+1;}
       }
     printf("\nprime number= %d\n",n);
    }
```

运行结果：

```
101   103   107   109   113   127   131   137   139   149
151   157   163   167   173   179   181   191   193   197
199
prime number=  21
```

如果让 m 被 2 到 $\sqrt{m}$ 除，则循环次数减少，运行结果相同，流程图如图 5-18 所示。

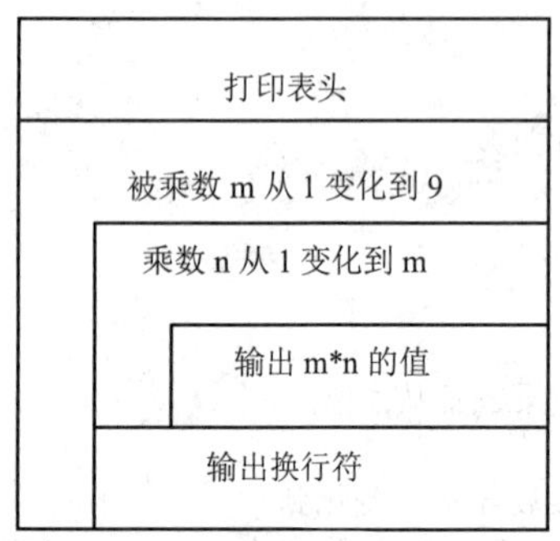

图 5-17　输出乘法九九表的 N-S 图

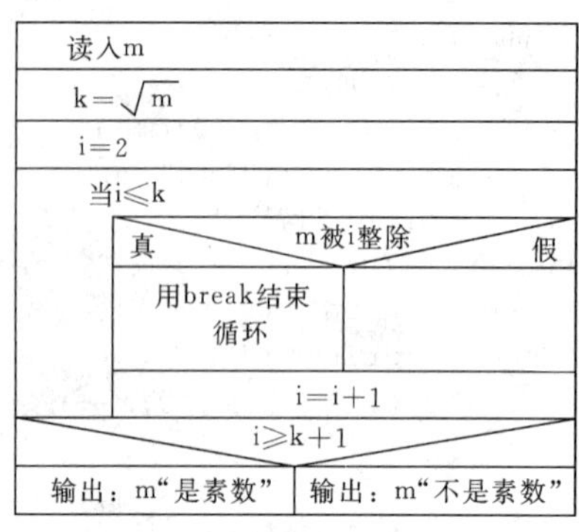

图 5-18　求素数的 N-S 图

请读者分析如下程序：

```
#include <stdio.h>
#include <math.h>
void main()
 {
   int m,k,i,n=0;
   for(m=101;m<=200;m=m+2)
   {
     if(n%10==0) printf("\n");
     k=sqrt(m);
     for(i=2;i<=k;i++)
        if(m%i==0)  break;
     if(i>=k+1) {printf("%d ",m); n=n+1;}
    }
 }
```

【例 5.21】　百钱买百鸡。鸡翁一，值钱五；鸡母一，值钱三；鸡雏三，值钱一。百钱买百鸡，问鸡翁、鸡母、鸡雏各几何？

算法分析：“百钱买百鸡”是我国古代数学家张丘建提出的一个著名的数学问题。不定方程问题。

已知：百钱，三种鸡的价钱。

待求：公鸡 x 只、母鸡 y 只、小鸡 z 只。

确定处理方案（穷举法）：

$$5x+3y+z/3=100$$

$$x+y+z=100$$

其解不只一组。因此，可以采用穷举法，将不同的公鸡、母鸡和小鸡的数量枚举一遍，找出那些符合题目要求的解。

程序如下：

```
#include  <stdio.h>
#include  <math.h>
void main( )
```

```
{
   int  x, y, z;
   for( x=0; x<=100/5; x++ )
      for( y=0; y<=100/3; y++ )
      {   z=100-x-y;
          if(z%3==0 && (5*x+3*y+z/3)==100)
             printf("x=%d, y=%d, z=%d\n", x, y, z );
          }
}
```

运行结果：

```
x=0, y=25, z=75
x=4, y=18, z=78
x=8, y=11, z=81
x=12, y=4, z=84
```

【案例学习】用 do-while 语句实现如下菜单。

主菜单

====================================

1.输入学生成绩

2.查询学生成绩

3.打印输出成绩

0.退出系统

====================================

请选择（0～3）：如果选择 1，则显示“请输入学生成绩”；选择 2，则显示“查询学生成绩”；选择 3，显示“正在打印输出成绩”；选择 0，显示“谢谢使用”；选择其他则显示“输入错误，请重新输入”。

程序如下：

```
#include <stdio.h>
void main()
{
 int x;
 printf("\t\t 主菜单\n");
 printf("\t\t====================================\n");
 printf("\t\t\t1.输入学生成绩 \n");
 printf("\t\t\t2.查询学生成绩 \n");
 printf("\t\t\t3.打印输出成绩 \n");
 printf("\t\t\t0.退出系统 \n");
printf("\t\t====================================\n");
do{ printf("\n 请选择(0~3):");
      scanf("%d",&x);
      switch(x)
      { case 1: printf("\n 请输入学生成绩\n");break;
         case 2: printf("\n 查询学生成绩\n");break;
         case 3: printf("\n 正在打印输出成绩\n");break;
         case 0: printf("\n 谢谢使用");break;
         default: printf("\n 输入错误,请重新输入!\n");
        }
  }while(x!=0);
}
```

习 题 5

一、选择题

1. 以下程序中的变量已正确定义，程序段的输出结果是（ ）。

```
for(i=0;i<4;i++,i++)
for(k=1;k<3;k++);printf("*");
```

A. ******** B. **** C. ** D. *

2. 以下的 for 循环（ ）。

```
for(x=0,y=0;(y!=123)&&(x<4);x++) ;
```

A. 是无限循环 B. 循环次数不定 C. 执行 4 次 D. 执行 3 次

3. 若 i 和 k 都是 int 型变量，有以下 for 语句

```
for(i=0,k=-1;k=1;k++) printf("*****\n");
```

下面关于语句执行情况的叙述，正确的是（ ）。

A. 循环体执行两次 B. 循环体执行一次

C. 循环体一次也不执行 D. 构成无限循环

4. 有如下程序段：

```
int i=0;
while(i++<=2);printf("i=%d\n",i);
```

则正确的执行结果是（ ）。

A. i=2 B. i=4 C. i=3 D. 无结果

5. 下列程序的输出结果是（ ）。

```
#include "stdio.h"
void main()
{ int i;char c;
  for(i=0;i<=5;i++){c=getchar();putchar(c);}
}
```

程序执行时，从第一列开始输入以下数据（ ）<CR>代表换行符（ ）：

```
u<CR>
w<CR>
xsta<CR>
```

A. uwxsta

B. u
w
x

C. u
w
xs

D. u
w
xsta

6. 下列叙述中，正确的一条是（ ）。

A. 语句“goto 12;”是合法的

B. for(;;)语句相当于 while(1)语句

C. if（表达式）语句中，表达式的类型只限于逻辑表达式

D. break 语句可用于程序的任何地方，以终止程序的执行

7．设有程序段：

```
int k=10;
while(k=0) k=k-1;
```

则下面描述中正确的是（ ）。

A．while 循环执行 10 次　　B．构成无限循环

C．循环体语句一次也不执行　　D．循环体语句执行一次

8．若 j 为 int 型变量，则以下 for 循环语句的执行结果是（ ）。

```
for(j=10;j>3;j--)
  {if(j%3) j--;--j;--j;printf("%d  ",j);}
```

则下面描述中正确的是（ ）。

A. 6 3　　B. 7 4　　C. 6 2　　D. 7 3

9．若变量已正确定义，有以下程序段：

```
i=0;
do printf("%d,",i);while(i++);
printf("%d\n",i);
```

其输出结果是（ ）。

A. 0，0　　B. 0，1　　C. 1，1　　D. 程序进入无限循环

10．设有以下程序段，则（ ）。

```
int x=0,s=0;
while(!x!=0) s+=++x;
printf("%d",s);
```

A．运行程序段后输出 0

B．运行程序段后输出 1

C．程序段中的控制表达式是非法的

D．程序段执行无限次

二、填空题

1．以下程序的功能：从键盘上输入若干个学生的成绩，统计并输出最高成绩和最低成绩，当输入负数时结束。请填空。

```
#include <stdio.h>
void main()
{ float x, amax, amin;
  scanf("%f",&x);
  amax=x;  amin=x;
  while(_____(1)_____)
   {if(x>amax)  amax=x;
    if(_____(2)_____)  amin=x;
    scanf("%f",&x);
   }
  printf("amax=%f\namin=%f\n",amax, amin);
 }
```

2．输出 100 以内（不含 100）能被 3 整除且个位数为 6 的所有整数。

```
#include <stdio.h>
void main()
  { int i,j;
    for(i=0;______(1)______;i++)
    { j=i*10+6;
      if(______(2)______)continue;
      printf("%d\n",j);
     }
   }
```

3．下列程序计算圆周率(π)的近似值：π/4=1-1/3+1/5-1/7+…

```
#include "math.h"
#include "stdio.h"
void main()
{    int s;
     float n,______(1)______;
     double t;
     t=1;pi=0;n=1;s=1;
     while(______(2)______>=2e-6)
     { pi+=t;n+=2;s=-s;t=s/n;}
     pi*=______(3)______;
     printf("pi=%.6f\n",pi);
}
```

三、写出下列程序的运行结果

1．

```
#include <stdio.h>
void main()
{    int x=3;
     do
{  printf("%3d",x-=2);}
while(--x);
}
```

2．

```
#include "stdio.h"
void main()
{    int y=10;
     while(y--);
     printf("y=%d\n",y);
}
```

3．

```
#include <stdio.h>
void main()
{    int a=1,b;
     for(b=1;b<=10;b++)
     {    if(a>=8)   break;
          if(a%2==1)   {  a+=5;   continue;}
          a-=3;
     }
     printf("%d\n",b);
}
```

4．

```
#include <stdio.h>
void main()
{int a=1,b=10;
```

```
do   {b-=a;a++;}
while(b--<0);
printf("a=%d,b=%d\n",a,b);
}
```

5.

```
#include <stdio.h>
void main()
{   int i=5;
    do
    {   if (i%3==1)
          if (i%5==2)
            { printf("*%d", i); break;}
        i++;
    } while(i!=0);
printf("\n");
}
```

6.

```
#include <stdio.h>
void main()
{   int i, j;
    for(i=3; i>=1; i--)
        { for(j=1; j<=2; j++) printf("%d", i+j);
    printf("\n");}
}
```

7.

```
#include <stdio.h>
void main()
 {  int i,j,x=0;
    for(i=0;i<2;i++)
      {  x++;
         for(j=0;j<=3;j++)
           { if(j%2) continue;
               x++; }
     printf("x=%d\n",x);    }
```

8.

```
#include <stdio.h>
void main()
{ int k=1,s=0;
  do{if((k%2)!=0) continue;
  s+=k;k++;
  }while(k>10);
  printf("s=%d\n",s);
}
```

四、编程题

1．编写程序，输出如下图形。

```
   *
  ***
 *****
*******
```

2．给定程序的功能是：计算正整数 num 各位上的数字之积。例如，若输入 252，则输出应该是 20。若输入 202，则输出应该是 0。

3．编写程序，从键盘输入 6 名学生的 5 门课成绩，分别统计每个学生的平均成绩。

第6章

数　组

在现实问题中，经常要处理各种复杂的数据，这些数据除了数据本身的数值以外，还有数据之间的相互关系。前面介绍的都是基本数据类型（如整型、浮点型、字符型等），用它们定义的变量的值都是单一的值，很难体现出各数据之间的相互内在联系，如全班有 30 个人，求每一个人的成绩。若定义："int a1,a2,…, a30;" 这样的算法使数据过于独立，无法体现它们之间的逻辑关系，为此，C 语言提供了新的解决办法：用数组来实现。

在 C 语言中除了基本数据类型以外，还存在构造数据类型，也称导出类型。所谓构造数据类型，就是在基本数据类型的基础上，按一定规则组合而成。

数组是一种数据结构，是把具有相同数据类型的若干变量按一定的顺序组织起来（变量的集合）；在内存中占据一段连续的存储空间；用数组名来标识。数组名表示这段连续存储空间的首地址。例如，一个班级有 30 个学生，可以用 g1、g2、…、g30 代表学生的成绩，其中 g 是数组名，下标代表学生的序号。C 语言引入了"[ ]"表示下标，即每个人在数组中的位置。例如，g[0]：第 1 个学生的成绩、…、g[29]：第 30 个学生的成绩等。C 语言规定数组下标从 0 开始，用下标进行编号。

由此，可以看出数组的使用简化了一个集合中每一项（元素）的命名，可读性好，程序简洁、思路清楚明了，方便数据的存取。数组常用于处理具有相同数据类型的、批量有序的数据。

数组按下标的个数分为：一维数组和多维数组，如图 6-1 所示。

数组按值分为：数值型数组和字符型数组。

Rate
1.5
3.2
0.09
45.3987

一维数组

	语文	数学	科学
学员1	89	87	76
学员2	92	31	90
学员3	60	75	34
学员4	70	43	71

二维数组

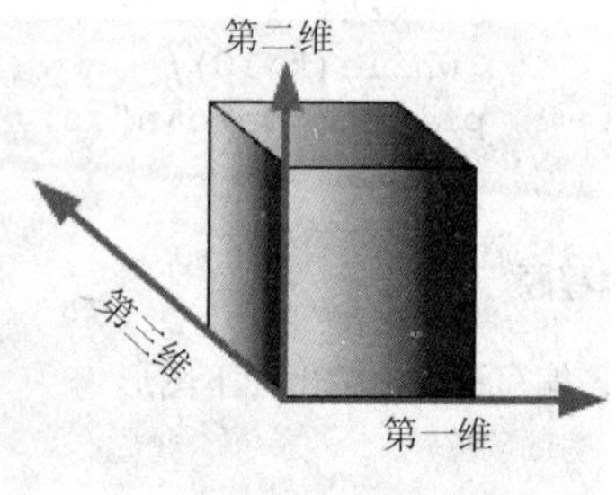

三维数组

图 6-1　一维数组与多维数组的认识

对数组有了初步的认识，本章主要介绍一维数组、二维数组和字符数组的定义、引用和初始化等。

6.1　一 维 数 组

6.1.1　一维数组的定义

一维数组定义的一般形式为：

```
[存储类型] 数据类型说明符 数组名[常量表达式];
```

例如：

```
int array[6];
```

它表示定义了数组名为 array，有 6 个数组元素的数组。内存中一维数组 array 的元素及存储形式（方框内的值为数组元素的值）如图 6-2 所示。

array[0]	10
array[1]	20
array[2]	30
array[3]	40
array[4]	50
array[5]	60

图 6-2　一维数组的存储形式

说明如下。

1）存储类型在后面的章节再做介绍，这里就不作解释。

2）数据类型说明符是用来说明数组中每个数组元素都具有相同的数据类型，可以是前面介绍的基本类型，如 int、char、float、double 等，也可以是后面各章节介绍的构造数据类型，例如，数组 array 中的 6 个数组元素的数据类型说明符均为整型。

3）数组名是用户按标识符的命名规则来命名的，它表示数组存储区域的首地址，也就是第 1 个元素的地址。如上例可以表示成 array 或&array[0]。数组名是一个地址常量，不能向它赋值，如：“array=10;”为非法的。

4）常量表达式指定数组元素的个数，即数组的长度，也称维数。它必须用“[ ]”括起来。

5）数组名不能与其他变量名相同。例如：

```
#include <stdio.h>
void main()
{
    int a;          /*变量名*/
    float a[10];    /*数组名*/
    …
}
```

就是非法的。

6）“[ ]”是数组运算符，它是单目运算符，优先级在运算符表中的第（1）项，具有左结合性。

7）数组在编译时分配了连续存储空间。数组内存所占空间的字节数=数组元素个数×元素数据类型。例如，数组 array 所占空间字节数为 6×4=24 个字节（Visual C++ 6.0 的 int 类型占 4 个字节）。

8）在 C 语言中不允许用变量对数组的大小作定义。在定义数组时，数组的长度（[ ]中）

不能是变量或包含变量的表达式，但是可以是符号常量或常量表达式。

例如：

```
…
int n;
n=3;
int a[n];
…
```

此数组的下标表达式为变量，故为非法的定义。例如：

```
#include <stdio.h>
#define LEN 7
void main()
{
int a[1+2],b[5+LEN];
…
}
```

此数组的下标表达式是常量表达式，故为合法的定义。

9）允许在同一个类型说明中，说明多个数组和多个变量。例如：

```
int a,b,c,d,max[10],min[20];
```

6.1.2　一维数组元素的引用

数组必须先定义后使用，它的使用方法和变量相同。

一维数组元素引用的一般形式为：

```
数组名 [下标]
```

例如：array [0]

说明如下。

1）数组中的每一个分量称为一个数组元素，数组元素用下标来表示其在数组中所处的位置，各分量排列有序且数据类型相同，用数组名和下标确定。

2）存储数组元素时是按其下标递增的顺序存储各元素的值。最小下标从 0 开始，最大下标为“元素个数－1”。假设有“int array[6];”其数组名为 array，它的数组长度是 6，表示共有 6 个元素，这 6 个元素分别是：array[0]、array[1]、array[2]、array[3]、array[4]、array[5]，并且每个数组元素的数据类型均为 int 型。

3）数组元素可以像变量一样参与赋值、运算、输入、输出等操作。假设对数组“int array[6];”进行的操作有：

```
array[0]=10;                /*给数组的第一个数组元素 array[0]赋值为 10*/
array[4]=array[3]+array[1+1];   /*对数组元素 array[4]赋值/*
```

4）在对数组元素引用时，下标可以是常量或常量表达式，也可以是变量。例如：

```
…
int n;
n=3;
```

```
array[n]=40;
...
```

这是将数值 40 赋值给数组元素 array[3]，所以这样的使用是合法的。

5）在 C 语言中只能逐个地引用数组元素，而不能一次引用整个数组。例如，输出有 6 个元素的数组使用循环语句逐个输出各下标变量：

```
...
    for(i=0; i<6; i++)
            printf("%d",array[i]);
...
```

应该从 array[0]、array[1]、…、array[5]一个一个地引用，而不能用一个语句输出整个数组。下面的写法是错误的：

```
printf("%d",array);
```

6）C 语言对数组越界不做语法检查。例如：

```
...
int data[6];
data[6]=10;      /*越界*/
...
```

数组 data 长度为 6，有 6 个数组元素，分别为 a[0]～a[5]，将数值 10 赋值给 a[6]，出现越界错误问题。

下标越界的危害：C 语言不检查数组的边界，当越界时，系统不会报错，这样用户不易发现错误，运行时可能会导致其他变量甚至程序被破坏。如图 6-3 所示，假设有“data[6] =10;”编译时系统不会报错，系统会将 a[5]后下一个存储单元赋值为 10，但这样可能会破坏数组以外其他变量的值。假设这个存储空间是变量 x 的，实际上 a[6]是不存在的，如果执行了 a[6]=10，会将 x 原有的正确数据覆盖掉。

data[0]	12
data[1]	5
data[2]	78
data[3]	56
data[4]	9
data[5]	18
x	10

图 6-3 越界问题

7）数组名后的“[ ]”中的内容在不同场合的含义是不同的。在定义时，下标表示数组元素的个数，即数组长度；在引用时，下标表示了数组元素在数组中的顺序号，即在数组中的位置，所以又称为下标变量。

【例 6.1】 对一维数组元素的引用。

程序如下：

```
#include <stdio.h>
void main()
{
    int i,a[10];
    for(i=0;i<=9;i++)  a[i]=i;  /*顺序输入,将元素 a[0]～a[9]分别赋值*/
    for(i=9;i>=0;i--)
    printf("%d ",a[i]);          /*逆序输出,输出元素 a[9]～a[0]的值*/
}
```

运行结果：

```
9 8 7 6 5 4 3 2 1 0
```

数组的遍历，常使用循环语句来实现。

6.1.3 一维数组的初始化

实际应用中，可以用赋值语句或输入语句对数组元素逐一进行赋值，但是它们占用运行时间。我们经常采用数组初始化赋值，它是指在数组定义时给数组元素赋予初值。数组初始化是在编译阶段进行的，这样将减少运行时间，提高效率。

一维数组初始化的一般形式为：

```
[存储类型] 数据类型说明符 数组名[数组长度]={值 1,值 2,……,值 n};
```

例如：

```
int a[10]={0,1,2,3,4,5,6,7,8,9};
```

经过上面的初始化后，a[0]=0、a[1]=1、a[2]=2、a[3]=3、a[4]=4、a[5]=5、a[6]=6、a[7]=7、a[8]=8、a[9]=9 。

说明如下。

1）存储类型、数据类型说明符、数组名、数组长度同前。

2）“{}”也称为初值表，包括所有初值，各初值之间用逗号来分隔。将初值表中的数值依次赋予各数组元素。

3）给所有元素赋全部初值时，数组长度可以缺省；若不指定长度，此时系统会自动按初值的个数来决定该数组的长度。例如：

int a[ ]={0,1,2,3,4,5,6,7,8,9};

与上面例子的结果是一样的，一共分配了 10 个空间，该数组的长度为 10。

4）若数组长度大于初值的个数，则只给相应的数组元素赋值，其余系统自动默认赋 0 值。例如：

```
int a[10]={0,1,2,3,4};
```

初始化后相当于：a[0]=0、a[1]=1、a[2]=2、a[3]=3、a[4]=4、a[5]=0、a[6]=0、a[7]=0、a[8]=0、a[9]=0。

5）若数组长度小于初值的个数，则会产生编译错误。例如：

```
int a[4]={1,2,3,4,5};
```

6）不能对数组整体赋值，只能给数组元素逐个赋值。例如：

```
int a[6]={1,1,1,1,1,1};
```

分别给 6 个数组元素 a[0]～a[5]全部赋值为 1。而不能写：“int a[6]=1;”。

7）数组不初始化，其元素值为随机数。例如：“int a[10];”这时 10 个空间全部是随机数。此时，数组的值是残留在存储器中的值，其值是随机的。

8）存储类别为静态存储时，用 static 来做命令动词，其形式为：

```
static 数据类型 数组名[数组长度]={值1,值2,…，值n};
```

存储类型为 static 的数组若对其元素不赋初值时，系统会在程序编译阶段自动初始化为 0 值。其中：整型为 0 值、实型为 0.0 值、字符型为‘\0’值。例如：“static int a[5];”与“static int a[5]={0,0,0,0,0};”是等价的。

【例 6.2】 一维数组的初始化。

程序如下：

```
#include <stdio.h>
void main()
{
    int i, n[]={0,1,2,3,4};
    for (i=1;i<=4;i++)
        { n[i]=n[i]*2+1;
          printf("%3d ", n[i]);
        }
}
```

运行结果：

```
  3  5  7  9
```

6.1.4 一维数组应用举例

一维数组在实际应用中比较广泛，其中较典型的是排序算法。现以冒泡排序、比较排序和选择排序三种算法为例进行讲解。

【例 6.3】 利用冒泡法排序算法，对存放在一维数组中的 8 个整数按照从小到大的顺序重新排序。

分析：冒泡法排序的算法描述如下。

设有 n 个数据，存放到 a[1]～a[n]的 n 个数组元素中。

1）依次把 a[1]～a[n]内两个相邻元素两两比较，即 a[1]与 a[2]比较、a[2]与 a[3]比较、…、a[n-1]与 a[n]比较。

2）每次相邻的元素两两比较后，若前一个元素值比后一个元素值大，则交换两元素值；否则，不交换。

若有一数组 a 中 a[1]～a[8]存放的 8 个数据如下，将它从小到大排序。

12 37 25 24 10 69 58 23

a[1]～a[n]内两两元素依次比较情况如下。

第 1 轮比较：

a[1]	a[2]	a[3]	a[4]	a[5]	a[6]	a[7]	a[8]	
12	**37**	25	24	10	69	58	23	不交换

12	**37**	**25**	24	10	69	58	23	交换
12	25	**37**	**24**	10	69	58	23	交换
12	25	24	**37**	**10**	69	58	23	交换
12	25	24	10	**37**	**69**	58	23	不交换
12	25	24	10	37	**69**	**58**	23	交换
12	25	24	10	37	58	**69**	**23**	交换
12	25	24	10	37	58	23	69	第 1 轮比较结束

第 1 轮比较结束，比较出一个最大值 69，比较了 8-1 次。

第 2 轮比较：

a[1]	a[2]	a[3]	a[4]	a[5]	a[6]	a[7]	a[8]	
12	**25**	24	10	37	58	23	69	不交换
12	**25**	**24**	10	37	58	23		交换
12	24	**25**	**10**	37	58	23		交换
12	24	10	**25**	**37**	58	23		不交换
12	24	10	25	**37**	**58**	23		不交换
12	24	10	25	37	**58**	**23**		交换
12	24	10	25	37	23	58	69	第 2 轮比较结束

第 2 轮比较结束，比较出一个大值 58，比较了 7-1 次。

第 3 轮比较：

a[1]	a[2]	a[3]	a[4]	a[5]	a[6]	a[7]	a[8]	
12	**24**	10	25	37	23	58	69	不交换
12	**24**	**10**	25	37	23			交换
12	10	**24**	**25**	37	23			不交换
12	10	24	**25**	**37**	23			不交换
12	10	24	25	**37**	**23**			交换
12	10	24	25	23	37	58	69	第 3 轮比较结束

第 3 轮比较结束，比较出一个大值 37，比较了 6-1 次。

依此类推，第 4 轮比较出大值 25，比较次数 5-1 次。第 5 轮比较出大值 24，比较次数 4-1 次。第 6 轮比较出大值 23，比较次数 3-1 次。第 7 轮比较出大值 12，比较次数 2-1 次。最后还剩最小值 10，不需比较。

由于上述数组元素排序过程就像水中的大气泡排挤小气泡，由水底逐渐上升到水面的过程，大数下沉，小数上浮，因此称为冒泡排序法。共需 8-1=7 轮，每轮 8-i 次，i=1～7。完整的过程如下：

	a[1]	a[2]	a[3]	a[4]	a[5]	a[6]	a[7]	a[8]
初始数组	12	37	25	24	10	69	58	23
第 1 轮比较	12	25	24	10	37	58	23	69
第 2 轮比较	12	24	10	25	37	23	58	69
第 3 轮比较	12	10	24	25	23	37	58	69

第 4 轮比较　10　12　24　23　25　37　58　69
第 5 轮比较　10　12　23　24　25　37　58　69
第 6 轮比较　10　12　23　24　25　37　58　69
第 7 轮比较　10　12　23　24　25　37　58　69

执行流程如图 6-4 所示。

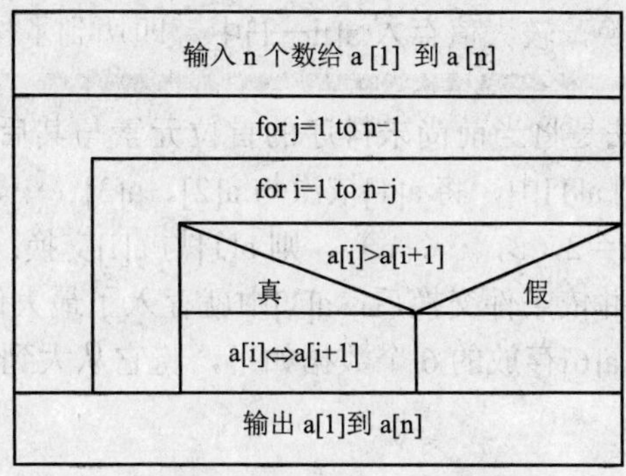

图 6-4　冒泡排序的 N-S 图

应用冒泡法从小到大排序的源程序如下：

```
#include <stdio.h>
void main()
{
    int i,j,t,array[9];
    for(i=1;i<=8;i++)
        scanf("%d",&array[i]);  /*输入 8 个整数给一维数组 array*/
    for(j=1;j<=7;j++)            /*外循环表示轮数,比较速度慢*/
     for(i=1;i<=8-j;i++)         /*内循环表示次数,比较速度快*/
        if(array[i]>array[i+1])/*从小到大排序*/
         {t=array[i];array[i]=array[i+1];array[i+1]=t;}  /*交换数据*/
    printf("The sorted numbers :\n");
    for(i=1;i<=8;i++)            /*输出一维数组中的各个元素*/
        printf("%d ",array[i]);
}
```

输入：

```
12 37 25 24 10 69 58 23
```

运行结果：

```
The sorted numbers :
10 12 23 24 25 37 58 69
```

本程序定义了数组长度为 9，最大下标值为 8。对 8 个数据排序，为与用户的习惯相符，将第 1 个数值 12 赋值给了 array[1]，第 2 个数组 37 赋值给了 array[2]，依此类推，第 8 个数值 23 赋值给了 array[8]，这里没有使用 array[0]空间，但 array[0]空间在数组中依然存在，只是处于空闲状态。

【例 6.4】 比较交换法从大到小排序程序。

分析：设有 n 个数据，存放到 a[1]到 a[n]的 n 个数组元素中。

1）通过比较交换将数组元素 a[1]到 a[n]中的最大值放入 a[1]中。

2）再次比较交换将数组元素 a[2]到 a[n]中的最大值放入 a[2]中。

3）依此类推，将 a[i]到 a[n]中的最大值存入到 a[i]中，直到最后两个元素 a[n-1]与 a[n]进行一次比较，依条件交换，较大值存入 a[n－1]中，即达到了按从大到小的排序。

比较交换法排序的算法是将当前尚未排序的首位元素与其后的各元素逐一比较，为了把数组元素的最大值存入到 a[1]中，将 a[1]依次与 a[2]、a[3]、…、a[n]每个元素比较，每次比较时，若 a[1]小于 a[i]（i=2，3，…，n），则 a[1]与 a[i]交换；否则，a[1]与 a[i]不交换。这样重复进行 n－1 次比较并依条件交换后，a[1]中就存入了最大值。

若有一数组 a 中 a[1]～a[6]存放的 6 个数据如下，将它从大到小排序。

3　7　5　6　8　0

第 1 轮比较：

a[1]	a[2]	a[3]	a[4]	a[5]	a[6]	
3	**7**	5	6	8	0	交 换
7	3	**5**	6	8	0	不交换
7	3	5	**6**	8	0	不交换
7	3	5	6	**8**	0	交 换
8	3	5	6	7	**0**	不交换
8	3	5	6	7	0	

第 1 轮比较结束，比较出一个最大值 8，比较次数为 6-1 次。

第 2 轮比较：

a[1]	a[2]	a[3]	a[4]	a[5]	a[6]	
8	**3**	**5**	6	7	0	交换
	5	3	**6**	7	0	交换
	6	3	5	**7**	0	交换
	7	3	5	6	**0**	不交换
8	7	3	5	6	0	

第二轮比较结束，比较出一个大值 7，比较次数为 5-1 次。

第 3 轮比较：

a[1]	a[2]	a[3]	a[4]	a[5]	a[6]	
8	7	**3**	**5**	6	0	交换
		5	3	**6**	0	交换
		6	3	5	**0**	不交换
8	7	6	3	5	0	

第 3 轮比较结束，比较出一个大值 6，比较次数为 4-1 次。

依此类推，第 4 轮比较出大值 5，比较次数为 3-1 次。第 5 轮比较出大值 3，比较次数为 2-1 次。最后还剩最小值 0，不需比较。其执行流程如图 6-5 所示。

用比较交换法对 6 个元素排序的完整过程如下：

	a[1]	a[2]	a[3]	a[4]	a[5]	a[6]
初始数组数据	3	7	5	6	8	0
第 1 轮	8	3	5	6	7	0
第 2 轮	8	7	3	5	6	0
第 3 轮	8	7	6	3	5	0
第 4 轮	8	7	6	5	3	0
第 5 轮	8	7	6	5	3	0

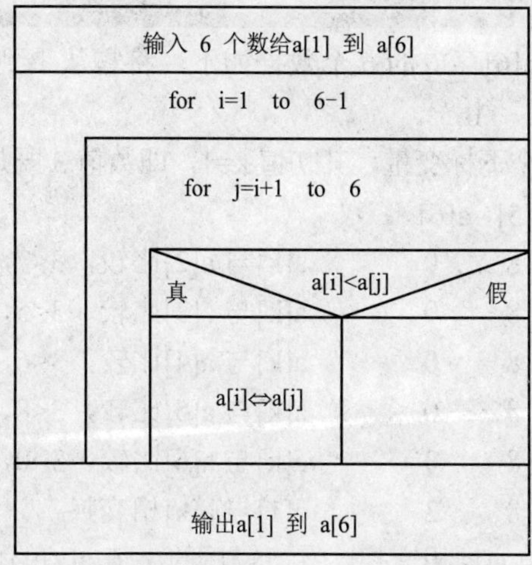

图 6-5　比较排序的 N-S 图

应用比较交换法对无序数按从大到小排序的程序如下：

```
#include <stdio.h>
#define N 6
void main()
{ int i,j,t,a[N+1];
  printf("Input 6 numbers: \n");
  for(i=1;i<=N;i++)
    scanf("%d",&a[i]);
  printf("\n");
  for(i=1;i<=N-1;i++)
    for(j=i+1;j<=N;j++)
      if(a[i]<a[j])            /*从大到小排序*/
        {t=a[i];a[i]=a[j];a[j]=t;}
  printf("The sorted numbers : \n");
    for(i=1;i<=N;i++) printf("%d ",a[i]);
}
```

运行输入：

```
Input 6 numbers:
3 7 5 6 8 0
```

运行结果：

```
The sorted numbers:
8 7 6 5 3 0
```

【例 6.5】 利用选择排序法从小到大排序。

分析：比较交换法排序交换的次数较多，可以在比较交换法的基础上采用选择排序法，即两两比较后并不马上交换，而是找到最小数后记下其下标 k。每一轮比较完毕后，再将最小的数一次交换到位，如只需将 a[i]与 a[k]的值交换即可。此时比较次数不变，交换次数减少，大大提高了排序速度。

若有一数组 a 中 a[1]～a[6]存放的 6 个数据如下，将它从小到大排序。

3　7　5　6　8　0

第 1 轮比较：令 k 为一个下标变量，其初值 k=1，即数值 3 既是 a[1]的值，也是 a[k]的值。

a[1]	a[2]	a[3]	a[4]	a[5]	a[6]	
3	**7**	5	6	8	0	a[k]与 a[2]比较，3<7，不需赋值
3	7	**5**	6	8	0	a[k]与 a[3]比较，3<5，不需赋值
3	7	5	**6**	8	0	a[k]与 a[4]比较，3<6，不需赋值
3	7	5	6	**8**	0	a[k]与 a[5]比较，3<8，不需赋值
3	7	5	6	8	**0**	a[k]与 a[6]比较，3>0，赋值。k=6，a[k]=0
0	7	5	6	8	3	a[1]与 a[k]相交换

第 1 轮比较结束，a[1]与 a[k]相交换，将比较后的小值 a[k]的值 0 放入 a[1]中，比较次数 6-1 次。

第 2 轮比较：令 k=2，即数值 7 既是 a[2]的值，也是 a[k]的值。

a[1]	a[2]	a[3]	a[4]	a[5]	a[6]	
0	**7**	**5**	6	8	3	a[k]与 a[3]比较，7>5，赋值。k=3,a[k]=5
	7	**5**	**6**	8	3	a[k]与 a[4]比较，5<6，不需赋值
	7	**5**	6	**8**	3	a[k]与 a[5]比较，5<8，不需赋值
	7	**5**	6	8	**3**	a[k]与 a[6]比较，5>3，赋值。k=6,a[k]=3
0	3	5	6	8	7	a[2]与 a[k]相交换

第 2 轮比较结束，a[2]与 a[k]相交换，将比较后的小值 a[k]的值 3 放入 a[2]中，比较次数 5-1 次。

第 3 轮比较：令 k=3，即数值 5 既是 a[3]的值，也是 a[k]的值。

a[1]	a[2]	a[3]	a[4]	a[5]	a[6]	
0	3	**5**	**6**	8	7	a[k]与 a[4]比较，5<6，不需赋值
		5	6	**8**	7	a[k]与 a[5]比较，5<8，不需赋值
		5	6	8	**7**	a[k]与 a[6]比较，5<7，不需赋值
0	3	5	6	8	7	a[3]与 a[k]的值同为 5，不交换

第 3 轮比较结束，a[3]仍然是 a[k]的值，没有做任何赋值，所以不必交换，最小值 5 就是第 3 个数组元素中的 a[3]。比较次数 4-1 次。

第 4 轮比较：令 k=4，即数值 6 既是 a[4]的值，也是 a[k]的值。

a[1]	a[2]	a[3]	a[4]	a[5]	a[6]	
0	3	5	**6**	**8**	7	a[k]与 a[5]比较，6<8，不需赋值
			6	8	**7**	a[k]与 a[6]比较，6<7，不需赋值
0	3	5	6	8	7	a[4]与 a[k]的值同为 6，不交换

第 4 轮比较结束，a[4]还是 a[k]的值，没有做任何赋值，所以不必交换，最小值 6 就是第 4 个数组元素中的 a[4]。比较次数 3-1 次。

第 5 轮比较：令 k=5，即数值 8 既是 a[5]的值，也是 a[k]的值。

a[1]	a[2]	a[3]	a[4]	a[5]	a[6]	
0	3	5	6	**8**	**7**	a[k]与 a[6]比较，8>7，赋值。k=6,a[k]=7
0	3	5	6	7	8	a[5]与 a[k]相交换

第 5 轮比较结束，a[5]与 a[k]相交换，将比较后的小值 a[k]的值 7 放入 a[5]中，使最小值放入第 5 个数组元素中。比较次数 2-1 次。

最后还剩最大值 8，不需比较。

用选择法对 6 个元素排序的过程如下：

	a[1]	a[2]	a[3]	a[4]	a[5]	a[6]
初始数组数据	3	7	5	6	8	0
第 1 轮	0	7	5	6	8	3
第 2 轮	0	3	5	6	8	7
第 3 轮	0	3	5	6	8	7
第 4 轮	0	3	5	6	8	7
第 5 轮	0	3	5	6	7	8

其执行流程如图 6-6 所示。

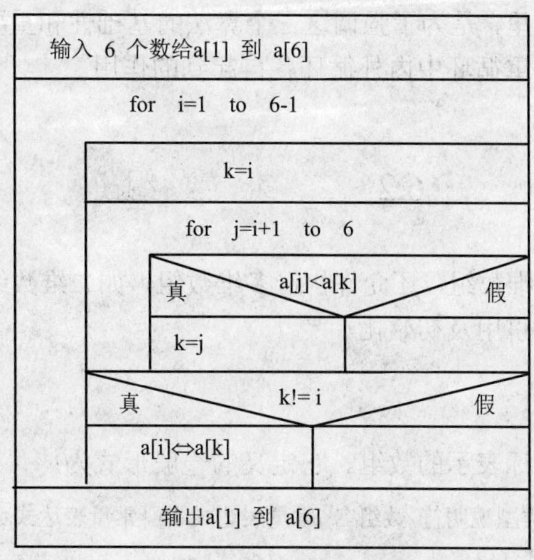

图 6-6　选择排序的 N-S 图

应用选择排序法从小到大排序的程序如下：

```
#include <stdio.h>
#define N 6
void main()
{
    int i,j,t,k,a[N+1];
    printf("Input 6 numbers :\n");
    for(i=1;i<=N;i++)
        scanf("%d",&a[i]);
    printf("\n");
    for(i=1;i<=N-1;i++)       /*外循环控制轮数,n 个数选 n-1 轮*/
      {
        k=i;
        for(j=i+1;j<=N;j++) /*从下一个数到最后一个数之间找最小值*/
            if(a[j]<a[k])   /*若其后有比该值更小的*/
                k=j;        /*则将其下标记在 k 中*/
        if(k!=i)            /*若 k 不为最初的 i 值说明在其后找到比其更小的数*/
            {t=a[i];a[i]=a[k];a[k]=t;}/*则交换最小值和当前序列的第 1 个数*/
      }
    printf("The sorted numbers :\n");
    for(i=1;i<=N;i++) printf("%d ",a[i]);
}
```

输入：

```
Input 6 numbers :
3 7 5 6 8 0
```

运行结果：

```
The sorted numbers :
0 3 5 6 7 8
```

将这三个算法写在这里，是为了强调这三个算法的基础性和重要性。排序是解决编程的重要工具，要着重理解两重循环中内外循环各自起到的作用。

6.2 二维数组

C 语言不仅能处理一维数组，还允许构造多维数组，如二维数组、三维数组等。本节主要介绍二维数组的定义、引用及初始化。

6.2.1 二维数组的定义

二维数组是由两个下标表示的数组。它定义的一般形式为：

```
[存储类型] 数据类型说明符 数组名[常量表达式 1][常量表达式 2];
```

其中，第 1 个常量表达式表示数组第 1 维的长度（行长度），第 2 个常量表达式表示数组第 2 维的长度（列长度）。

例如：

```
int array[3][4];
```

定义 array 为 3 行 4 列的二维数组，其元素及逻辑结构如表 6-1 所示。

表 6-1　二维数组元素及逻辑结构

	第 0 列	第 1 列	第 2 列	第 3 列
第 array[0]行	array[0][0]	array[0][1]	array[0][2]	array[0][3]
第 array[1]行	array[1][0]	array[1][1]	array[1][2]	array[1][3]
第 array[2]行	array[2][0]	array[2][1]	array[2][2]	array[2][3]

可见，二维数组 array 的数组元素的行下标值从 0 到 2，列下标值从 0 到 3，共 12 个元素。说明如下。

1）存储类型、数据类型说明符、数组名同一维数组相同。

2）二维数组在内存中存储方式是以行为主序存放。在内存中先存放第 1 行的各元素，再存放第 2 行的各元素，依此类推。所以，二维数组可以看成是一维数组的集合，也就是说二维数组是特殊的一维数组。例如二维数组“int array[3][4]”，既可以看成是一个具有 12 个数组元素的一维数组，也可以看成是由三个一维数组且每个数组分别包含 4 个数组元素组成的数组，这三个数组的名字分别为 array[0]、array[1]和 array[2]，它们都是一维数组，各有 4 个元素。“int array[3][4];”的存储形式如图 6-7 所示。

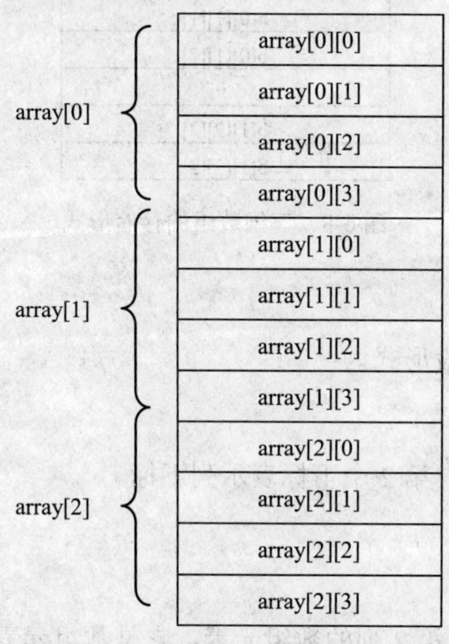

图 6-7　二维数组存储形式

3）多维数组的认识。现以三维数组为例来说明，如表 6-2 所示。

表 6-2　三维数组元素及逻辑结构

			教学	科研	进修	其他
b[0]	10 年	张	4	5	4	3
		王	3	4	5	3
		李	5	3	4	3
b[1]	11 年	张	3	4	3	3
		王	4	3	4	3
		李	4	5	3	3

例如：

```
int b[2][3][4];
```

b 是一个三维数组，可以按下述方法逐步分解。

数组名为 b 的三维数组有 2×3×4=24 个元素；数组名为 b[0]、b[1]的二维数组各有 3×4=12 个元素；数组名为：b[0][0]、b[0][1]、b[0][2]、b[1][0]、b[1][1]、b[1][2]的一维数组各有 4 个元素。

三维数组 b[2][3][4]的存储顺序如图 6-8 所示。

b[0][0][0]
b[0][0][1]
b[0][0][2]
b[0][0][3]
b[0][1][0]
b[0][1][1]
b[0][1][2]
…
b[1][2][2]
b[1][2][3]

图 6-8　三维数组的存储形式

6.2.2　二维数组元素的引用

二维数组元素引用的一般形式为：

```
数组名[下标][下标]
```

第 1 个下标表示行下标；第 2 个下标表示列下标。

例如：

```
array[1][2]
```

表示数组 array 中第 1 行第 2 列的数组元素，它是数组元素在数组 array 中的位置。

说明如下。

1）引用二维数组的数组元素，相当于使用变量。

2）数组元素的最大下标为：数组名[行长度-1][列长度-1]，如“int array[3][4];”数组中最后一个元素下标为 array[2][3]。

3）二维数组名表示数组的首地址。

4）二维数组的元素与一维数组的元素一样可以参加表达式运算。例如：

```
array[1][2]=array[1][0]+array[1][1];
```

5）C语言对数组越界不做语法检查。例如：

```
…
int data[2][3];
data[2][3]=10;        /*越界*/
…
```

6）与一维数组一样，C语言中只能逐个地使用数组元素，而不能一次引用整个数组。

【例6.6】　二维数组的使用。

程序如下：

```
#include<stdio.h>
void main()
{   int array[2][3],i,j;
    for(i=0;i<2;i++)                        /*i表示行坐标*/
        for(j=0;j<3;j++)                    /*j表示列坐标*/
            scanf("%d",&array[i][j]);       /*给数组中的元素赋值*/
    for(i=0;i<2;i++)                        /*逐个输出数组中的各个元素的值*/
        {for(j=0;j<3;j++)
            printf("%3d ",array[i][j]);
            printf("\n");
        }
}
```

键盘输入：

```
1 2 3 4 5 6
```

运行结果：

```
1 2 3
4 5 6
```

对二维数组的遍历，即逐个输入或输出数组元素，常使用两层嵌套循环语句来实现。

注意

6.2.3　二维数组的初始化

二维数组与一维数组一样在说明时进行初始化。数组元素之间排列顺序与数组各元素在内存中的存储顺序完全一致。

二维数组初始化的两种形式：

1．连续赋值

这种方法是将所有常量写在一个花括号内，各个常量之间用逗号分开，按数组元素存储的顺序对各元素赋初值。其一般形式为：

```
[存储类型] 数据类型说明符 数组名[行长度][列长度] ={常量表达式1,常量表达式2,…,
常量表达式n};
```

例如：

```
int a[3][4]={1,2,3,4,5,6,7,8,9,10,11,12};
```

在内存中的存储位置如图 6-9 所示。

1	2	3	4	5	6	7	8	9	10	11	12
a[0][0]	a[0][1]	a[0][2]	a[0][3]	a[1][0]	a[1][1]	a[1][2]	a[1][3]	a[2][0]	a[2][1]	a[2][2]	a[2][3]

图 6-9　二维数组初始化的存储位置

这种初始化方法将所有初始数据写成一片，容易遗漏，不易检查。

2．分段赋值

这种方法是根据上述方法逐步分解，降低维数，将一个多维数组分解成若干个一维数组，然后依次向这些一维数组赋初值。为了区分各个一维数组的初值数据，可以用花括号嵌套，即每一组一维数组的初值数据用一对花括号括起来。其一般形式为：

```
[存储类型] 数据类型说明符 数组名[行长度][列长度] ={{常量表达式},{常量表达式},…,
{常量表达式}};
```

例如：

```
int a[3][4]={{1,2,3,4},{5,6,7,8},{9,10,11,12}};
```

其在内存中的存储形式与连续赋值一样。这种方式比连续赋值直观。

说明如下。

1）存储类型、数据类型说明符、数组名、行长度、列长度与数组定义相同。

2）C 语言允许把一个二维数组分解为多个一维数组来处理。因此数组 a 可分解为三个一维数组 a[0]行、a[1]行、a[2]行，每一个一维数组又包含有 4 个元素。假设数组 a 的首地址为 2000，则各下标变量的首地址及其值如图 6-10 所示。

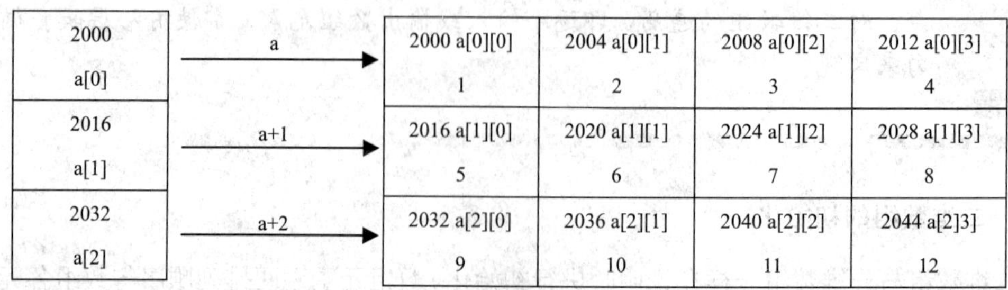

图 6-10　二维数组的分解形式

其中，a[0]数组，含有 a[0][0]、a[0][1]、a[0][2]、a[0][3]4 个元素。

a[1]数组，含有 a[1][0]、a[1][1]、a[1][2]，a[1][3]4 个元素。

a[2]数组，含有 a[2][0]、a[2][1]、a[2][2]，a[2][3]4 个元素。

3）只对部分元素赋初值。例如：

```
int a[3][4]={{1},{5},{9}};
```

它的作用是只对每行的第一列的元素赋初值，其余元素值自动为 0。赋初值后数组各元素的形式为：

1　0　0　0

5　0　0　0

9　0　0　0

4）对数组元素全部赋初值，则定义时对第 1 维的长度（行长度）可以缺省，但第 2 维的长度（列长度）不能缺省。例如：

```
int a[][4]={1,2,3,4,5,6,7,8,9,10,11,12};
```

为合法初始化。

系统知道每行有 4 个数组元素，即可确定分 3 行，开辟 12 个存储空间。例如：

```
int a[ ][ ]={1,2,3,4,5,6,7,8,9,10,11,12};
```

若第二维长度缺省，系统无法确定给数组开辟多少个存储空间，所以为非法初始化。

5）分段赋值时，可以只对部分元素赋值而省略第 1 维的长度。例如：

```
int a[ ][4]={{0,0,7},{1},{0,8}};
```

这种写法，可以通知编译系统，数组共有 3 行。数组各元素的形式为：

0 0 7 0

1 0 0 0

0 8 0 0

6）同一维数组一样，二维数组初始化的赋值方式只能用于数组的定义，定义之后再赋值只能逐个元素地赋值。

从本节的介绍中可以看到，C 语言在定义数组和表示数组元素时均采用数组名[ ][ ]这种两个方括号的方式，这对数组初始化十分有用，使概念清楚、使用方便、不易出错。

6.2.4　二维数组应用举例

【例 6.7】　二维数组的行列互换。将一个二维数组的行和列元素互换，存到另一个二维数组中。例如：

$$a=\begin{bmatrix}1 & 2 & 3\\ 4 & 5 & 6\end{bmatrix}\qquad b=\begin{bmatrix}1 & 4\\ 2 & 5\\ 3 & 6\end{bmatrix}$$

分析如下。

1）外层循环控制行，让 i 依次等于 0、1、…、行长度-1。

2）内层循环控制列，让 j 依次等于 0、1、…、列长度-1。

3）内层循环体的操作：将 a[i][j]的值赋给 b[j][i]。

程序代码如下：

```
#include <stdio.h>
void main()
{ int a[2][3]={{1,2,3},{4,5,6}} ;
  int b[3][2],i,j;
 printf("\narray a:\n");
  for(i=0;i<=1;i++)
    {for(j=0;j<=2;j++)
      {printf("%5d",a[i][j]);
       b[j][i]=a[i][j];     /*进行矩阵转置*/
      }
      printf("\n");
    }
  printf("\narray b:\n");
  for(i=0;i<=2;i++)
    {for(j=0;j<=1;j++)
        printf("%5d",b[i][j]);
        printf ("\n");
    }
}
```

程序运行情况：

```
array a :
    1     2     3
    4     5     6
array b :
    1       4
    2       5
    3       6
```

【例 6.8】 求 3 行 4 列整数矩阵中的最大数及其行、列下标。

分析：假定 0 行 0 列元素是当前最大数，记录该最大数与行下标（0）、列下标（0）；用双重循环依次处理二维数组元素 a[i][j]，如果 a[i][j]比当前最大数要大，则记录 a[i][j]为新的当前最大数，同时记录其行、列下标。

数据结构：整型数组 a[3][4]；整型变量 max、row、col（最大数及其下标）、i、j（控制循环）。

程序代码：

```
#include <stdio.h>
void main()
{ int a[3][4],max,row,col,i,j;
  for (i=0;i<3;i++)               /* 以下 3 行是输入二维整型数组的标准程序段*/
```

```
        for (j=0;j<4;j++)
            scanf("%d",&a[i][j]);
    max=a[0][0];row=col=0;          /* 记录当前最大数及其下标 */
    for (i=0;i<3;i++)
        for (j=0;j<4;j++)           /* 二重循环，依次处理每个二维数组元素 */
            if (max<a[i][j])
              { max=a[i][j];        /* 记录新的最大数及其下标 */
               row=i;
               col=j;
              }
    printf("max=a[%d][%d]=%d\n",row,col,max);
}
```

输入：

```
5  2  0  9
3  7  12 6
10 4  1  8
```

运行结果：

```
max=a[1][2]=12
```

当 row=0、col=0 时，max=a[0][0]=5，让 5 分别与 2、0、9 比较，当 5<9 时赋值，此时 max=a[0][3]=9、row=0、col=3；再让 9 分别与 3、7、12 比较，当 9<12 时赋值，此时 max=a[1][2]=12、row=1、col=2；再让 12 分别与 6、10、4、1、8 比较，此时 12 为最大数。键盘输入的格式也可以写成一行：

```
5  2  0  9  3  7  12  6  10 4  1  8
```

【例 6.9】 一个学习小组有 5 个人，每个人有三门课的考试成绩（表 6-3）。求全组分科的平均成绩和各科总平均成绩。

表 6-3 小组的考试成绩

课程/成绩/姓名	Math	C	VB
张	80	75	92
王	61	65	81
李	89	63	80
赵	88	87	90
周	76	77	85

分析：设一个二维数组 score[3][5]存放五个人三门课的成绩。再设一个一维数组 avg[3]存放所求得的各分科平均成绩，设变量 avgl 为全组各科总平均成绩。程序流程图如图 6-11 所示。

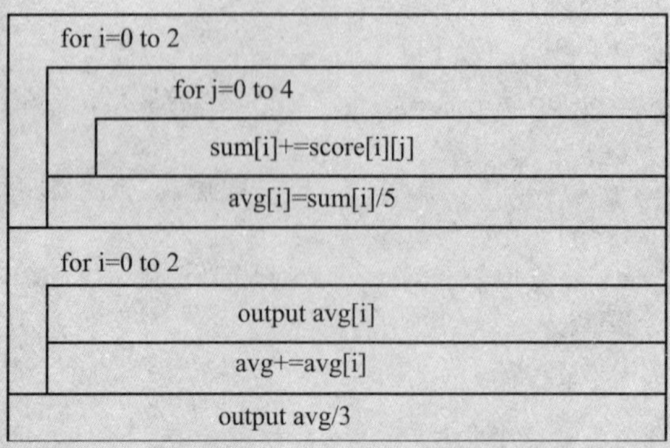

图 6-11　求成绩的 N-S 图

程序如下：

```
#include <stdio.h>
void main()
{float score[3][5],avg1=0,avg[3],sum[3]={0};
    int i,j;
    for(i=0;i<3;i++)
        for(j=0;j<5;j++)
        {   printf("第%d 门课,第%d 个学生的成绩:",i,j);
            scanf("%f",&score[i][j]);
        }
    for(i=0;i<3;i++)
    {   for(j=0;j<5;j++)  sum[i]+=score[i][j];
        avg[i]=sum[i]/5;
    }
    for(i=0;i<3;i++)
    {   printf("第%d 门课的平均成绩为%.2f\n",i,avg[i]);
        avg1+=avg[i];
    }
    printf("各科总平均成绩为%.2f\n",avg1/3);
}
```

程序运行情况：

```
第 0 门课,第 0 个学生的成绩:80
第 0 门课,第 1 个学生的成绩:61
第 0 门课,第 2 个学生的成绩:89
第 0 门课,第 3 个学生的成绩:88
第 0 门课,第 4 个学生的成绩:76
第 1 门课,第 0 个学生的成绩:75
第 1 门课,第 1 个学生的成绩:65
第 1 门课,第 2 个学生的成绩:63
第 1 门课,第 3 个学生的成绩:87
第 1 门课,第 4 个学生的成绩:77
第 2 门课,第 0 个学生的成绩:92
第 2 门课,第 1 个学生的成绩:81
```

```
第 2 门课,第 2 个学生的成绩:80
第 2 门课,第 3 个学生的成绩:90
第 2 门课,第 4 个学生的成绩:85
第 0 门课的平均成绩为 78.80
第 1 门课的平均成绩为 73.40
第 2 门课的平均成绩为 85.60
各科总平均成绩为 79.27
```

程序中首先用了一个双重循环，在内循环中依次读入某一门课程的各个学生的成绩。再用了一个双重循环把这些成绩累加起来后除以 5 送入 avg[i]之中，这就是该门课程的平均成绩。退出循环之后，把 avg[0]、avg[1]、avg[2]相加除以 3 即得到各科总平均成绩。

【例 6.10】 不用输入，自动生成下列矩阵。

程序如下：

```
#include <stdio.h>
void main ( )
{ int i,j,a[5][5],k=2;
  for(i=0;i<5;i++)                  /*按行循环*/
   for(j=0;j<5;j++)                 /*按列循环*/
    if(j<=i)  a[i][j]=1;            /*下三角*/
    else   a[i][j]=k++;             /*上三角*/
  for(i=0;i<5;i++)
  {  for(j=0;j<5;j++)
       printf("%4d",a[i][j]);
     printf("\n");                  /*输出一行后换行*/
  }
}
```

运行结果：

```
1   2   3   4   5
1   1   6   7   8
1   1   1   9  10
1   1   1   1  11
1   1   1   1   1
```

6.3 字符数组

本节介绍字符数组的定义、引用、初始化以及几种常用的字符函数。

6.3.1 字符数组的定义

字符数组定义的一般形式如下。

一维字符数组的定义形式：

```
[存储类型] char 数组名[数组长度];
```

或 `unsigned char 数组名[数组长度];`

二维字符数组的定义形式：

```
    [存储类型] char 数组名[行长度][列长度];
或  unsigned char 数组名[行长度][列长度];
```

其中

1）存储类型、数组长度、行长度、列长度同前。

2）数组名表示字符数组（字符串）的首地址。

3）“数据类型说明符”是“char”字符型。

例如：

```
char ch[10];
char c[3][5] ;
```

说明如下。

1）“char ch[10];”定义了一维字符数组 ch，数组长度为 10，包含 10 个数组元素，它可以存放 10 个字符或一个长度不大于 9 个字符的字符串。

2）“char c[3][5];”定义了二维字符数组 c，数组长度为 15，包含有 3 行 5 列共 15 个数组元素，它可以存放 15 个字符或一个长度不大于 14 个字符的字符串或 3 个长度不大于 4 个字符的字符串。

3）由于字符型与整型是互相通用的，因此上面的定义也可改写为：“int ch[10];”由于字符型和整型数据的范围不同，字符型占 1 个字节，而整型占 4 个字节（以 Visual C++ 6.0 为例），所以这两种表示所占的内存空间是不同的。数组定义“char ch[10];”占 10 个字节；“int ch[10];”占 40 个字节。

4）在实际应用中，可以用无符号整型数组来替代字符型数组。如：“char ch[10];”可以用“unsigned int ch[10];”来代替。

6.3.2 字符数组的初始化

1. 一维字符数组的初始化

字符数组允许在定义时作初始化赋值，一般用“{ }”包含初值数据。对一维字符数组的初始化有以下几种方式。

（1）用字符常量对字符数组进行初始化

```
char c[8]={'p', 'r', 'o', 'g', 'r', 'a', 'm', '\0'};
```

赋值后各元素的值如图 6-12 所示。

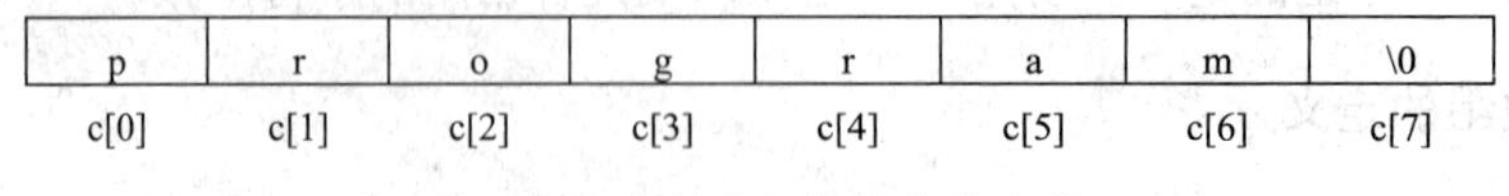

图 6-12　一维字符数组初始化的存储顺序

说明如下。

1）字符数组必须在定义的同时初始化。

2）字符常量通常用‘’来表示存放的是单个字符，而不是字符串。

3）数组长度可以缺省，如：“char str[ ]={‘p’，‘r’，‘o’，‘g’，‘r’，‘a’，‘m’，‘\0’};”此时系统自动根据初值个数确定数组长度。

4）其中‘\0’是字符串结束标志，代表 ASCII 为 0 的字符。

5)如果初值的个数大于数组长度，则作语法错误处理，例如，“char c[3]={‘a’,‘b’,‘c’, ‘d’};”为非法初始化。

6）如果初值的个数少于数组长度，则只将初值字符赋给前面的元素，其余的元素自动补为空字符（‘\0’），例如，“char c[5]={‘a’,’b’,’c’};”，初始化形式如图 6-13 所示。

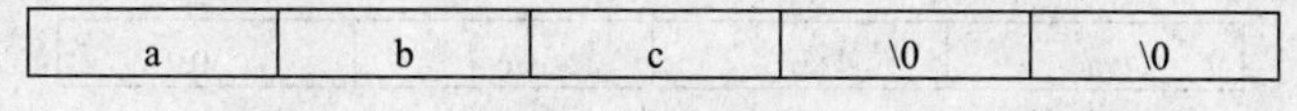

a	b	c	\0	\0

图 6-13　初值个数小于数组长度的初始化

（2）用字符的 ASCII 码值对字符数组进行初始化

C 语言中，使用的字符在内存中是以 ASCII 码值存放的，因此可以用字符的 ASCII 码值对字符数组进行初始化。例如，“static char str[8]={112,114,111,103,114,97,109,0};”可以表示成如图 6-14 所示。

112	114	111	103	114	97	109	0
c[0]	c[1]	c[2]	c[3]	c[4]	c[5]	c[6]	c[7]

图 6-14　ASCII 码值对字符数组初始化

（3）用字符串对字符数组进行初始化

C 语言中，可以将一个字符串直接赋给一个字符数组进行初始化。C 语言编译系统在存储字符串常量时，会在字符串尾部自动加字符串结束标志‘\0’。‘\0’在字符数组中也占用一个元素的空间，因此在声明字符数组长度时，要预留出该字符的位置。

例如：

```
char ch[6]={"Happy"};
char ch[6]="Happy";
char ch[]="Happy";
```

其初始化存储形式如图 6-15 所示。

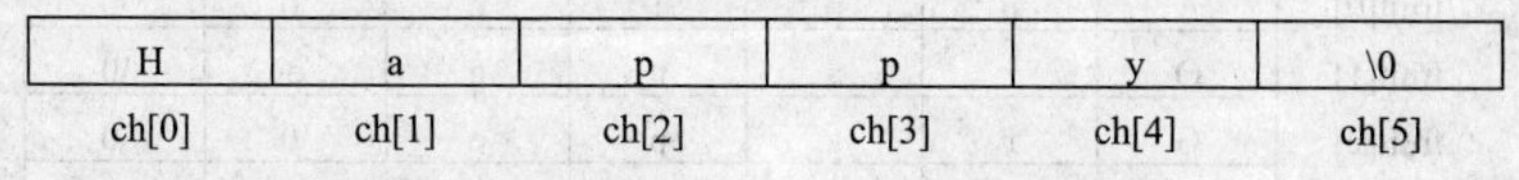

H	a	p	p	y	\0
ch[0]	ch[1]	ch[2]	ch[3]	ch[4]	ch[5]

图 6-15　用字符串对字符数组初始化的存储形式

说明如下。

1）字符数组必须在定义的同时进行初始化。

例如：

```
......
char ch[6];
ch[]={"Happy"};
......
```

若字符数组采用单独定义、单独赋值的方式就为非法初始化。

2）“char ch[6]={“Happy”};” 定义了一个字符数组 ch，数组长度为 6，包含 6 个数组元素，每个数组元素占用一个字节的空间，然后将字符串“Happy”连同‘\0’赋给数组 ch。

3）用字符串对字符数组进行初始化，“{}”可以缺省。

4）字符串用“”来表示，对字符串进行初始化时，数组长度可以缺省，C 系统自动识别实际的字符个数，然后在字符串的后面自动加上字符串结束标志‘\0’。如图 6-16 所示。

例如：

```
char ch[]="abc";
```

a	b	c	\0
ch[0]	ch[1]	ch[2]	ch[3]

图 6-16　维数缺省的字符串初始化

5）“char ch[ ]={‘a’,‘b’,‘c’};”与“char ch[ ]=“abc”;”相比较，在没有指定数组长度时，对字符进行初始化，对于前者 C 编译系统不会在其后自动加上‘\0’，数组 ch 的长度自动为 3，相当于 char ch[3]={‘a’,’b’,’c’};

其初始化存储形式如图 6-17 所示。

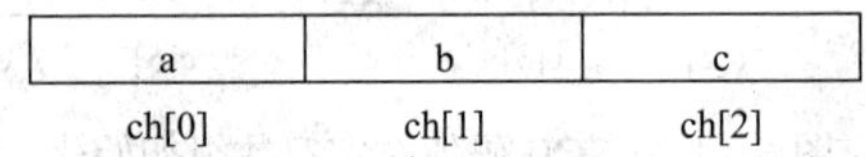

图 6-17　维数缺省的单字符初始化

2. 二维字符数组的初始化

二维字符数组初始化的一般形式为：

【存储类别】char 数组名[行长度][列长度] ={"字符串 1", "字符串 2",…,"字符串 n"};

例如：

```
char fruit[][7]={"Apple","Orange","Grape","Pear","Peach"};
```

其初始化的存储形式如图 6-18 所示。

fruit[0]	A	p	p	l	e	\0	\0
fruit[1]	O	r	a	n	g	e	\0
fruit[2]	G	r	a	p	e	\0	\0
fruit[3]	P	e	a	r	\0	\0	\0
fruit[4]	P	e	a	c	h	\0	\0

图 6-18　二维字符数组初始化

定义了二维字符数组 fruit 的同时为其初始化。初值“{}”中有 5 个“”，代表有 5 个字符串，即 5 行，每行 7 列，不足 7 列的字符系统自动补‘\0’。所以它相当于 char fruit[5][7]={"Apple","Orange","Grape","Pear","Peach"};

说明如下：

字符串只能在数组定义时对其进行初始化，而在程序语句中是不能直接将一个字符串赋给一个字符数组的，例如：

```
#include <stdio.h>
void main()
{
  char qus[19];
     qus[ ]="What's your name?";   /*错误!*/
      …
}
```

如果在程序语句中要将一个字符串赋给一个字符数组，可用库函数 strcpy( )实现。

6.3.3 字符数组的引用

字符数组元素可以像变量一样参与赋值、输入、输出及表达式中的运算等操作。

1. 字符数组元素的引用

一维字符数组元素的引用形式为：

```
数组名[下标]
```

二维字符数组元素的引用形式为：

```
数组名[下标1][下标2]
```

【例6.11】 字符数组元素的引用。

程序如下：

```
#include <stdio.h>
void main()
{
    int i;
    char str[]={'h','a','p','p','y'};
    for(i=0; i<=4; i++)
    printf("%c",str[i]);
    printf("\n");
}
```

运行结果：

```
happy
```

2. 用其他方法对字符及字符串的引用

在对字符数组引用时，不仅可以对字符数组元素引用，还可以通过其他库函数对数组整体进行输入输出。如对单字符输入输出时，可以使用 scanf( )和 printf( )函数的格式描述符“%c”和 getchar( )、putchar( )函数来表示；对字符串的输入输出时，可以使用 scanf( )和 printf( )函数的格式描述符“% s”和 gets( )、puts( )函数来实现。

（1）单个字符输入输出

1）在标准输入输出函数 printf( )和 scanf( )中使用“%c”格式描述符。一般格式如下。

单个字符的输入形式：

```
scanf("%c",&数组元素);
```

单个字符的输出形式：

```
printf("%c",数组元素);
```

2）使用 getchar( )和 putchar( )函数。一般格式如下。

单个字符的输入形式：

```
数组元素=getchar();
```

单个字符的输出形式：

```
putchar(数组元素);
```

说明：使用“scanf(“%c”,&ch);”和“getchar( );”输入时，空格、转义字符（如 TAB、‘\n’）等都作为单字符处理。

【例 6.12】 逐个字符输入输出。

程序如下：

```
#include <stdio.h>
void main()
{
    int i;
    char str[10];
    for(i=0;i<9;i++)
        scanf("%c",&str[i]);     /* 或 str[i]=getchar();*/
    str[i]= '\0';                /* 人为加上字符串结束标志*/
    for(i=0;i<9;i++)
    printf("%c",str[i]);         /* 或 putchar(str[i]);*/
}
```

输入：

```
abcdefghi
```

运行结果：

```
abcdefghi
```

本程序定义了数组 str 开辟了 10 个空间，第一次循环了 0～8 次，分别给 str[0]～str[8]数组元素赋值；退出循环后又由用户给 str[9]赋值‘\0’；第二次循环是对数组的各元素进行输出。

（2）字符串的输入输出

1）在标准输入输出函数 printf( )和 scanf( )中使用“%s”格式描述符。一般格式如下。

字符串的输入形式：

```
scanf("%s",输入项);
```

字符串的输出形式：

```
printf("%s",输出项);
```

说明如下。

① 使用“scanf("%s",输入表列);”格式描述符为“%s”时，输入表列为字符数组名时，数组名前不要加“&”。因为字符数组名表示数组的起始地址，本身就是地址常量，所以不要加“&”。例如“char str[10];”已定义，则：“scanf("%s",str);”为合法语句。“scanf("%s",&str);”数组名 str 本身已是地址了，所以为非法语句；若有“scanf("%s",&str[i]);”，则它是合法语句，因为 str[i]是数组元素，而“%s”后应该对应地址值，所以 str[i]前面一定要加&。

② 使用“%s”输入时，数组名接收所有字符以后，系统在其末尾自动加‘\0’，表示接收的是字符串。

③ 使用“%s”输入时，空格、回车、TAB 键等都作为分隔符处理。

【例 6.13】　字符串的输入与输出。其存储形式如图 6-19 所示。

程序如下：

```
#include <stdio.h>
void main()
{ char a[10],b[5],c[5];
   scanf("%s%s%s",a,b,c);
   printf("a=%s\nb=%s\nc=%s\n",a,b,c);
   scanf("%s",a);
   printf("a=%s\n",a);
}
```

a	→	H	o	w	\0	\0	\0	\0	\0	\0	\0
b	→	a	r	e	\0	\0					
c	→	y	o	u	?	\0					

图 6-19　用 scanf( )对字符串的输入存储形式

程序运行情况：

```
输入：How  are you?
输出：a=How
      b=are
      c=you?
输入：How  are  you?
输出：a=How
```

④ 使用“%s”输出时，遇到第一个‘\0’结束。

【例 6.14】　利用 printf( )的输出。如图 6-20 所示。

程序如下：

```
#include <stdio.h>
void main()
{   char a[ ]="Happy";
    printf("%s",a);}
```

运行结果：

```
Happy
```

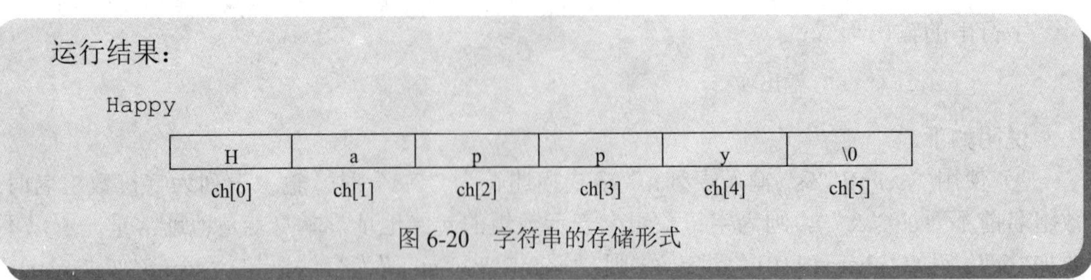

图 6-20　字符串的存储形式

⑤ 字符串与单字符初始化时存储不同，字符串尾部自动加‘\0’，所以输出也是不同的。

【例 6.15】　输出运行结果。其存储形式如图 6-21 所示。

程序如下：

```
#include <stdio.h>
void main()
{   char a[5]={'H','a','p','p','y'};
    printf("%s",a);
}
```

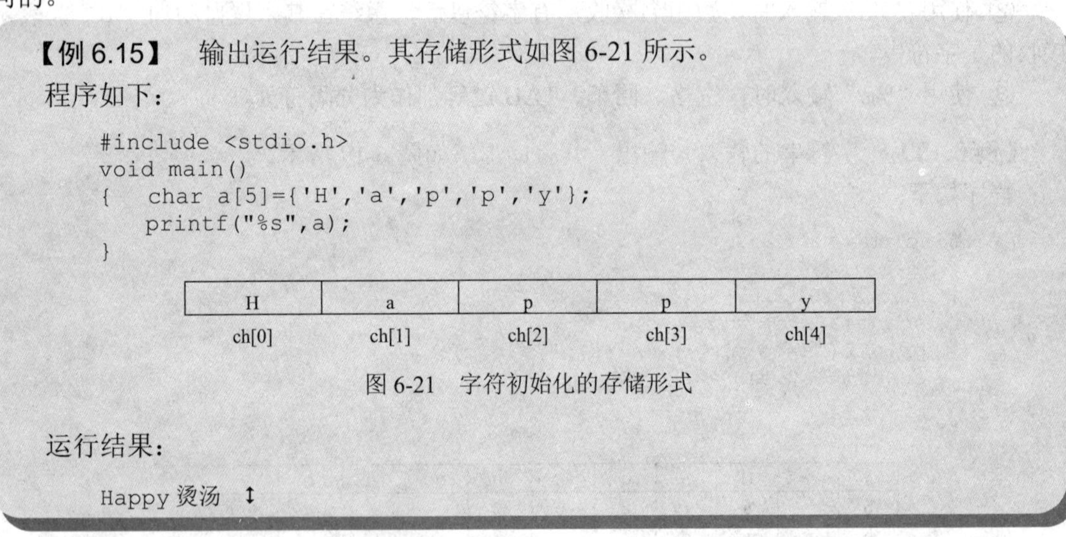

图 6-21　字符初始化的存储形式

运行结果：

```
Happy 烫汤 ↕
```

程序说明：数组 a 中没有字符串结束标志‘\0’，自动向其后数组以外的存储空间扫描，寻找字符串结束标志‘\0’。显然这时已越界，但 C 编译系统不检查越界语法错误。此例题的运行结果是不定值，其结果由内存空间的值决定。

⑥ 用“%s”输出时，数组中若有多个‘\0’，遇到第一个‘\0’结束。

【例 6.16】　输出运行结果。其存储形式如图 6-22 所示。

程序如下：

```
#include <stdio.h>
void main()
{
    char a[]={'H','a','p','\0','p','y','\0'};
    printf("%s",a);
}
```

H	a	p	\0	p	y	\0
ch[0]	ch[1]	ch[2]	ch[3]	ch[4]	ch[5]	ch[6]

图 6-22　数组 a 的存储形式

运行结果：

```
Hap
```

程序说明：如果要将数组 a 逐个字符输出，可以利用循环语句输出。

⑦ 当字符串长度小于数组长度时，留出的字节用于存放字符串结束标志‘\0’；若输入的字符串长度大于数组长度时，系统自动截取前面的字符，后面多出的字被内存丢弃。

【例 6.17】 写出运行结果。

程序如下：

```
#include <stdio.h>
void main()
{char s1[10]="123456",s2[3][10]={"abcd","xyz"};
      printf("%c%c\n",s1[2],s2[1][2]);
      printf("%s\n",s1);
      printf("%s\n",&s1[2]);
      printf("%s\n",s2[1]);
      printf("%s\n",&s2[1][1]);
}
```

程序运行结果：

```
3z
123456
3456
xyz
yz
```

【例 6.18】 二维数组单字符的输入与输出。

程序如下：

```
#include <stdio.h>
void main()
{ int i,j;
char s[5][5]={{'1','1','2','1','1'},
              {'1','2','1','2','1'},
              {'2','1','1','1','2'},
              {'1','2','1','2','1'},
              {'1','1','2','1','1'}};
    for (i=0;i<5;i++)
     { for (j=0;j<5;j++)
          printf("%c",s[i][j]);
       printf("\n");
     }
}
```

运行结果：

```
11211
12121
21112
12121
11211
```

程序说明：本程序采用输出单个字符的方法，如果改用字符串的方法，则数组初始化语句应改为："char s[5][7]={"11211\n","12121\n","21112\n", "12121\n", "11211\n"};" 即可。

【例 6.19】 二维数组字符串的输入输出。

程序如下：

```
#include <stdio.h>
#include <string.h>
void main()
{    char w[][10]={"ABCD","EFGH","IJKL","MNOP"};
     int k;
    for(k=1;k<3;k++)
      printf("%s\n",w[k]);
}
```

运行结果：

```
EFGH
IJKL
```

2）使用 gets( )和 puts( )函数执行整行的输入和输出。

① 字符串输入函数 gets( )。

调用格式：

```
gets(字符数组)
```

功能：从终端键盘读入字符，遇换行符（回车）结束；字符串输入后，系统自动将'\0'置于串尾代替换行符；本函数得到一个函数值，即为该字符数组的首地址。

例如：

```
gets(str);
```

str 为字符数组名或指具体存储单元的字符指针。

说明：输入字符串的长度应小于字符数组长度，若输入字符串的长度超过数组定义长度时，系统报错；gets( )和 puts( )函数只能输入输出一个字符串。

【例 6.20】 gets( )和 scanf( )输入比较。

程序如下：

```
#include <stdio.h>
void main()
{ char  a1[20], a2[20] ;
   gets(a1);
   scanf("%s",a2);
   printf ("a1=%s\n",a1);
   printf ("a2=%s\n",a2);
}
```

输入：

```
How are you!
How are you!
```

输出：

```
a1= How are you!
a2= How
```

gets( )遇回车符结束；而 sanf( )的格式说明“%s”遇空格、回车符、TAB 键结束。

注意

② 字符串输出函数 puts( )

调用格式：

```
puts(字符数组)
```

功能：用来把字符串的内容显示在屏幕上，输出完以后，遇到第一个‘\0’结束并自动换行；系统将字符串中的‘\0’自动转换成‘\n’。

例如：

```
puts(str);
```

说明：字符数组必须以‘\0’结束；字符串中可以含转义字符和空格。

【例 6.21】 puts( )的使用。

程序如下：

```
#include <stdio.h>
void main()
{     char string[50];
      printf("Input a string:");
      gets(string);
      puts(string);
      puts(string);
}
```

输入：

```
Input a string:How are you!
```

输出：

```
How are you!
How are you!
_
```

程序说明：这里是将‘\0’自动转换成‘\n’，因此光标移到下一行。

【例 6.22】 输出运行结果。

程序如下：

```
#include <stdio.h>
void main()
{  char a1[]="computer\nworld";
   char a2[]="computer\0world";
   puts(a1);  puts(a2);
   puts("The world belongs to me! ");
}
```

运行结果：

```
computer
world
computer
The world belongs to me!
```

程序说明：puts( )遇‘\0’结束，且输出时将‘\0’转换成‘\n’换行。

6.3.4 字符串处理函数

C 语言提供了丰富的字符串处理的库函数，这些函数可以方便地对字符串进行处理，以减少编程的工作量。在使用这些函数前，要使用预处理命令“#include<string.h>”将字符串处理函数的头文件“string.h”包含到用户的源文件中。

1. 字符串连接函数 strcat( )

调用格式：

```
strcat (字符数组名 1,字符数组名 2)
```

功能：把字符数组 2 中的字符串连接到字符数组 1 字符串的后面，并删去字符串 1 后的字符串结束标志‘\0’。

返回值：本函数的返回值是字符数组 1 的首地址。

例如：

```
strcat(str1,str2)
```

说明如下。

1）str1 必须有足够的空间来容纳 str2 所指的字符串。

2）连接前，两串均以‘\0’结束；连接时，str1 的末尾‘\0’自动取消，然后将 str2 连接在 str1 的尾部；连接后，str1 末尾自动加‘\0’。

3）连接以后，str1 重新组成了新的字符串，而 str2 没有改变。

【例 6.23】 字符串连接。

程序如下：

```
#include <stdio.h>
#include <string.h>
void main()
```

```
{   char str1[] = "I wish you", str2[] = "success!";
    strcat(str1,str2);
    puts(str1);
    puts(str2);
}
```

运行结果：

```
I wish yousuccess!
success!
```

2. 字符串复制函数 strcpy( )

调用格式：

```
strcpy (字符数组名 1,字符串 2)
```

功能：将字符串 2 中的字符串复制到字符数组 1 中，字符串结束标志“\0”也一同被复制；字符串 2 可以是数组，也可以是一个字符串常量，相当于把一个字符串赋予一个字符数组。

返回值：本函数的返回值是字符数组 1 的首地址。

例如：

```
strcpy(str1,str2)
```

说明如下。

1）字符数组 1 必须有足够长度的空间。

2）字符串 2 复制时连同‘\0’一起被复制。

3）字符数组 1 必须是数组名形式（str1），字符串 2 可以是字符数组名或字符串常量。

4）不能使用赋值语句为一个字符数组赋值。例如：

```
…
char str1[20],str2[20];
str2=str1;  /*错误*/
…
```

两个字符串赋值，不可以用赋值号‘=’，应该用 strcpy( )函数。

【例 6.24】 字符串复制。

程序如下：

```
#include <stdio.h>
#include <string.h>
void main()
{   char str1[] = "Hello", str2[] = "How are you!";
    strcpy(str1,str2);
    puts(str1);
}
```

运行结果：

```
How are you!
```

3. 字符串比较函数 strcmp( )

调用格式：

```
strcmp(字符串 1,字符串 2)
```

功能：比较两个字符串。

比较规则：对两串从左向右逐个字符一一对应比较（ASCII 码），直到遇到不同字符或'\0'为止。

返回值：返回 int 型整数，若字符串 1<字符串 2，返回负整数；若字符串 1>字符串 2，返回正整数；若字符串 1==字符串 2，返回 0。比较方式如图 6-23 所示。

a	b	c	d	e	\0	strcmp(s1,s2)==0
a	b	c	d	e	\0	

a	b	c	\0			strcmp(s1,s2)<0
a	b	c	d	e	\0	

a	b	c	d	\0		strcmp(s1,s2)>0
A	b	c	d	e	\0	

图 6-23　使用 strcmp 的比较形式

说明如下。

1）字符数组 1 必须有足够长度的空间。

2）字符串比较不能用“==”，必须用 strcmp( )函数。例如，“if(str1==str2) printf("yes");”为非法语句。虽然编译无错，但结果不同，应改为：“if(strcmp(str1,str2)==0) printf("yes");”。

3）本函数也可用于比较两个字符串常量，或比较数组和字符串常量。

【例 6.25】　strcmp( )举例。

程序如下：

```
#include <stdio.h>
#include <string.h>
void main()
{  char a[]="good",b[]="game";
   int i;
   i=strcmp(a,b);
   printf("i=%d",i);
}
```

运行结果：

```
i=1
```

程序说明：比较时，按字典的顺序排列，靠后的字符比前面的值大。本程序中，先分别比较两个数组中的第 1 个字符，'g' = 'g'，一一对应比较后相等；接着比较两个数组中的第2个字符，‘o’ > ‘a’，说明数组a大于数组b，返回正整数1；其后的字符不再比较。

4. 字符串长度函数 strlen( )

调用格式：

```
strlen(字符数组)
```

功能：计算字符串长度，即求字符串中实际字符的个数。

返回值：返回字符串实际长度，是一个整数值，此长度不包括最后的结束标志‘\0’。

例如：对于以下字符串，strlen(s)的值为：

```
char  s[10]={'A','\0','B','C','\0','D'};    /*函数值为1*/
char  s[ ]="\t\v\\\0will\n";                /*函数值为3*/
```

函数 strlen( )能测定字符串的实际字符个数，如果要测定字符串在内存中实际占用的字节数，可以使用 sizeof 运算符。

用 sizeof 测定字节数的一般使用形式为：

```
sizeof(表达式)
```

或

```
sizeof 表达式
```

功能：求出对象在计算机内存中所占用的字节数。

其中：对象可以是表达式或数据类型名，它是单目运算符。

【例 6.26】 strlen( )和 sizeof( )的用法。

程序如下：

```
#include <stdio.h>
#include <string.h>
void main()
{ int a,b,c,d;
  char s1[100] = "Hi!", s2[] = "How are you!";
  a=strlen(s1);b=sizeof(s1);
  c=strlen(s2);d=sizeof(s2);
  printf("a=%d,b=%d,c=%d, d=%d\n",a,b,c,d);
}
```

运行结果：

```
a=3,b=100,c=12,d=13
```

程序说明：本程序体现了 strlen( )与 sizeof( )的区别。strlen( )的函数值是字符串中的实际字符个数，不包括‘\0’；sizeof( )所求的是字符串定义说明的长度，即数组长度值。

5. 大写字母转换成小写字母函数 strlwr( )

格式：

```
strlwr(字符串)
```

6. 小写字母转换成大写字母函数 strupr( )

格式：

```
strupr(字符串)
```

【例 6.27】 字符转换。

```
#include <stdio.h>
#include <string.h>
void main()
{ char  a1[6]= "CHinA", a2[ ]= "worLD";
   printf ("%s\n",strlwr(a1));
   printf ("%s\n",strupr(a2));
}
```

运行结果：

```
china
WORLD
```

以上介绍的几种字符串处理函数都是库函数，应当再次强调，库函数并非 C 语言本身的组成部分，而是 C 编译系统为方便用户使用而提供的公共函数。不同的编译系统提供的函数数量和函数名、函数功能都不尽相同，使用时要小心，必要时查看库函数手册。

6.3.5 字符数组应用举例

【例 6.28】 验证输入的字符串是不是回文（例：level）。

程序如下：

```
#include <stdio.h>
#include <string.h>
void main()
{
   char str[80];
   int i,k,m=0;
   printf("请输入字符串:");
   gets(str);
   k=strlen(str);
   for(i=0;i<k/2;i++)
       if(str[i]!=str[k-i-1]){m=1;break;}
     if(m) printf("%s 不是回文",str);
     else printf("%s 是回文",str);
}
```

程序运行情况：

输入：
请输入字符串：level
输出：

```
level 是回文
输入：
请输入字符串：abcab
输出：
abcab 不是回文
```

【例 6.29】　密码检测程序。

程序如下：

```
#include <stdio.h>
#include <string.h>
#include <conio.h>
void main()
{
char  str[80];                                    /*定义字符数组 str */
int  i=0;
    /*检验密码*/
    while(1)
      {   printf("请输入密码\n");
              gets(str);                          /*输入密码*/
          if(strcmp(str,"password")!=0)   /*口令错*/
              printf("口令错误，按任意键继续");
          else
               break;                             /*输入正确的密码，中止循环*/
            getch();
            i++;
            if(i==3) break;                       /*输入三次错误的密码，退出*/
      }
}
```

程序运行结果：

```
请输入密码
123456
口令错误,按任意键继续
请输入密码
asdf
口令错误,按任意键继续
请输入密码
password
Press any key to continue
```

习　题　6

一、选择题

1．若要定义一个包含 5 个元素的整型数组，以下定义语句错误的是（　　）。

A．int　a[5]={0};　　　　B．int　b[ ]={0,0,0,0,0};

C．int　c[2+3];　　　　D．int　i=5,d[i];

2．以下定义语句错误的是（　　）。

A．int x[ ][3]={{0},{1},{1,2,3}};

B．int x[4][3]={{1,2,3},{1,2,3},{1,2,3},{1,2,3}};

C．int x[4][ ]={{1,2,3},{1,2,3},{1,2,3},{1,2,3}};

D．int x[ ][3]={1,2,3,4};

3．若有定义“int a[2][3];”，以下选项中对 a 数组元素引用正确的是（　　）。

A．a[2][!1]　　B．a[2][3]　　C．a[0][3]　　D．a[1>2][!1]

4．定义语句“char s[10];”。若要从终端给 s 输入 5 个字符，则错误的输入语句是（　　）。

A．gets(&s[0]);　　　　B．scanf("%s",s+1);

C．gets(s);　　　　D．scanf("%s",s[1]);

5．有语句：

```
static char x[]="12345"; static char y[]={'1','2','3','4','5'};
```

则下面描述正确的是（　　）。

A．x 数组和 y 数组的长度相同　　　　B．x 数组长度大于 y 数组长度

C．x 数组长度小于 y 数组长度　　　　D．x 数组等价于 y 数组

6．下列语句中，正确的是（　　）。

A．static char str[ ]="China";

B．static char str[ ]; str="China";

C．static char str1[5],str2[ ]={"China"};str1=str2;

D．static char str1[ ],str2[ ]; str2={"China"};strcpy(str1,str2);

7．以下不能对二维数组 a 进行正确初始化的语句是（　　）。

A．int a[2][3]={0};　　　　B．int a[ ][3]={{1,2},{0}};

C．int a[2][3]={{1,2},{3,4},{5,6}};　　　　D．int a[ ][3]={1,2,3,4,5,6};

8．运行下面的程序，如果从键盘上输入：123<空格>456<空格>789<回车>，则输出的结果是（　　）。

```
#include <stdio.h>
void main()
{
    char s[100]; int c,i;
    scanf("%c",&c);  scanf("%d",&i);  scanf("%s",s);
    printf("%c,%d,%s\n",c,i,s);
}
```

A．123,456,789　　　　B．1,456,789

C．1,23,456,789　　　　D．1,23,456

9．运行下面的程序,如果从键盘上输入：ABC，则输出的结果是（　　）。

```
#include <stdio.h>
#include <string.h>
void main()
{
```

```
    char ss[10]="12345";
    strcat(ss,"6789" );
    gets(ss);printf("%s\n",ss);
}
```

A. ABC　　B. ABC9　　C. 123456ABC　　D. ABC456789

二、填空题

1. 在C语言中，数组名是一个＿＿＿＿＿＿，不能对其进行加、减及赋值操作。

2. 已知T为包含10个元素的整型数组，正序输出T中10个元素的值的语句为：

```
for(j=0;j<10;j++)  printf("%d",T[j]);
```

下面的语句试图按逆序显示输出T中的10个元素。请补充完整下面的语句：

for（＿＿(1)＿＿;＿＿(2)＿＿;j--） printf("%d", T[j]);

3. 执行“static int b[5],a[][3]={1,2,3,4,5,6};”后，b[4]=＿＿(1)＿＿,a[1][2]=＿＿(2)＿＿。

4. 输入5个字符串，将其中最小的打印出来。请填空。

```
#include <stdio.h>
#include <string.h>
#include <ctype.h>
void main()
{
    char str[10],temp[10];
    int i;
    ____(1)____;
    for(i=0;i<4;i++)
      {
          gets(str);
          if(strcmp(temp,str)>0)
            ____(2)____;
      }
    printf("\nThe first string is: %s\n",temp);
}
```

5. 下面程序的功能：求一个3×3矩阵主对角线元素之和，输出形式如下。请填空。

```
1    3    6
7    9    11
14   15   17
```

主对角线元素之和为27

```
#include <stdio.h>
#include <string.h>
void main()
{  int a[3][3]={{1,3,6},{7,9,11},{14,15,17}}, i,j,sum=0;
   for(i=0;i<3;i++)
    {for(j=0;j<3;j++)
      printf("%5d",a[i][j]);
```

```
    printf("\n");}
for(i=0;______(1)______;i++)
     sum=sum+______(2)______;
printf("主对角线元素之和为%d\n",sum); }
```

6. 以下程序的功能：以每行输出 4 个数据的形式输出 a 数组。

```
#include <stdio.h>
void main()
{
    int  a[20],i;
    for(i=0;i<20;i++)   scanf("%d",  ______(1)______);
    for(i=0;i<20;i++)
    {if (______(2)______ ) ______(3)______ ;
    printf("%3d",a[i]);
    }
    printf("\n");
}
```

7. 以下程序的功能：将字符串 s 中的数字字符放入 d 数组中，最后输出 d 中的字符串。例如，输入字符串“abc123edf456gh”，执行程序后输出“123456”。请填空。

```
#include <stdio.h>
#include <ctype.h>
void main()
{  char s[80],d[80]; int i,j;
   gets(s);
   for(i=j=0;s[i]!='\0';i++)
   if(__(1)__) {d[j]=s[i];j++;}
  ______(2)______;
  puts(d);
}
```

三、写出下列程序的运行结果

1.

```
#include <stdio.h>
void main()
 {int i,n[5]={0};
  for(i=1;i<=4;i++)
     {n[i]=n[i-1]*2+1;printf("%d",n[i]);}
  printf("\n");
}
```

2.

```
#include <stdio.h>
void main()
{ int a[3][3]={1,2,3,4,5,6,7,8,9},i,s=0;
   for(i=0;i<=2;i++) s=s+a[i][i];
   printf("s=%d\n",s);
}
```

3.

```
#include <stdio.h>
void main()
{   int a[4][4]={{1,2,-3,-4},{0,-12,-13,14},{-21,23,0,-24},
    {-31,32,-33,0}};
    int i,j,s=0;
    for(i=0;i<4;i++)
    {   for(j=0;j<4;j++)
        {   if(a[i][j]<0)continue;
            if(a[i][j]==0)break;
            s+=a[i][j];
        }
    }
    printf("%d\n",s);
}
```

4.

```
#include <stdio.h>
void main()
{   int a[5]={1,2,3,4,5},b[5]={0,2,1,3,0},i,s=0;
    for(i=0;i<5;i++) s=s+a[b[i]];
    printf("%d\n",s);}
```

5.

```
#include <stdio.h>
#include <string.h>
void main()
{   char x[]="STRING";
    x[0]=0;x[1]='\0';x[2]='0';
printf("%d  %d\n",sizeof(x),strlen(x));
}
```

6. 运行以下程序时，若输入：how are you? I am fine<回车>，则输出的结果是_________。

```
#include <stdio.h>
#include <string.h>
void main()
{   char a[30],b[30];
    scanf("%s",a);
    gets(b);
printf("%s\n %s\n",a,b);
}
```

7.

```
#include <stdio.h>
void main()
{   int i,j,row,col,max;
    static int a[3][4]={{1,2,3,4},{9,8,7,6},{-1,-2,0,5}};
    max=a[0][0];
```

```
        for(i=0;i<3;i++)
           for(j=0;j<4;j++)
             if(a[i][j]>max)
                  { max=a[i][j];row=i;col=j; }
        printf("max=%d,row=%d,col=%d\n",max,row,col);
    }
```

8.

```
#include <stdio.h>
void main()
{int a[4][4]={{1,4,3,2},{8,6,5,7},{3,7,2,5},{4,8,6,1}},i,k,t;
 for(i=0;i<3;i++)
   for(k=i+i;k<4;k++) if(a[i][i]<a[k][k])
       {t=a[i][i];a[i][i]=a[k][k];a[k][k]=t;}
 for(i=0;i<4;i++)printf("%d,",a[0][i]);
}
```

四、编程题

1. 将任意一个十进制数转换成二进制数，然后以二进制数形式输出。例如，输入 87<回车>，输出 1010111。

2. 在一个已经排好序（假定为升序）的整型数组中插入一个数后，使之仍然有序。

3. 输出杨辉三角形。杨辉三角形是$(a+b)^n$展开后各项的系数。如：$(a+b)^4$展开后各项的系数为 1，4，6，4，1。输出的杨辉三角形为

```
1
1    1
1    2    1
1    3    3    1
1    4    6    4    1
```

4. 由键盘任意输入一个字符串和一个字符，要求从该串中删除所指定的字符。例如：若由键盘输入：how do you do？屏幕显示：deldte？由键盘又输入：o，则运行结果为：hw d yu d?

5. 从键盘输入 8 个学生三门课程的成绩，求每个学生三门课的平均分，并按平均分从高到低的顺序输出每个学生各门课程的成绩和平均成绩。

提示：

（1）定义数组 int s[N][3]，存储三门课程的成绩；定义数组 float a[N]，存储平均成绩。

（2）用 for 循环从键盘按行输入每个学生各门课的成绩，计算平均成绩并存入数组 a 对应下标的数组元素。

（3）用选择排序对平均成绩排序，交换时应整行交换。

（4）输出。

第7章 结构体、共用体与枚举

在实际应用中，经常碰到一些复杂的数据，如一个学生的信息包含学号、姓名、性别、年龄、住址、成绩等，它们的数据类型不同但属于同一个整体，相互之间存在关联，若采用数组来处理，显然无法描述。因此，C 语言提供了构造类型，包括结构体、共用体及枚举类型等。本章将介绍它们的数据类型的构造、变量的定义以及成员的引用，最后介绍 typedef 的应用。

7.1 结 构 体

结构体是一种构造数据类型，允许用户自己指定若干个成员，且每个成员相互独立，这些成员可以是不同的数据类型。我们把有一定联系、数据类型不一定相同的数据用一定的方法组织起来，以 struct 为关键字，为其取一个名字，构造出的一种新的数据类型，被称为结构体类型。

7.1.1 结构体类型的定义

结构体类型定义的一般形式为：

```
struct  [结构体名]
{
    类型说明符 1  成员名 1;
    类型说明符 2  成员名 2;
    …
    类型说明符 n  成员名 n;
};
```

例如：

```
struct stu
{
    int num;
    char name[8];
    char sex;
    float score;
};
```

说明如下。

1）struct 为结构体类型说明的关键字，是结构体类型定义的标识符。

2）结构体名由用户定义，它与 struct 一起形成特定的结构体类型，在以后的结构体变量定义中可以被使用。

3）花括号内是该结构体各个成员（又称分量）组成的结构体，每个成员由数据类型和成员名组成，每个结构体成员的数据类型可以是基本类型、数组、指针或已说明过的结构体等类型，每个成员项后面用分号结束。结构体成员的命名规则与变量相同，并且允许与变量或其他结构体中的成员重名。如上例，它只是说明了结构体类型名为 struct stu，该结构体由 4 个成员组成，但此时只是构造了一个结构体类型的结构，并没有在内存中为此开辟任何存储空间。

4）整个结构体类型的定义用分号结束，花括号后边的分号不能缺省。

5）结构体中的成员本身还可以是结构体，这称为结构体的嵌套。而且内嵌结构体成员的名字可以和外层成员名字相同。例如：

```
struct stu
{
    int num;
    char name[20];
    struct
    {
        int num;
        char sex;
    }w ;
    float s[4];
};
```

本例中内嵌结构体成员的名字 num 与外层成员名字 num 相同。

【例 7.1】 结构体类型的嵌套。

程序如下：

```
struct birthday
{
    int year;
    int month;
    int day;
};
struct stu
{
    char name[20];
    struct birthday date;
    char sex;
    float score;
};
```

本例中，struct stu 结构体中又嵌套了 struct birthday 结构体，如图 7-1 所示。

<table>
<tr><td rowspan="2">name</td><td colspan="3">date</td><td rowspan="2">sex</td><td rowspan="2">score</td></tr>
<tr><td>year</td><td>month</td><td>day</td></tr>
</table>

图 7-1 struct stu 结构体嵌套形式

7.1.2　结构体变量

1. 结构体变量的定义

定义结构体类型的变量有以下三种方法。

形式一：先定义结构体类型，再定义结构体变量。其一般形式为：

```
struct  结构体名
{
类型说明符   成员名;
};
struct 结构体名   结构体变量名表列;
```

例如：

```
struct stu
{
int num;
char name[8];
char sex;
float score;
};
struct stu stu1,stu2;
```

先说明了结构体类型，然后再定义 struct stu 结构体类型的两个变量 stu1 和 stu2。

形式二：在定义结构体类型的同时定义结构体变量。其一般形式为：

```
struct  结构体名
{
类型说明符   成员名;
}结构体变量名表列;
```

例如：

```
struct stu
{
int num;
char name[8];
char sex;
float score;
} stu1,stu2;
```

这种定义方式较为紧凑。

形式三：无名定义，缺省了结构体名。其一般形式为：

```
struct
{
类型说明符   成员名;
}结构体变量名表列;
```

例如：

```
struct
{
```

```
int num;
char name[8];
char sex;
float score;
} stu1,stu2;
```

与前两种不同的是，使用无名结构体直接定义结构体变量只能定义一次，如果下面再想定义同类型的变量就不方便了。若为无名结构体类型，在后面再定义“struct stu3,stu4;”就是非法的。

说明如下。

1）前面三种结构体变量的定义大致相同，都是先说明了结构体类型，然后再定义该结构体的两个变量 stu1 和 stu2，它们分别都具有 num、name、sex、score 4 个成员的结构。

2）只有定义结构体类型变量后，才为其分配连续的内存单元，按顺序存放所有成员项。分配的内存单元数目等于各个成员占用的字节数之和。

结构体的长度可以用 sizeof 运算符计算。如结构体类型 struct stu 变量的长度是 int 的 4 个字节+字符数组的 8 个字节+char 的 1 个字节+float 的 4 个字节，4+8+1+4=17，即变量 stu1 和 stu2 各占 17 个字节的空间。其存储方式如图 7-2 和图 7-3 所示。

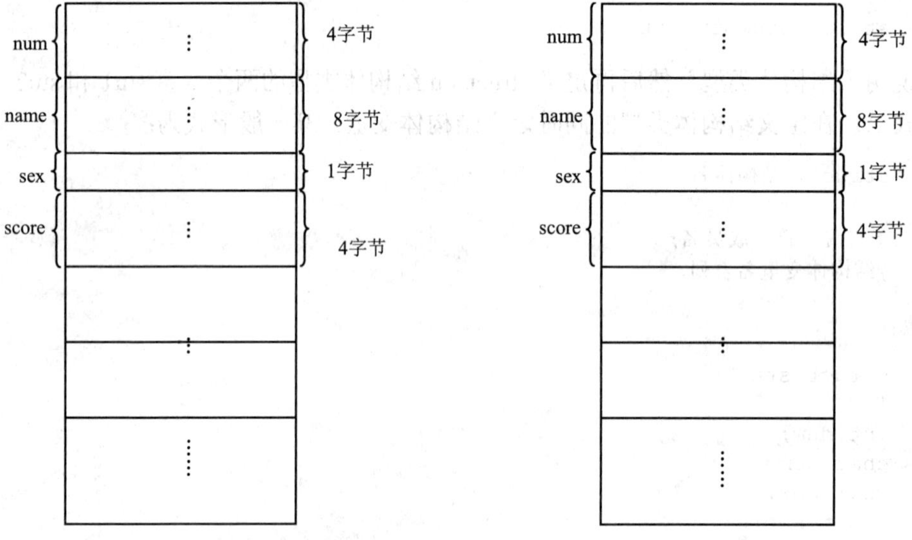

图 7-2　stu1 的存储方式　　图 7-3　stu2 的存储方式

2. 结构体变量初始化

定义结构体变量后，就可给变量中的各个成员初始化。其初始化形式如：

```
struct stu
{
int num;
char name[8];
char sex;
float score;
} p={1001,"Lili",'F',99.5};
```

定义了 struct stu 结构体的变量 p，并且分别为 p 变量的 4 个成员赋初值。

3. 结构体成员的引用

对结构体的变量不能整体引用，必须逐级地访问到成员名。其引用形式为：

```
结构体变量名.成员名
```

其中，圆点符号称为成员运算符。

例如：

```
p.num
p.name
```

说明如下。

1）结构体变量同样具有一定的存储性质，它可以是外部、自动、静态三种存储类型，但不能为寄存器类型。

2）结构体成员名可以与程序中变量名相同，结构体变量名可以和结构体名相同。例如，结构体类型名 struct person，可以说明结构体类型变量 person 如下：

```
struct person person;
```

3）同一种类型的结构体变量之间可直接赋值，例如：

```
student2=student1;
```

若 student1 与 student2 两者类型相同，上述赋值语句相当于将 student1 中各个成员的值逐个依次赋给 student2 中的相应成员。若两者的类型不一致时，则不能直接赋值。

4）结构体嵌套的引用。假设有 struct stu 结构体类型中又嵌套 struct date 结构体，例如：

```
struct date
{
int year;
int month;
int day;
};
struct stu
{
int num;
char name[8];
char sex;
struct date birthday;
float score;
}p;
```

则对出生的年、月、日引用：

```
p.birthday.year=2011;
p.birthday.month=12;
p.birthday.day=25;
```

其嵌套形式如图 7-4 所示。则对 struct stu 结构体中的各个成员的引用分别为：

```
p.num  p.name  p.sex  p.birthday.year  p.birthday.month  p.birthday.day
p.score
```

<table>
<tr><td rowspan="2">num</td><td rowspan="2">name</td><td rowspan="2">sex</td><td colspan="3">birthday</td><td rowspan="2">score</td></tr>
<tr><td>month</td><td>day</td><td>year</td></tr>
</table>

图 7-4　struct stu 结构体嵌套形式

5）结构体变量成员可以像普通变量一样参与各种运算。例如：

```
p.score=p.score+10;
```

【例 7.2】　结构体变量的使用。

程序如下：

```
#include <stdio.h>
struct student
{   char  name[15];
    int num;
    int age;
    float score;
}stu;
void main()
{
    printf("Enter name,num,age,score:");
    scanf("%s%d,%d,%f", stu.name,&stu.num,&stu.age,&stu.score);
    printf("name:%s,num:%d,age:%d,score:%.1f\n",
    stu.name ,stu.num,stu.age,stu.score);
}
```

程序运行结果：

```
Enter name,num,age,score:LiPing
1001,19,98.5
name:LiPing,num:1001,age:19,score:98.5
```

7.1.3　结构体数组

结构体类型既可以定义结构体变量，也可以定义结构体数组，用以存储批量的数据，每个结构体数组元素又包含多个成员。

1. 结构体数组的定义

结构体数组的定义与前面介绍的结构体变量的三种定义方式相似，若已经定义了结构体类型，则定义结构体数组的一般形式为：

```
struct 结构体名 结构体数组名[元素个数];
```

形式一：

```
struct  student
{   int  num;
```

```
        char name[20];
        char sex;
        int age;
    };
    struct  student   stu[2];
```

形式二：

```
    struct  student
    {   int  num;
        char name[20];
        char sex;
        int age;
    }stu[2];
```

形式三：

```
    struct
    {   int  num;
        char name[20];
        char sex;
        int age;
    }stu[2];
```

说明如下。

1）首先说明结构体类型名，然后定义结构体类型的一个数组 stu，包含两个数组元素 stu[0]和 stu[1]，它们分别具有 num、name、sex、score 4 个成员。

2）定义结构体数组后，其两个数组元素在内存中顺序存放，占据一段连续的存储空间。分配的内存单元数目＝各个成员占用的字节数之和×数组元素的个数。所以上例的结构体类型共占 29×2=58 个字节的连续空间。其存储形式如图 7-5 所示。

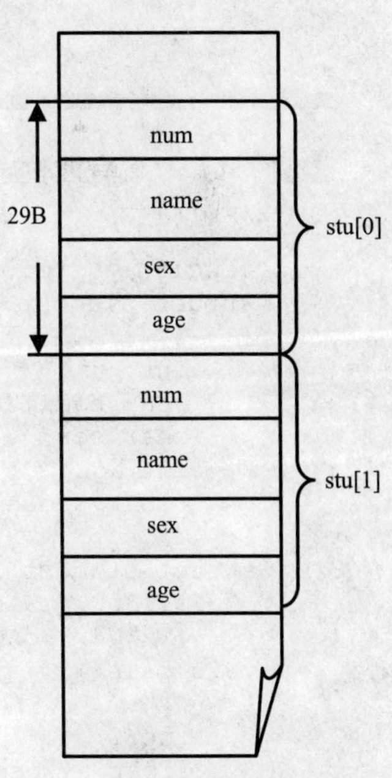

图 7-5　结构体数组的存储形式

2. 结构体数组的初始化

结构体数组的每一个数组元素都相当于一个结构体变量，所以它们的初始化也类似。只有对定义为外部的或静态的数组才能初始化，初始化值用花括号括起来。它的一般形式：

```
[static]  struct 结构体名 数组名[元素个数]=
{{…},…,{…}};
```

其中，内层每对花括号对应一个数组元素，括号内数组序列与结构体类型的成员表列相对应。否则，初始化将出错。内层花括号个数确定数组元素个数。

3. 结构体数组元素的引用

结构体数组元素引用的一般形式：

结构体数组元素名.成员名

例如：

```
stu[0].num
stu[1].sex
```

【例 7.3】 给结构体变量赋值并输出。其初始化的存储顺序如图 7-6 所示。

程序如下：

```
#include <stdio.h>
struct S
{ int a,b;}data[2]={10,100,20,200};
void main()
{
printf("data[0].a=%d,data[1].b=%d\n",data[0].a,data[1].b);
}
```

运行结果：

```
data[0].a=10,data[1].b=200
```

data[0].a	10
data[0].b	100
data[1].a	20
data[1].b	200

图 7-6 结构体初始化形式

【例 7.4】 设有四位学生的有关数据，试统计出他们的平均年龄和平均成绩。

程序代码如下：

```
#include <stdio.h>
struct student
{
    int num;
    char name[20];
    char sex;
    int age;
    float score;
};
struct student  stu[4]={ {11301,"Zhang Ping",'F',19,496.5 },
    {11302," Wang Li ",'F',20,483},{11303,"Liu Hong",'M',19,503},
    {11304,"Song Rui",'M',19,471.5}};
void main()
{
    int i;
    float a=0,s=0;
    for (i=0;i<4;i++)
    {
        a=a+stu[i].age;
        s=s+stu[i].score;
    }
    printf("The average  age is %6.2f\n",a/4);
    printf("The average score is %6.2f\n",s/4);
}
```

程序运行结果：

```
The average age is 19.25
The average score is 488.50
```

7.2 共　用　体

共用体是一种构造数据类型，其各个成员可以是不同的数据类型，它具有“共享”和“覆盖”的特性。C 语言允许不同类型的数据共享同一段存储单元，这种共享存储单元的特殊数据类型叫做“共用体”类型，也可称之为“联合”类型；在共享同一内存单元的同时，每一瞬时只能存放其中一种类型的数据，也就是说共用体采用的是覆盖存储技术，允许不同类型数据互相覆盖。合理地使用共用体不仅可以节省内存空间，还可以简化多种复杂数据的处理。本节以 Visual C++6.0 编译系统为例加以说明。

7.2.1　共用体类型的定义

共用体以“union”为关键字，其定义形式与结构体定义形式相似。其一般定义形式为：

```
union[共用体名]
{
    数据说明符 1 成员名 1;
    数据说明符 2 成员名 2;
    …
    数据说明符 n 成员名 n;
};
```

例如：

```
union s
{
char ch;
int i;
float f;
};
```

说明如下。

1）union 为共用体类型的关键字，是共用体类型定义的标识符；共用体名由用户按标识符的命名规则来命名，共用体类型名为全名，如 union s。

2）花括号内是该共用体中各个成员项（又称分量）组成的共用体，每个成员由数据类型和成员名组成，花括号后边的分号不可缺省。

3）同一段内存可以用来存放几种不同类型的成员，但在每一瞬时只能存放其中一个成员，起作用的成员是最后一次存放的成员，在存入一个新的成员后原有的成员就失去作用。上例定义了共用体类型 union s 由三个成员组成，这三个成员在内存中共用同一起始地址，

它们可以相互覆盖。首先定义了占 1 个字节空间的字符变量 ch，此时 ch 对空间起作用；接着又定义了占 4 个字节的整形变量 i，此时 i 对空间起作用，ch 被 i 给覆盖了；最后定义了占 4 个字节的单精度变量 f，此时 f 对空间起作用，i 被 f 所覆盖，即每一瞬时只能存放一个成员项，对空间起作用的成员是最后一次存放的成员。如图 7-7 所示。

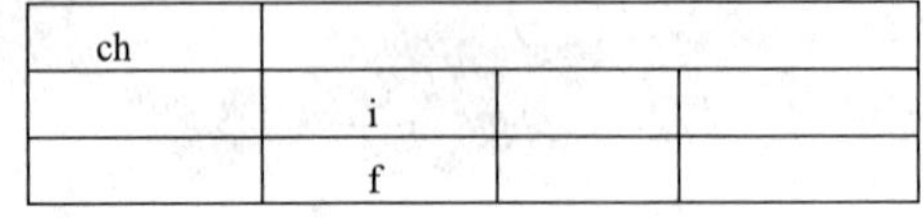

图 7-7　共用体存储形式

4）共用体可以自身嵌套，也可以与结构体相互嵌套。

5）共用体定义只是构造一个结构，并未分配内存空间。

共同体与结构体有本质区别：结构体的每个成员都有自己的独占内存空间，而共用体的每个成员共用同一块内存。

7.2.2　共用体变量

1. 共用体变量的定义

共用体变量的定义与结构体相似，只是关键字不同，也有三种方法。

形式一：先定义共用体类型，再定义共用体变量。其一般形式为：

```
union  共用体名
{
   类型说明符 成员名;
};
union 共用体名  共用体变量名表列;
```

例如：

```
union s
{
   char ch;
   int i;
   float f;
};
union s aa;
```

形式二：在定义共用体类型的同时定义共用体变量。其一般形式为：

```
union  共用体名
{
   类型说明符 成员名;
}共用体变量名表列;
```

例如：

```
union s
```

```
{
   char ch;
   int i;
   float f;
}aa;
```

形式三：无名定义，缺省共用体名。其一般形式为：

```
union
{
   类型说明符 成员名;
}共用体变量名表列;
```

例如：

```
union
{
   char ch;
   int i;
   float f;
}aa;
```

与形式一、形式二不同，无名共用体直接定义变量只能定义一次，如果再想定义同类型的变量就不方便了。

说明如下。

定义共用体型变量后，需要为其分配内存单元。分配的内存单元数等于所有成员中占用字节数最多的成员占用的字节数。如上例中变量 i 和 f 均为 4 个字节，则共用体类型 union s 的长度为 4 个字节。

2. 共用体成员的引用

共用体类型数据使用时，不能对共用体变量进行整体操作，只能逐一访问到最低成员名。共用体成员的使用方式与结构体相同。其引用形式为：

```
共用体变量名.共用体成员名
```

例如形式一和形式二可表示为：

```
aa.ch='a';aa.i=10;aa.f=3.14;
```

共用体变量成员可以与其他简单变量一样参与运算，但是它存取前后必须一致，否则无效。

【例 7.5】　字和字节处理。

程序如下：

```
#include <stdio.h>
struct w
{
    char low;
    char high;
};
```

```
union u
{
    struct w byte;
    short word;
}uw;
void main()
{
    int result;
    uw.word=0x1234;
    printf("word value: %04x\n",uw.word);
    printf("high byte: %02x\n",uw.byte.high);
    printf("low byte : %02x\n",uw.byte.low);
    uw.byte.low=0xff;
    printf("word value: %04x\n",uw.word);
    result=uw.word+0x2000;
    printf("the result: %04x\n",result);
}
```

运行结果：

```
word value: 1234
high byte: 12
low byte: 34
word value: 12ff
the result: 32ff
```

7.3 枚举类型

实际应用中有些数据只是有限几种取值，如人的性别只有男、女；一周只有星期一、星期二、…、星期日，那么，如何描述这些数据呢？C 语言提供了枚举类型可更好地解决这类问题。所谓枚举，是将变量的值一一列举出来，变量的取值仅限于列举值的范围内。枚举类型用“enum”作为关键字。

7.3.1 枚举类型的定义

枚举类型定义的一般形式：

```
enum 枚举名
{枚举值表};
```

在枚举值表中应罗列出所有可用值。这些值也称为枚举常量。

例如：

```
enum weekday
{ sun,mon,tue,wed,thu fri,sat };
```

说明如下。

1）enum 是枚举类型的关键字，枚举名是用户定义的标识符，在其后的枚举变量定义中使用；枚举元素也是标识符，“整型常量”为枚举元素的序号初值，常常省略。

2）上例定义了一个枚举类型名为 enum weekday，枚举值共有 7 个，包含了 sun、mon、tue、wed、thu、fri、sat7 个枚举常量或枚举元素。

3）枚举常量本身不具有任何含义，就是标识符，是人为地赋予内在含义。

4）枚举元素作为常量，它们是有值的。编译程序按顺序给每个枚举元素一个对应的序号，序号的值从 0 开始，后续元素顺序加 1，它们的值顺序为 0、1、2、…。

7.3.2　枚举类型变量

1. 枚举类型变量的定义

与前面的结构体、共用体一样，枚举也存在三种定义形式。

形式一：

```
enum  枚举名
{枚举值 1,枚举值 2,…,枚举值 n};
enum 枚举名 变量名表列;
```

形式二：

```
enum  枚举名
{枚举值 1,枚举值 2,…,枚举值 n}变量名表列;
```

形式三：

```
enum {枚举值 1,枚举值 2,…,枚举值 n} 变量名表列;
```

说明如下。

1）枚举名为用户定义标识符。

2）枚举值又称为枚举元素或枚举常量，也是用户定义标识符。以形式二为例：

```
enum weekday
{
sun,mon tue,wed,thu,fri,sat
};
enum weekday workday, holiday;
```

它定义了枚举类型 enum weekday 的两个变量 workday、holiday，枚举类型变量的取值范围只限于类型定义时所列出的值，变量 workday 和 holiday 的取值范围在 sun 与 sat 之间。

2. 枚举类型数据的使用

对枚举类型数据使用说明如下。

1）枚举元素是常量，不是变量，可以将枚举常量赋给一个枚举变量，但不能对枚举常量的序号值赋值。例如：

```
workday =sat;              /*正确，把枚举常量 sat 赋给枚举变量 workday*/
sun = 0; mon = 1;          /*错，不能对枚举常量的序号值赋值*/
```

但在定义枚举类型时，可以指定枚举常量的值，例如：

```
enum weekday {sun=7, mon=1, tue, wed, thu, fri, sat};
```

此时，tue、wed、…的值从 mon 的值顺序加 1。如，tue 为 2、wed 为 3。

2）枚举元素是常量，在 C 编译器中，按定义时的排列顺序取值 0、1、2、…。例如：

```
……
enum weekday {sun,mon,tue,wed,thu,fri,sat};
enum weekday workday;
workday=wed;
printf("%d",workday);
……
```

输出整数 3。

3）枚举值可以进行加（减）一个整数 n 的运算，用以得到其后（前）第 n 个元素的值。

4）枚举值可以按定义时的序号进行关系比较，如：“if(workday==mon)…”。枚举值的比较规则是以其在定义时的顺序号大小为依据的。

5）只能给枚举变量赋枚举值，若赋序号值必须进行强制类型转换。如：“workday=2;”是非法的赋值。而“workday=(enum weekday)2;”或“workday=(enum weekday)(5-3);”都是合法的赋值。它相当于“workday=tue;”。

6）枚举变量也可以做函数的参数或函数的返回值。

【例 7.6】 枚举类型变量的应用。

分析：枚举类型变量在条件和循环语句中应用广泛。

程序代码如下：

```
#include <stdio.h>
void main()
{
enum color_name {red,yellow,blue,white,black};
enum color_name color;
for (color=red;color<=black;color=(enum color_name)(color+1))
    switch(color)
        {   case red:     printf("red,%d\n",red);break;
            case yellow:  printf("yellow,%d\n",yellow);break;
            case blue:    printf("blow,%d\n",blue);break;
            case white:   printf("white,%d\n",white);break;
            default:      printf("black,%d\n",black);break;
        }
}
```

程序运行结果：

```
red,0
yellow,1
blue,2
white,3
black,4
```

7.4 类型的重新命名

在应用中，C 语言不仅提供基本数据类型（如 int、char、float、double 等）和构造类型，还允许用户为数据类型取“别名”。类型定义符“typedef”即可用来完成此功能。typedef 的一般形式为：

```
typedef 类型名 标识符;
```

其中，“类型名”为已有定义的类型标识符，“标识符”是给“类型名”取的别名，是用户定义的标识符。经此说明后的标识符可作为原数据类型名使用。

例如：

```
typedef int INTEGER;
typedef float REAL;
```

说明如下。

1）为了增加程序的可读性，把已有的数据类型作简单的名字替换，在编译时，与原类型等价。例如：

```
int i, j ;   float a, b;
typedef int INTEGER;
typedef float REAL;
```

经此重新命名后，INTEGER 与 int，REAL 和 float 分别成为同义词，且语法、语义上完全相同。因此，“INTEGER i, j;”等价于“int i,j;”。“REAL a, b;”等价于“float a,b;”。

2）typedef 定义没有产生新的数据类型，只是将原有的数据类型名取了别名，仅改变了表达方式，是别名的作用。

3）使用 typedef 简化数据类型的书写。例如：

```
typedef struct tagDATE
{
 int month;
 int day;
 int year;
} DATE;
DATE birthday;
```

用 DATE 替代结构体类型名 struct tagDATE，这里的 DATE 属于结构体类型名，而不是结构体变量名。所以可以用 DATE 去定义结构体变量 birthday。因此“DATE birthday;”相当于“struct tagDATE birthday;”这样，既做到书写方便，又可以较明确地表示结构体类型的含义，提高程序结构体的清晰度。

习 题 7

一、选择题

1．有如下说明语句：

```
struct stu {
  int a ; float b ;
} stutype ;
```

则以下叙述中不正确的是（　　）。

A．struct 是结构体类型的关键字

B．struct stu 是用户定义的结构体类型

C．stutype 是用户定义的结构体类型名

D．a 和 b 都是结构体成员名

2．以下关于 typedef 的叙述错误的是（　　）。

A．用 typedef 可以增加新类型

B．typedef 只是将已存在的类型用一个新的名字来代表

C．用 typedef 可以为各种类型说明一个新名，但不能用来为变量说明一个新名

D．用 typedef 为类型说明一个新名，通常可以增加程序的可读性

3．若有以下语句：

```
typedef struct S
{int g; char h;} T;
```

则以下叙述中正确的是（　　）。

A．可用 S 定义结构体变量　　B．可用 T 定义结构体变量

C．S 是 struct 类型的变量　　D．T 是 struct S 类型的变量

4．当定义一个共用体变量时，系统分配给它的内存是（　　）。

A．各成员所需内存量的总和　　B．成员中占内存量最大者所需的内存量

C．结构中第一个成员所需内存量　　D．结构中最后一个成员所需内存量

5．在下列程序段中，枚举变量 c1,c2 的值依次是（　　）。

```
enum color {red,yellow,blue=4,green,white}c1,c2;
c1=yellow;c2=white;
printf("%d,%d\n",c1,c2);
```

A．1,6　　B．2,5　　C．1,4　　D．2,6

6．定义以下结构体数组：

```
struct
{
    int num;
    char name[10];
}x[3]={1,"china",2,"USA",3,"England"};
```

则语句 printf("\n%d,%s",x[1].num,x[2].name);的输出结果为（　　）。

A．2,USA　　B．3,England　　C．1,china　　D．2,England

7．以下对结构体类型变量的定义中，不正确的是（　　）。

A．typedef struct aa
```
{int n;
 float m;
}AA;
AA td1;
```
B．struct aa
```
{int n;
float m;
}td1;
```
C．struct
```
{ int n;
  float m;
}aa;
struct aa td1;
```
D．struct
```
{ int n;
  float m;
}td1;
```

8．有如下定义：

```
struct person{char name[9]; int age;};
struct person class[10]={"Johu", 17, "Paul", 19 , "Mary", 18, "Adam", 16};
```

根据上述定义，能输出字母 M 的语句是（　　）。

A．printf("%c\n", class[3].name);　　B．printf("%c\n", class[3].name[1]);

C．printf("%c\n", class[2].name[1]);　　D．printf("%c\n", class[2].name[0]);

9．已知职工记录描述为：

```
struct workers
{  int no;
   char name[20];
   char sex;
   struct
   {
     int day;
     int month;
     int year;
   }birth;
};
struct workers w;
```

设变量 w 中的“生日”是“1993 年 10 月 25 日”，下列对“生日”的赋值方式正确的是（　　）。

A．day=25；
month=10；
year=1993；

B．w.day=25；
w.month=10；
w.year=1993；

C．w.birth.day=25；
w.birth.month=10；
w.birth.year=1993；

D．birth.day=25；
birth.month=10；
birth.year=1993；

10．若有定义“enum weekday{mon, tue, wed,thu, fri}workday;”，则下列语句不正确的是（　　）。

A．workday=(enum weekday)3;　　B．workday=(enum weekday) (4-2);

C．workday=3;　　D．workday=thu;

二、填空题

1．若有如下结构体说明：

```
struct STRU
{int a, b ; char c;
 double d;
};
```

请填空，以完成对 t 数组的定义，t 数组的 20 个元素均为该结构体类型：__________。

2. 若有以下说明和定义，则对该结构体各个域的引用形式是__________，__________，__________，__________。

```
struct aa
{  int x;
   char y;
   struct z
   {  double y;
      int z;
   }z;
}x;
```

3．下列程序的输出结果是__________。

```
#include <stdio.h>
void main()
{union EXAMPLE
   {  struct
   {  int x;
      int y;
 }in;
int a ;
int b ;
}e;
e.a=1;  e.b=2;  e.in.x=e.a*e.b;   e.in.y=e.a+e.b;
printf("%d,%d\n",e.in.x,e.in.y);
}
```

三、写出下列程序的运行结果

1．

```
#include <stdio.h>
struct abc
{ int a, b, c; };
void main()
{ struct abc s[2]={{1,2,3},{4,5,6}}; int t;
  t=s[0].a + s[1].b;
  printf("%d \n", t);
}
```

2.

```
#include <stdio.h>
union myun
{ struct
  { int x, y, z; } u;
  int k;
}a;
void main()
{a.u.x=4; a.u.y=5; a.u.z=6;
 a.k=0;
 printf("%d\n",a.u.x);
}
```

3.

```
#include <stdio.h>
struct  contry
{
  int  num;
  char  name[20];
}x[5]={1,"China",2,"USA",3,"France",4,"Englan",5,"Spanish"};
void main()
{
  int i;
  for(i=3;i<5;i++)
     printf("%d%c",x[i].num,x[i].name[0]);
}
```

4.

```
#include <stdio.h>
struct S
{ int a,b;}data[2]={10,100,20,200};
void main()
{ struct S p=data[1];
  printf("%d\n",++(p.a));
}
```

5.

```
#include <stdio.h>
void main()
{ struct STU { char name[9]; char sex; double score[2]; };
  struct STU a={"Zhao",'m',85.0,90.0}, b={"Qian",'f',95.0,92.0};
  b=a;
  printf("%s,%c,%2.0f,%2.0f\n",b.name,b.sex,b.score[0],b.score[1]);
}
```

四、编程题

1. 建立一个结构体，包括学生的姓名、性别、年龄和一门课程的成绩。建立的结构体数组通过输入可存放全班（最多45人）学生的信息，输出考分最高学生的姓名、性别、年龄和课程成绩。

2. 从键盘输入5个学生的数据，每个学生的数据包括：姓名、性别和成绩。要求统计男、女人数，并计算平均成绩。

第8章

函　　数

前几章介绍了C语言中的数据类型、运算符、表达式以及基本语句，这些内容是编写程序的基础。通过前面的学习，读者已经能够编写只由主函数即main( )函数组成的简单小程序。如果要编写实现多个功能的较大程序就需要使用模块化程序设计方法。模块化程序设计的基本思想是将一个大程序按照功能分割成一些模块，使每一个模块都成为功能单一、结构清晰、接口简单、容易理解的小程序。在C语言中，所谓模块就是函数。C语言程序有且只有一个主函数，主函数就是主控模块，其他模块是由用户自定义函数实现的，C语言程序设计的核心之一就是自定义函数的设计。本章介绍函数如何定义、如何调用及函数间的联系等内容，希望通过本章的学习使读者掌握多模块程序的设计方法。

8.1 概　　述

函数是完成特定功能且符合相应规范的程序段，是C程序的基本单位。从宏观上看，一个C程序就是由一个或多个函数组成的，且这些函数可以放在一个或多个源程序文件中。当函数放在多个源程序文件中时，每个源程序文件可以单独进行编译，形成独立的模块（.OBJ文件），然后链接在一起，形成可执行文件。

一个C程序必须有且只能有一个主函数main( )。main( )函数是C程序执行的入口。在C语言中，所有的函数定义，包括main( )函数在内，都是平行的，也就是说不能嵌套定义。但是，函数之间允许相互调用，也允许嵌套调用。这里要特别说明一点，main( )函数是主函数，它可以调用其他函数，而不允许被其他函数调用。习惯上把调用函数称为主调函数，被调用函数称为被调函数。

下面简要介绍函数的分类。

1）从函数定义的角度看，函数可以分为库函数和用户自定义函数两种。

① 库函数（标准函数）：函数库中的函数称为库函数。为了使用方便，每一种C语言编译版本都提供一批由厂家开发编写的函数，存储在一个库中，这就是函数库。每一种C语言编译版本提供的库函数的数量、函数名、函数功能是不完全相同的。因此，在使用库函数时应查阅所用的编译系统是否提供所用到的函数。ANSI C以现行的各种编译系统所提供的库函数为基础，提出了一批建议使用的库函数，希望各编译系统能提供这些函数，并使用统一的函数名和实现一致的函数功能。由于历史原因，目前有些C语言编译系统还未能完全

提供 ANSI C 所建议的函数，而有些 ANSI C 建议不包括的函数，在一些 C 语言编译系统中仍然在使用。若读者要完全了解 ANSI C 库函数，可以参考 C 语言标准草案（83 ANSI C、87 ANSI C、C99）。注意，最新标准 C99 还未得到主流编译器厂家的支持。读者在编写 C 程序时，最好的方法是查阅所用编译系统的参考手册。注意：库函数并不是 C 语言的一部分。用户可以根据需要自己编写所需要的库函数，即扩展标准库。使用库函数时，用户只需在源程序中，包含有该函数原型的头文件即可在程序中直接调用库函数。

② 用户自定义函数：用户按需要编写的函数称为用户自定义函数。对于用户自定义函数来说，不仅要在程序中定义函数本身，而且在主调函数模块中通常还需要对该被调函数先进行函数说明，然后才能使用。但对于在主调函数前定义的用户自定义函数，在主调函数中可以不对其作函数说明。

2）从是否有函数返回值的角度，可以把函数分为有返回值的函数和无返回值的函数。

① 有返回值函数：此类函数被调用执行完后将向调用函数返回一个执行结果。

② 无返回值函数：此类函数用于完成某项特定的处理任务，执行完成后不向调用函数返回函数值，用户在定义此类函数时可指定它的返回值为“void”类型，即空类型。

3）从函数的形式看，函数分为无参函数和有参函数。

① 无参函数：函数定义、函数说明及函数调用中均不带参数。

② 有参函数：也称带参函数。在函数定义及函数说明时都有参数，称为形式参数（简称为形参）。在函数调用时也必须给出具有一定值的参数，称为实际参数（简称为实参）。

8.2 函数的定义

C 语言要求，在程序中用到的所有函数，必须“先定义，后使用”。

定义函数应包括以下几个内容。

1）指定函数的名字，以便以后按名调用。

2）指定函数的类型，即函数返回值的类型。

3）指定函数的参数的名字和类型，以便在调用函数时向其传递数据。对于无参函数不需要这项。

4）指定函数完成什么功能，也就是函数需要做哪些操作来完成其自身的功能。

下面，就来介绍无参函数和有参函数定义的一般形式。

8.2.1 无参函数的定义

无参函数定义的一般形式为：

```
[类型名] 函数名( )
{
    函数体
}
```

或者：

```
[类型名] 函数名(void)
{
   函数体
}
```

说明如下。

1）函数名后面括号内的“void”表示“空”，即函数没有参数。

2）函数名是用户标识符，按照用户标识符的命名规则来命名函数名。

3）类型名即“类型标识符”（如 int、float、char 等），用来指定函数值的类型。当函数值的类型为整型 int 时可省略。

4）函数体包括声明部分（如变量的定义等）和语句部分。

例如，有以下程序：

```
#include <stdio.h>
void prt( )
{
    printf("I like C program.\n");
}
void main( )
{
    prt( );
}
```

程序运行结果为：

```
I like C program.
```

其中，程序行 2～5 是函数定义，prt 是函数名，prt 后面圆括号中的内容为空，说明它是一个无参函数，void 是 prt( )函数的类型，函数类型为空类型，说明函数 prt( )没有返回值。

8.2.2 有参函数的定义

在 C 程序中，一个函数与其他函数之间经常需要通过函数的参数来传递数据，这就需要定义有参函数。有参函数有两种定义形式。一种是传统风格的定义形式，另一种是现代风格的定义形式。

1）传统风格的有参函数定义的一般形式为：

```
[类型名] 函数名(形式参数表)
形式参数说明;
{
    函数体
}
```

其中，类型名、函数名、函数体的说明与无参函数中的说明相同。形式参数有多个时，形式参数（简称形参）间用逗号分隔。形参名与函数名相同，也是用户自定义标识符，遵循用户标识符的命名规则来命名。

例如：

```
double add(x,y)
double x,y;
```

```
{   double z;
    z=x+y;
    return(z);
}
```

这里定义了一个函数，函数名是add，函数的返回值是双精度型double，函数名add后面的圆括号中有两个形式参数x和y，程序的第2行定义形参x和y均为双精度型double。

2）现代风格的有参函数定义的一般形式为：

```
[类型名] 函数名(类型名 形参1[,类型名 形参2,……])
{
    函数体
}
```

这种定义形式在函数名后面的圆括号中既说明形参名，又说明形参的类型。需要注意的是当有多个形参时，每个参数要分别定义。

例如：

```
double add(double x,double y)
{ double z;
  z=x+y;
  return(z);
}
```

上面对函数add( )的定义是正确的，而下面对函数add( )的定义是错误的。

```
double add(double x,y)
{ double z;
  z=x+y;
  return(z);
}
```

形参y没有定义数据类型，函数名add后面圆括号里的double是对形参变量x的数据类型说明。

Visual C++ 6.0和目前使用的其他版本的C语言编译系统对这两种函数定义形式都允许使用。但是，提倡使用现代风格的函数定义形式。本书程序中的函数定义都采用现代风格的定义形式。

8.2.3 空函数的定义

函数体为空的函数是空函数。空函数定义的一般形式为：

```
[类型名] 函数名([形式参数表列])
{
}
```

例如：

```
void dummy( )
{ }
```

定义的函数dummy( )是一个空函数。

表面上看，空函数没有函数体，不执行任何操作，似乎没有任何作用。但是，空函数在模块化程序设计中十分有用，它可以扩充程序功能（函数）模块。在程序编写的开始阶段，可以在将来准备扩充功能的地方写上一个空函数，这个函数只是暂时还未编写函数体，先用空函数占一个位置，等以后扩充程序功能时再编写函数体，以实现函数的功能。

8.3 函数的参数和函数的返回值

8.3.1 形式参数和实际参数

在调用函数时，大多数情况下，主调函数和被调函数之间有数据传递关系，根据参数所在位置不同可将函数参数分为形式参数和实际参数。形式参数（简称形参）是指在函数定义时函数名后面括号中的变量名。实际参数（简称实参）是指在函数调用时，函数名后面括号中的表达式。

下面以简单变量作为形式参数为例，介绍形式参数和实际参数之间的关系。

【例 8.1】 输入两个整型数，求出较大者。

程序如下：

```
#include <stdio.h>
int max(int x,int y)                /* ① 定义函数，x、y 是形参 */
{ int z;
  z=x>y?x:y;
  return(z);
}
void main( )
{ int a,b,c;
  printf("input integers a,b: \n");
  scanf("%d,%d",&a,&b);
  c=max(a,b);                      /* ② a、b 是实参*/
  printf("Max is %d\n",c);
}
```

程序运行情况如下（下划线部分为用户输入内容）：

```
input integers a,b:
7,8
Max is 8
```

程序分析如下。

1）程序行①（注释中标出的）是一个带有参数的函数定义(注意，①行的末尾没有分号)。其中，函数名为 max，x 和 y 是两个形参变量名。

2）main( )函数中②（注释中标出的）行是一个函数调用语句，max(a,b)括号内的 a 和 b 是两个实参变量名，a 和 b 是 main( )函数中定义的变量；x 和 y 是函数 max( )中的形式参数变量，通过函数调用，使两个函数中的数据发生联系。

3）程序从main( )函数开始执行，执行到函数调用max(a , b) 时，暂停main( )函数的执行，程序流程转到max( )函数，系统为形参变量x和y开辟存储单元，并将实参变量a的值传送赋值给形参变量x，将实参变量b的值传送赋值给形参变量y，然后开始执行max( )函数体，当执行到语句“return(z); ”时，将变量z的值作为max( )函数的值返回给main( )函数，结束max( )函数的执行，在发生函数调用点处继续执行main( )函数，形参变量x和y开辟的存储单元被系统释放，max( )函数值赋给变量c。主调函数和被调函数、形参和实参的关系如图8-1所示。

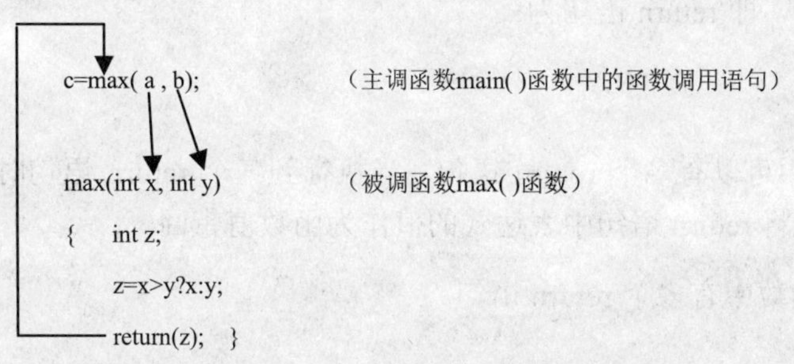

图8-1 主调函数和被调函数、形参和实参的关系

关于形参和实参的说明如下。

1）在定义函数中指定的形参变量，在未出现函数调用时，它们并不占用内存中的存储单元。只有在发生函数调用时函数中的形参才被分配内存单元，在函数调用结束后，形参所占用的内存单元就被释放。

2）实参可以是常量、变量或表达式，例如：

```
max(3,x+y);
```

但要求它们有确定的值，在调用时将实参的值赋给形参变量。

3）在被定义的函数中，必须指定形参的类型。

4）实参与形参的类型应一致，字符型与整型可以互相通用，上例中实参和形参都是整型，这是合理的。如果实参为整型而形参为实型，或者相反，则发生“类型不匹配”的错误。

5）C语言规定，实参对形参的数据传递是“数值传递”，是单向传递，只能由实参传给形参，而不能由形参传回给实参。

在函数调用开始时，系统为形参开辟一个临时存储区作为形参单元，然后将实参对应的值传递给形参（送入临时存储区中），这时形参得到实参的值，这种传递方式称为“值传递”。函数调用结束后，形参单元被释放，实参单元仍保留并维持原值，因此，在执行一个被调用函数时，形参的值如果发生改变，并不会影响主调函数的实参的值。

8.3.2 函数的返回值

通常，希望通过函数调用使主调函数能得到一个确定的值，这就是函数的返回值，简称为函数值。函数值是一种数据，它具有数据的属性：值和类型。函数值的类型在函数定义时指定，函数的返回值可以通过return语句获得。

return 语句的一般形式为：

形式一：

```
return(表达式);
```

形式二：

```
return 表达式;
```

return 语句的形式一和形式二通用。return 语句的功能是使程序控制流程返回到主调函数，同时将表达式的值返回给主调函数。当仅仅是将程序控制流程返回到主调函数时，括号和表达式可以省略，即 return 语句为：

```
return;
```

说明如下。

1）一个函数中可以有多个 return 语句，当执行到某个 return 语句时，程序的控制流程返回调用函数，并将 return 语句中表达式的值作为函数值带回。

【例 8.2】 函数中有多个 return 语句。

程序如下：

```
#include <stdio.h>
fun(int x)
{  if(x>20) return(1);
   else return(0);
}
void main( )
{  int a,b;
   scanf("%d",&a);
   b=fun(a);
   printf("b=%d\n",b);
}
```

程序运行情况一：

```
10
b=0
```

程序运行情况二：

```
30
b=1
```

2）若函数体内没有 return 语句，就一直执行到函数体的末尾，然后返回调用函数，这时也有一个不确定的函数值被带回。

【例 8.3】 函数中无 return 语句。

程序如下：

```
#include <stdio.h>
printstar( )
{   printf("**********");
```

```
}
void main( )
{  int a;
   a=printstar( );
   printf("%d\n",a);
}
```

程序运行结果如下：

```
**********10
```

3）若不要求带回函数值，则应该将函数定义为 void 类型。

例如，将例 8.3 中的 printstar( )函数首部改为：

```
void printstar( )
```

就能避免在主函数中引用 printstar( )函数值。如果在 main( )中使用“a=printstar( );”语句，系统会报错，因为 printstar( )函数值类型已经定义为 void 无值类型，就不能再使用其函数值。如果主函数 main( )改写为：

```
void main( )
{
    printstar( );
}
```

则程序输出结果如下：

```
**********
```

4）return 语句中表达式的类型应与函数值的类型一致。若不一致，则以函数值的类型为准，并由系统按赋值兼容的原则进行处理。

【例 8.4】 return 语句中表达式的类型与函数值的类型不一致。

程序如下：

```
#include <stdio.h>
int max(float x, float y)
{  float z;
   z=x>y?x:y;
   return(z);
}
void main( )
{  float a,b,c;
   scanf("%f,%f",&a,&b);
   c=max(a,b);
   printf("Max is %5.2f\n",c);
}
```

程序运行情况如下：

```
2.5,7.8
Max is  7.00
```

程序分析：语句 return(z);中变量 z 的类型为单精度（float）与函数 max( )定义的函数值类型整型（int）不一致，所以系统将变量 z 的值 7.8 转换成整型值 7 返回给 main( )函数。

8.4 函数的调用

程序模块是由函数构成的，并且函数之间可以存在某种关系，这种关系就是函数调用。C 程序中，函数调用的基本规则为：主函数 main( )调用其他函数，其他函数间也可以相互调用，并且一般要在函数调用前对被调函数进行声明。

主调函数调用被调函数时，在调用点处暂停主调函数的执行而转去执行被调函数的函数体部分，被调函数执行完毕后程序流程返回到主调函数的调用点处继续执行程序。当被调函数是有参函数时，函数调用初始阶段将实参的值传送给形参，如果被调函数有函数值，则在被调函数执行完毕后还将函数值带回给主调函数。

8.4.1 函数调用的一般形式

函数调用的一般形式为：

```
函数名([实参表列])
```

实参表列中的参数可以是常量、变量或其他构造类型数据及表达式，而且是有确定值的参数。各实参之间用逗号分隔。实参的个数、类型必须与对应的形参一致，否则编译程序虽然有时不报错，但是，最终可能导致一个错误的结果。实参与形参按次序对应，一一传递数据。对无参函数调用时则无实参表列。

注意

不同的编译系统在函数调用时，对实参的求值顺序可能不相同。有的系统按照自左至右的顺序求解实参的值，而有的系统按照自右至左的顺序求解实参的值。大部分的编译系统按照自右至左的顺序求解实参的值。在 Visual C++ 6.0 系统中，按照自右至左的顺序对实参求值。

【例 8.5】 实参求值的顺序。

程序如下：

```
#include <stdio.h>
void fun(int x,int y)
{  printf("x=%d, y=%d\n", x, y);
}
void main( )
{  int a=8;
   fun(a,a=a+2);
}
```

若是按照自右至左的顺序求解实参值的系统，输出结果如下：

```
x=10, y=10
```

若是按照自左至右的顺序求解实参值的系统，输出结果如下：

```
x=8, y=10
```

程序分析：程序中“fun (a,a=a+2)”是函数调用，由于函数 fun( )定义时有两个参数，所以调用该函数时需要有两个实参，并且实参 a、a=a+2 和形参 x、y 类型相同均为 int。函数调用时 a 的值传送给 x，赋值表达式 a=a+2 的值传送给 y。

8.4.2 函数调用的方式

函数调用一般有以下三种方式。

1）函数调用语句方式：函数调用在主调函数中以一条独立的语句形式出现，即函数调用的一般形式加上分号构成函数调用语句。例如，“printf ("%d",a); fun(a, a+2);”都是以函数调用语句的方式调用函数。这种方式不要求函数有返回值。

2）函数调用表达式方式：函数调用作为表达式中的一部分出现在表达式中，函数返回值参与表达式的运算。这种方式要求函数是有返回值的。例如，“c=max(a, b)”是一个赋值表达式，系统调用函数 max( )，并且将返回值赋值给变量 c。

3）函数调用作为函数实参方式：这种情况是把该函数的返回值作为实参，因此要求该函数必须有返回值。例如，“printf("%d",max(10,20));”即是调用函数 max( )并将函数的返回值 20 又作为 printf( )函数的实参来使用，在屏幕上输出 20。“c=max(10,max(2+3,6)); ”其中的函数调用“max(10,max(2+3,6))”的第 2 个实参“max(2+3,6)”又是函数调用，系统先执行函数调用“max(2+3,6)”，得到函数值 6，然后再执行函数调用“max(10,6)”得到函数值 10 赋值给变量 c。

8.4.3 函数的声明

当一个函数调用另一个函数时，被调函数必须是已经存在的。通常，需要在主调函数中对被调函数进行声明（或者称之为说明）。函数声明的作用是把函数名、函数参数的个数和参数类型等信息通知编译系统，以便在遇到函数调用时，编译系统能正确识别函数并检查函数调用是否合法。函数定义就是建立函数，即编写不存在的函数，函数定义只能一次。而函数声明是对存在的函数进行声明，函数声明可以多次。

在程序中被调用的函数有两种类型：一种是库函数，另外一种是用户自定义函数。对于调用库函数，只需要在主调函数所在的文件中用#include 命令包含相应的头文件即可。但对于调用用户自定义函数，一般都需要在主调函数的外部或者在主调函数中对其进行声明（调用函数与被调函数在同一个文件中），或者在主调函数所在的文件中用#include 命令包含被调用函数所在的文件（调用函数与被调函数在不同文件中）。这里，主要讨论主调函数与被调函数在同一个文件中的情况。

C 语言新版本的函数声明也称为函数原型（function prototype）。使用函数原型是 ANSI C 的一个重要特点。

函数声明（函数原型）的一般形式有两种，分别为：

形式一：

```
函数类型 函数名([参数类型 1,参数类型 2,…,参数类型 n]);
```

形式二：

函数类型 函数名([参数类型 1 参数名 1,参数类型 2 参数名 2,…,参数类型 n 参数名 n]);

说明如下。

1）格式中方括号中的内容可以省略。如果函数定义为有参函数，则在函数声明中必须有方括号中的内容，否则，没有方括号中的内容。

2）形式一是函数声明的基本形式。为了便于阅读程序，也允许在函数声明中加上参数名，就是形式二。但是，编译系统不检查参数名。因此参数名可以与定义时的形参名不同。

3）以前 C 语言版本的函数声明方式不是采用函数原型，而只声明函数名和函数类型。即对于有参函数的声明形式为：

函数类型 函数名( );

这种函数声明不包括参数类型和参数个数，也就是说，函数调用时系统不检查参数类型和参数个数。新版本也兼容这种用法，但不提倡这种用法，因为它未对函数调用的合法性进行全面检查，程序运行有时会出现运行错误。

例如，定义 max( )函数的首部为：

```
int max(int x, int y)
```

以下对 max( )函数的三种声明都是正确的：

```
int max(int,int);
int max(int x,int y);
int max(int a,int b);
```

【例 8.6】 函数声明举例。从键盘输入两个实数，输出最大的数。

程序如下：

```
#include <stdio.h>
float f1(float,float);                /*在函数外部对 f1()函数作声明*/
void main( )
{ float f1(float a,float b);          /*在 main()函数中对 f1()函数作声明*/
  float x,y,z;
  scanf("%f,%f",&x,&y);
  z=f1(x,y);
  printf("%f",z);
}
float f1(float a,float b)
{ float c;
  c=a>b?a:b;
  return(c);
}
```

程序分析如下。

1）在该程序中，两次对 f1( )函数作了声明是合法的，如前所述，函数声明是对被调函数进行声明，函数声明的作用是把函数名、函数参数的个数和参数类型等信息通知编译系统，以便在遇到函数调用时，编译系统能正确识别函数并检查函数调用是否合法。所以，函数可以多次作声明。在本例中如果将这两个声明任意删除一个，只保留一个声明也是合法的，但是如果把两个函数声明都删除是不合法的，系统会报错。因为编译系统对程序进行编译是从上到下逐行进行的，如果没有对函数的声明，当编译到语句“z=f1(x,y);”时，编译系统无法确定 f1 是不是函数名，也无法判断实参（x 和 y）的类型和个数是否正确，因而无法进行正确性的检查。

2）如果把 f1( )函数定义部分放在主函数 main( )的前面，就可以不对 f1( )函数做声明。修改后的程序如下所示：

```
#include <stdio.h>
float f1(float a,float b)
{ float c;
  c=a>b?a:b;
  return(c);
}
void main( )                        /*不用对 f1( )函数作声明*/
{
  float x,y,z;
  scanf("%f,%f",&x,&y);
  z=f1(x,y);
  printf("%f",z);
}
```

被调函数 f1( )在主调函数 main( )之前已经定义，在主调函数 main( )中，可以不对被调函数 f1( )进行说明，因为编译系统先对函数 f1( )作编译，会根据函数首部提供的信息对函数的调用作正确性检查。

根据主调函数和被调函数的相对位置，C 语言规定，在下列两种情况下可以直接调用函数，不用对被调函数进行声明。

1）被调用函数在调用函数之前定义。

2）如果在文件的开头，在所有函数定义之前，已经对被调函数作了声明，则在各主调函数中都不必对被调函数进行声明。例如：

```
double function_1(int a,int b);     /*函数声明*/
float function_2(float x,int y);    /*函数声明*/
void main( )
{
     …
     function_1(15,5);              /*调用函数 function_1()*/
     function_2(15.2,10);           /*调用函数 function_2()*/
     …
     }
double function_1(int a,int b)
{
     …
}
float function_2(float x,int y)
{
     …
}
```

其中，第 1、2 行对 function_1( )函数和 function_2( )函数预先作了声明。因此在以后各函数中无需对这两个函数再作说明就可直接调用。

在调用一个函数之前声明函数是一种良好的程序设计习惯，除了增加程序的正确性，把错误排除在初级阶段外，还能提高程序的可读性。

注意

对函数值的类型为整型的被调用函数是否需要声明，不同的编译系统处理方法不同。有的编译系统规定，可以不对函数值的类型为整型的函数作声明，而 Visual C++ 6.0 系统则要求对函数值类型为整型的函数作声明。

【例 8.7】 编写一个求解从 m 个元素中选 n 个元素的组合数程序。

分析：从 m 个元素中选 n 个元素的组合数的计算公式为：

$$C_m^n = \frac{m!}{n!(m-n)!}$$

程序如下：

```
#include <stdio.h>
void main( )
{ int m,n;
  long cmn,temp;
  long f(int);                         /* f( )函数声明 */
  printf("Enter m and n:");            /*  输入 m、n */
  scanf("%d%d",&m,&n);
  cmn=f(m);                      /* 求 m! */
  temp=f(n);                     /* 求 n! */
  cmn=cmn/temp;                  /* 求 m!/n! */
  cmn=cmn/f(m-n);                /* 求公式 */
  printf("The combination:%ld\n",cmn);
}
long f(int x)                    /* 求 x! */
{ long y;
  for(y=1;x>0;--x)
     y=y*x;
  return(y);
}
```

程序的运行情况如下：

```
Enter m and n:4  3
The combination:4
```

8.5 函数的嵌套调用

通过前面的学习，我们已经知道了 C 语言函数的定义规则，即函数的定义是平行的、独立的，不能在定义一个函数的同时，在其函数体内对另一个函数进行定义，即函数不允许嵌套定义。而函数是可以嵌套调用的，也就是说，在调用一个函数的过程中，又可以调用另一个函数，如图 8-2 所示。在图 8-2 中，main( )函数是 a( )函数的主调函数，a( )函数是 main( )函数的被调函数，而 a( )函数又是 b( )函数的主调函数，b( )函数是 a( )函数的被调函数。

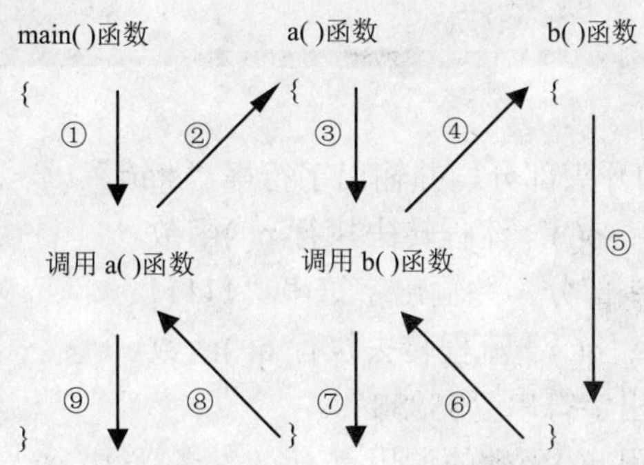

图 8-2　函数的嵌套调用的执行过程

图 8-2 表示的是两层嵌套调用，其执行过程如下。

1）执行 main( )函数的开头部分。

2）遇到调用 a( )函数的操作，流程转去执行 a( )函数。

3）执行 a( )函数的开头部分。

4）遇到调用函数 b( )的操作，流程转去执行 b( )函数。

5）执行 b( )函数并完成。

6）返回到 a( )函数的调用点。

7）继续执行 a( )函数尚未执行的部分，直到 a( )函数结束。

8）返回到 main( )函数的调用点。

9）继续执行 main( )函数尚未执行的部分，直到 main( )函数结束。

【例 8.8】　嵌套调用举例。

程序如下：

```
#include <stdio.h>
void main( )
{  void p( );             /* p()函数声明 */
   printf("start\n");
   p( );                  /* p()函数调用语句 */
   printf("end\n");
}
void p( )
{  void q( );             /* q()函数声明 */
   printf("11111\n");
   q( );                  /* q()函数调用语句 */
   printf("*****\n");
}
void q( )
{
   printf("$$$$$\n");
}
```

程序运行结果如下：

```
start
11111
$$$$$
*****
end
```

该程序的执行过程如下。

1）执行 main( )函数的开头部分，并输出字符串“start”。

2）遇到函数调用语句：p( )；流程转去执行 p( )函数。

3）执行 p( )函数的开头部分，并输出字符串“11111”。

4）遇到函数调用语句：q( )；流程转去执行 q( )函数。

5）执行 q( )函数，输出字符串“$$$$$”。

6）返回 p( )函数中调用 q( )函数的调用点。

7）继续执行 p( )函数尚未执行的部分，输出字符串“*****”，遇到 p( )函数结束的右花括号。

8）返回 main( )函数调用 p 函数的调用点。

9）继续执行 main( )函数尚未执行的部分，输出字符串“end”，遇到 main( )函数结束的右花括号，整个程序执行结束。

【例 8.9】 求两个正整数的最小公倍数。

分析：设两个整数分别为 m 和 n，根据最小公倍数的数学定义，m 和 n 的最小公倍数 = (m×n)/ (m 和 n 的最大公约数)。m 和 n 的最大公约数可用辗转相除法求得。因此，可以用一个函数求最大公约数，用另一个函数根据求出的最大公约数求最小公倍数。

程序如下：

```
#include <stdio.h>
#include <math.h>
int divisor(int m,int n);        /* divisor()函数声明*/
int multiple(int m,int n);       /* multiple()函数声明*/
void main( )
{   int m,n,result;
    printf("Input m  n: ");
    scanf("%d%d",&m,&n);
    result=multiple(m,n);
    printf("The result=%d\n",result);
}
int multiple(int m,int n)        /*根据求出的最大公约数求最小公倍数的函数*/
{   int temp;
    temp= m*n/divisor(m,n);
    return(temp);
}
int divisor(int m,int n)         /*求最大公约数的函数*/
{   int temp;
    if(m<n)
    {   temp=m; m=n; n=temp;
```

```
    }
    while((temp=m%n)!=0)
    {  m=n; n=temp;
    }
    return n;
}
```

程序运行情况如下：

```
Input m  n: 21 49
The result=147
```

程序分析：程序运行时，main( )函数调用 multiple( )函数，multiple( )函数又调用 divisor( )函数。divisor( )函数执行完成时返回到 multiple( )函数中的调用点继续执行，multiple( )函数执行完成时返回到 main( )函数中的调用点继续执行，直到遇到 main( )函数函数体的右花括号“}”结束整个程序的执行。

8.6 函数的递归调用

C 语言的特点之一就在于允许函数的递归调用。所谓函数的递归调用就是指在调用一个函数的过程中又出现直接或间接地调用该函数本身。实现递归调用的函数称为递归函数，又称为自调用函数。调用函数的过程中直接调用该函数本身的递归，称为直接递归，如图 8-3 所示，f1( )函数是直接递归函数。间接调用该函数本身的，称为间接递归，如图 8-4 所示，f1( )函数是间接递归函数。

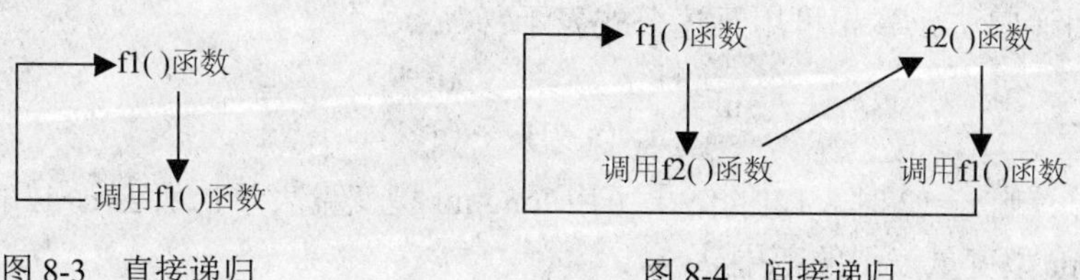

图 8-3　直接递归　　　　图 8-4　间接递归

用 C 语言编写解决实际问题的算法时，有些问题（如求解汉诺塔问题）适合用递归算法来实现，而有些问题不适合用递归算法来实现。通常，实现递归算法的 C 程序代码十分简洁，但这并不意味着执行效率就高，为了进行递归调用，系统要自动安排一系列的内部操作，因此通常使程序的执行效率降低；而且并不是所有问题都可用递归算法来实现的，一个问题如果要采用递归方法来解决时，必须符合以下三个条件。

1）找出递归问题的规律，运用此规律使程序控制反复地进行递归调用。把一个问题转化为一个新的问题，而这个新问题的解决方法仍与原问题的解法相同，只是所处理的对象有所不同。

2）可以通过转化过程使问题得以解决。

3）找出函数递归调用结束的条件，否则程序将无休止地进行递归，也就是说必须要有

某个终止递归的条件。

递归函数的典型例子是阶乘函数。在数学中，求整数 n 的阶乘按下列公式计算：

$$n!=1\times2\times3\times\cdots\times n$$

在归纳算法中，它由下列两个计算式表示：

```
n!=n*(n-1)!
1!=1
```

由公式可知，求 n!可以转化为 n×(n−1)!，而(n−1)!的解决方法仍与求 n!的解法相同，只是处理对象比原来的递减了 1，变成了 n−1。对于(n−1)!又可转化为求(n−1)×(n−2)!，而(n−2)!又可转化为……，当 n=1 时，n!=1，这是结束递归的条件，从而使问题得以解决。例如，求 4 的阶乘时的递归过程是：

```
4!=4*3!
3!=3*2!
2!=2*1!
1!=1
```

按上述相反过程回溯计算就得到了计算结果：

```
1!=1
2!=2*1!=2*1=2
3!=3*2!=3*2=6
4!=4*3!=4*6=24
```

上面给出的阶乘递归算法用函数实现时，就形成了阶乘的递归函数。根据递归公式很容易写出以下的递归函数 f( )。

【例 8.10】 用递归法求 n!。n 由用户输入，且满足 0≤n≤12。

分析：用递归法计算 n!可用下述公式表示：

$$n!=\begin{cases}1 & (n=0,1)\\ n\times(n-1)! & (n>1)\end{cases}$$

可以计算，当 n=12 时，12!的结果可用 long int 型变量表示；而当 n>12 时，n!的结果就超出 long int 型变量表示的范围。

程序如下：

```
#include <stdio.h>
long f(int n);
void main( )
{  int n;
   long result;
   printf("Input a integer number(0<=n<=12):");
   scanf("%d",&n);
   result=f(n);
   printf("%d!=%ld\n",n,result);
}
long f(int n)                         /*递归函数，求n!*/
{   if(n<0||n>12)
        printf("n<0,input error!");
```

```
    else if(n==0||n==1)
        return(1);                      /*递归终止条件*/
    else
    return(n*f(n-1));                   /*递归调用*/
    }
```

程序运行情况如下：

```
Input a integer number(0<=n<=12): 4
4!=24
```

f( )函数的功能是求 n 的阶乘，返回值是阶乘值。从函数的形式上可以看出函数体中出现了 f(n−1)，这正是调用该函数本身，所以它是一个递归函数。求 4!的递归调用的过程如图 8-5 所示。

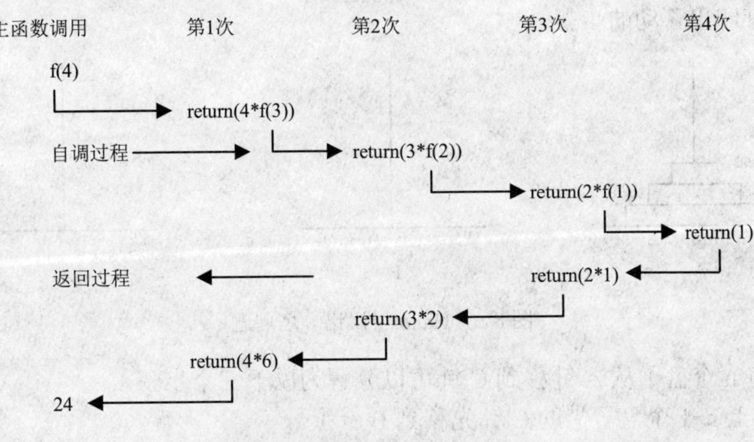

图 8-5　递归调用的执行过程

对图 8-5 所示的执行步骤分析如下。

1）进入第 1 层调用，f( )函数的形参 n 接受主调函数中实参的值 4，进入 f( )函数体后，由于表达式“n<0||n>12 和 n==0||n==1”为假，所以执行语句“return(n*f(n−1));”，return 语句的表达式“n*f(n−1)”中包含函数调用 f(n−1)，因此进行第 2 层调用，这时实参表达式 n−1 的值为 3。

2）进入第 2 层调用，f( )函数的形参 n 接受来自上一层的实参值 3，由于表达式“n<0||n>12”和“n==0||n==1”为假，所以执行语句“return(n*f(n−1));”，需要先求函数值 f(n−1)，因此进行第 3 层调用，这时实参的值为 2(等价于 f(2))。

3）进入第 3 层调用，f( )函数的形参 n 接受来自上一层的实参值 2，由于表达式“n<0||n>12”和“n==0||n==1”为假，所以执行语句“return(n*f(n−1));”需要进行第 4 层调用，实参表达式 n−1 的值为 1(等价于 f(1))。

4）进入第 4 层调用，f( )函数的形参 n 接受来自上一层的实参值 1，因为 n=1，因此执行语句“return(1);”在此遇到了递归结束条件，递归调用终止，并向第 3 层返回本层调用所得的函数值 1。

至此，自调用过程终止，程序控制开始逐步返回。

5）返回到第 3 层调用，f(n−1)(即 f(1))的值为 1，本层的 n 值为 2，表达式“n*f(n−1)”的值为“2*1=2”，向第 2 层返回函数值 2。

6）返回到第 2 层调用，f(n−1)(即 f(2))的值为 2，本层 n 的值为 3，表达式“n*f(n−1)”的值为“3*2=6”，向第 1 层返回函数值 6。

7）返回第一层调用，f(n−1)(即 f(3))的值为 6，本层 n 的值为 4，因此返回到主调函数 main( )函数的函数值为“4*6=24”。

8）返回到主调函数 main( )函数，表达式 f(4)的值为 24。

【例 8.11】 Hanoi（汉诺）塔问题。也称梵塔问题，这是一个典型的用递归方法解决的问题：有 3 根针 A、B、C。A 针上有 64 个盘子，盘子大小不等，大的在下，小的在上（如图 8-6 所示）。要求把这 64 个盘子从 A 针移到 C 针，在移动过程中可以借助 B 针，每次只允许移动一个盘子，且在移动过程中在 3 根针上都保持大盘子在下，小盘子在上。要求编程序打印出移动的步骤。

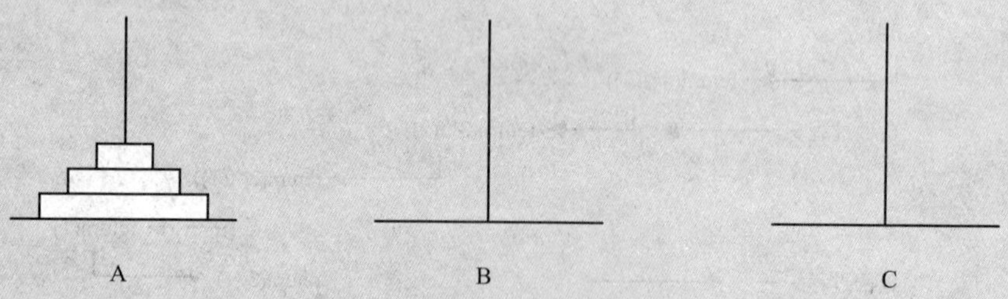

图 8-6 Hanoi（汉诺）塔问题

分析：将 n 个盘子从 A 针移到 C 针可以分解为以下三个步骤。

1）将 A 上 n−1 个盘子借助 C 针先移到 B 针上。

2）把 A 针上剩下的一个盘子移到 C 针上。

3）将 n−1 个盘子从 B 针借助于 A 针移到 C 针上。

下面以 3 个盘子为例，要想将 A 针上 3 个盘子移到 C 针上，可以分解为以下三步。

1．将 A 针上 2 个盘子移到 B 针上（借助 C 针）。

2．将 A 针上 1 个盘子移到 C 针上。

3．将 B 针上 2 个盘子移到 C 针上（借助 A 针）。

其中第 2 步可以直接实现。第 1 步又可用递归方法分解为：

1.1 将 A 针上 1 个盘子从 A 针移到 C 针上。

1.2 将 A 针上 1 个盘子从 A 针移到 B 针上。

1.3 将 C 针上 1 个盘子从 C 针移到 B 针上。

第 3 步可以分解为：

3.1 将 B 针上 1 个盘子从 B 针移到 A 针上。

3.2 将 B 针上 1 个盘子从 B 针移到 C 针上。

3.3 将 A 针上 1 个盘子从 A 针移到 C 针上。

将以上综合起来，可得到移动的步骤为：

A→C、A→B、C→B、A→C、B→A、B→C、A→C。

上面第 1 步和第 3 步，都是把 n-1 个盘子从一根针移到另一根针上，采取的办法是一样的，只是针的名字不同而已。为使之一般化，可以将第 1 步和第 3 步表示为：

将“one”针上 n-1 个盘子移到“two”针上，借助“three”针。

只是在第 1 步和第 3 步中，one、two、three 和 A、B、C 的对应关系不同而已。对第 1 步，对应关系是：

one—A、two—B、three—C

对第 3 步，对应关系是：

one—B、two—C、three—A

因此，可以把上面三个步骤分成两步来操作。

1）将 n-1 个盘子从一根针移到另一根针上（n>1）。这是一个递归的过程。

2）将 1 个盘子从一根针上移到另一根针上。

下面编写程序，用两个函数分别实现上面的两步操作，用 hanoi( )函数实现上面第 1）步操作，用 move( )函数实现上面第 2）步操作。

函数“hanoi(n,one,two,three)”表示将 n 个盘子从“one”针移到“three”针，借助“two”针。

函数“move(getone,putone)”表示将 1 个盘子从“getone”针移到“putone”针。getone 和 putone 也是代表针 A、B、C 之一。

Hanoi（汉诺）塔问题程序如下：

```
#include <stdio.h>
void move(char getone,char putone)
{
   printf("%c-->%c\n",getone,putone);
}
void hanoi(int n,char one,char two,char three)
/*将 n 个盘子从 one 借助 two，移到 three*/
{ if (n==1)
     move(one,three);
   else
   { hanoi(n-1,one,three,two);
     move(one,three);
     hanoi(n-1,two,one,three);

   }
}
void main( )
{ int m;
   printf("Input the number of diskes:");
   scanf("%d",&m);
   printf("The step to moving %d diskes:\n",m);
   hanoi(m,'A','B','C');
}
```

程序运行情况如下：

```
Input the number of diskes:3
The step to moving 3 diskes:
```

```
A-->C
A-->B
C-->B
A-->C
B-->A
B-->C
A-->C
```

特别指出，虽然递归是直接或间接的调用自身，但是和调用其他函数一样在每次调用该函数时需要为形参以及函数体中的变量重新开辟内存空间，因此调用自身和调用其他函数的调用过程无区别。编写递归程序比较简单，关键是确定递归公式。由于递归程序需要使用大量的存储空间，其执行效率较低。

8.7 构造类型数据作为函数的参数

构造类型包括数组、结构体和共用体类型。不仅简单类型数据可以作为函数的参数，构造类型数据也可以作为函数的参数。本节主要讲述结构体和数组作为函数的参数。

8.7.1 结构体变量作为函数的参数

结构体变量作为函数的参数，在函数调用时，采取的是单向的“值传送”方式，即将实参结构体变量的各个成员的值一一对应传送给形参的结构体变量各成员，但形参结构体变量的值不传送给实参结构体变量。注意，实参和形参必须是同类型的结构体变量。

【例 8.12】 输出学生信息。学生信息包括：学号、姓名、性别、年龄、住址、成绩。程序如下：

```
#include <stdio.h>
struct student
{   int no;
    char name[8];
    char sex;
    int age;
    char addr[10];
    float score;
};
void main( )
{   void out_student(struct student pstud);
    struct student stud={10,"李兵",'M',30,"大渡口",87.5};
    out_student(stud);
}
void out_student(struct student pstud)
{   printf("%-6s %-6s %-6s", "学号","姓名","性别");
    printf("%-6s %-10s %s\n", "年龄","地址","成绩");
    printf("%-6d %-6s %-6c",pstud.no,pstud.name,pstud.sex);
    printf("%-6d %-10s %.2f\n",pstud.age,pstud.addr,pstud.score);
```

```
}
```

程序运行结果如下：

```
学号    姓名    性别    年龄    地址      成绩
10      李兵    M       30      大渡口    87.50
```

程序分析：out_student( )函数的形参变量 pstud 和实参变量 stud 都是结构体 struct student 类型，当 main( )函数调用 out_student( )函数时，将实参结构体变量 stud 的各个成员的值传递给形参结构体变量 pstud 对应的成员。在 out_student( )函数体中输出的结构体变量 pstud 各成员的值，即为结构体变量 stud 各个成员的值。

【例 8.13】 函数类型为结构体类型举例。

程序如下：

```
#include <stdio.h>
#include <string.h>
typedef  struct
{  char  name[9];
   char  sex;
   float  score[2];
} STU;
STU f(STU a)
{  STU b={"Zhao",'m',85.0,90.0};
   int  i;
   strcpy(a.name,b.name);
   a.sex=b.sex;
   for(i=0;i<2;i++)
      a.score[i]=b.score[i];
   return a;
}
void main( )
{  STU c={"Qian",'f',95.0,92.0},d;
   d=f(c);
   printf("%s,%c,%2.0f,%2.0f\n",d.name,d.sex,d.score[0],d.score[1]);
}
```

程序运行结果如下：

```
Zhao,m,85,90
```

程序分析如下。

1）函数 f( )的形参变量 a 是结构体变量，由于主调函数 main( )想得到 a 的所有成员项的值，所以 f( )函数的函数类型也为结构体类型。

2）程序从主函数 main( )开始执行，执行到语句 d=f(c)；时，程序转去执行 f( )函数，系统为形参 a 开辟存储单元并把实参 c 的各成员值传送给形参 a 的相应各成员，函数 f( )的函数体内定义了结构体变量 b，当执行函数 f( )时，系统为 b 开辟存储单元并通过初始化为各成员项赋值，在函数体内通过相应的语句改变了形参 a 的值，形参 a 作为函数值返回给主函数 main( )，把 a 的各成员项的值赋值给结构体变量 d 的各成员。函数 f( )调用结束，系统释放 a 和 b 的存储单元。

8.7.2 数组作为函数的参数

数组元素也可以作为函数的实参，其用法与变量作为函数的参数时的用法相同。数组名也可以作为函数的实参和形参，C 语言规定，数组名表示的是数组中所有数组元素所占存储单元的首地址。所以，当数组名作为实参传送给形参数组时，传送的是地址值。

1. 数组元素作为函数的实参

由于实参可以是表达式形式，一维数组和多维数组元素可以是表达式的组成部分，因此，可以作为函数的实参，与变量作实参一样，数组元素作为函数实参时，实参和形参的数据传送的方式也是单向传递，即单向“值传送”方式。

【例 8.14】 分析以下程序的运行结果。

程序如下：

```
#include <stdio.h>
void swap(int x,int y)
{   int z;
    z=x;  x=y;  y=z;
}
void main( )
{   int a[2]={1,2};
    swap(a[0],a[1]);
    printf("a[0]=%d\na[1]=%d\n",a[0],a[1]);
}
```

程序运行结果如下：

```
a[0]=1
a[1]=2
```

程序分析：当程序执行到 main( )函数体中的函数调用语句“swap(a[0],a[1]);”时，系统转去执行 swap( )函数，把一维数组元素 a[0]、a[1]的值 1 和 2 分别传送给形参整型变量 x、y。注意，a[0]、a[1]和整型变量 x、y 的存储单元是各自独立的。在 swap( )函数体内改变了 x 和 y 的值，x 的值是 2，y 的值是 1。由于数组元素作为函数实参，实参和形参的数据传送方式是单向的“值传送”，所以 x 和 y 的值的改变不影响 a[0]和 a[1]的值。

【例 8.15】 有两个数组 x 和 y，各有 10 个元素，将它们对应地逐个相比（即 x[0]与 y[0]比、x[1]与 y[1]比、…）。如果 x 数组中的元素大于 y 数组中的相应元素的数目多于 y 数组中元素大于 x 数组中相应元素的数目（例如，x[i]>y[i]5 次，y[i]>x[i]3 次，其中 i 每次为不同的值），则认为 x 数组大于 y 数组。请分别统计出两个数组相应元素大于、等于和小于的次数。

程序如下：

```
#include <stdio.h>
int large(int a,int b)
{  int f;
```

```
    if(a>b)   f=1;
    else if(a<b) f=-1;
    else  f=0;
    return(f);
  }
  void main( )
  {  int x[10],y[10],i,n=0,m=0,k=0,v;
    printf("Enter arry x:\n");
    for(i=0;i<10;i++)
          scanf("%d",&x[i]);
    printf("Enter arry y: \n");
    for(i=0;i<10;i++)
          scanf("%d",&y[i]);
  for(i=0;i<10;i++)
  {  v=large(x[i],y[i]);
    if(v==1) n=n+1;
    else if(v==0) m=m+1;
    else  k=k+1;
  }
  printf("x[i]>y[i] %d times\n",n);
  printf("x[i]=y[i] %d times\n",m);
  printf("x[i]<y[i] %d times\n",k);
  if(n>k)  printf("array x is larger than array y\n");
  else if(n<k)  printf("array x is smaller than array y\n");
  else  printf("array x is equal to array y\n");
  }
```

程序运行情况如下：

```
Enter array x:
1 3 5 7 9 8 6 4 2 0
Enter array y:
5 3 8 9 -1 -3 5 6 0 4
x[i]>y[i] 4 times
x[i]=y[i] 1 times
x[i]<y[i] 5 times
array x is smaller than array y
```

【例 8.16】　结构体数组元素作为函数的参数。

程序如下：

```
#include <stdio.h>
struct STU
{ int num;
  float TotalScore;
};
void f(struct STU p)
{
  p.num=20048; p.TotalScore=690.5;
}
void main( )
{ struct STU s[2]={{20041,703},{20042,580}};
  f(s[0]);
  printf("%d %3.0f\n", s[0].num, s[0].TotalScore);
```

```
    printf("%d %3.0f\n", s[1].num, s[1].TotalScore);
  }
```

程序运行结果如下：

```
20041 703
20042 580
```

2. 数组名作为函数的参数

在 C 语言中，可以用数组名作为函数的参数，此时实参与形参都使用数组名。由于数组名代表的是数组的首地址，实参和形参的数据传递时，实参数组的首地址传递给形参数组名，形参数组名被赋值为实参数组的首地址，所以，系统没有为形参数组元素开辟新的内存存储单元，而是和实参数组共占一段内存存储单元。被调用函数中的形参数组各元素的值就是实参数组对应的各数组元素值，在被调用函数中如果改变了形参数组元素的值实际上就是改变了实参数组对应元素的值。

【例 8.17】 有一个一维数组 score，存放了 5 个学生的成绩，求这 5 个学生的平均成绩。

程序如下：

```
#include <stdio.h>
float average(float array[5])
{ int i;
  float aver,sum=0;
  for(i=0;i<5;i++)
     sum+=array[i];
  aver=sum/5;
  return(aver);
}
void main( )
{ float score[5],aver;
  int i;
  printf("Input 5 scores: \n");
  for(i=0;i<5;i++)
     scanf("%f",&score[i]);
  aver=average(score);
  printf("Average score is %4.1f\n",aver);
}
```

程序运行情况如下：

```
Input 5 scores:
80.5 90 66 96.5 78.5
Average score is 82.3
```

【例 8.18】 统计结构体数组中所有性别(sex)为‘M’的学生个数。

程序如下：

```
#include <stdio.h>
#define N 3
typedef struct
{ int num;
```

```
  char nam[10];
  char sex;
}SS;
int fun(SS person[ ])
{ int i,n=0;
  for(i=0;i<N;i++)
  if(person[i].sex=='M') n++;
  return n;
}
void main( )
{ SS W[N]={{1,"AA",'F'},{2,"BB",'M'},{3,"CC",'M'}};
  int n;
  n=fun(W);
  printf("n=%d\n",n);
}
```

程序运行结果如下：

```
n=2
```

【例 8.19】　分别求两个班学生的平均成绩。

程序如下：

```
#include <stdio.h>
float average(float array[ ],int n)
{ int i;
  float aver,sum=0;
  for(i=0;i<n;i++)
     sum+=array[i];
  aver=sum/n;
  return(aver);
}
void main( )
{ float score1[5]={98.5,97,91.5,60,55};
  float score2[10]={67.5,89.5,99,69.5,77,89,76.5,54,60,99.5};
  printf("The average of class A is %.2f\n",average(score1,5));
  printf("The average of class B is %.2f\n",average(score2,10));
    }
```

程序运行结果如下：

```
The average of class A is 80.40
The average of class B is 78.15
```

数组名作为函数参数的说明如下。

1）用数组名作为函数的参数，可以在主调函数和被调用函数中分别定义数组，例 8.17 中的 array 是形参数组名，score 是实参数组名，分别在其所在的函数中定义。

2）实参数组与形参数组类型应一致，如不一致，结果将出错。

3）实参数组和形参数组大小可以一致也可以不一致，C 编译系统对形参数组大小不作检查，只是将实参数组的首地址传给形参数组名。如果要求形参数组得到实参数组全部的元素值，则应当指定形参数组与实参数组大小一致或形参数组不小于实参数组。形参数组也可以不指定大小，在定义数组时在数组名后面紧跟一对空的方括号“[ ]”。如果在被调用函数中有处理数组元素的需要，可以另设一个参数，传递数组元素的个数。

4）数组名作为函数的参数时，是把实参数组的起始地址传递给形参数组名，这样两个数组就共占同一段内存单元，形参数组中各元素的值如发生变化会使实参数组元素的值同时发生变化，这与变量作为函数的参数的情况是不同的。在 C 语言程序设计中经常利用这一特点来改变实参数组元素的值。

【例 8.20】 用选择法对数组中 10 个字符按由小到大的顺序排序。

程序如下：

```
#include <stdio.h>
sort(char b[ ],int n)
{ int i,j,k;
  char t;
  for(i=0;i<n-1;i++)
     { k=i;
       for(j=i+1;j<n;j++)
           if(b[j]<b[k])  k=j;
       if(i!=k)
           { t=b[k]; b[k]=b[i]; b[i]=t;
           }
       }
  }
void main( )
{ int i;
  char a[10];
  printf("Enter the array:\n");
  for(i=0;i<10;i++)
     scanf("%c",&a[i]);
  sort(a,10);
  printf("The sorted array: \n");
  for(i=0;i<10;i++)
     printf("%c,",a[i]);
  printf("\n");
}
```

程序运行情况如下：

```
Enter the array:
AsuRwx02dm
The sorted array:
0,2,A,R,d,m,s,u,w,x,
```

程序分析：实参数组 a 和形参数组 b 共占一段内存存储单元，如图 8-7 所示。a[0]与 b[0]同占一个内存单元，a[1]与 b[1]同占一个内存单元，……。在 sort( )函数中将形参数组 b 中存放的无序字符序列排成升序的字符序列，在 main( )函数中就可以使用改变后的字符值，也就是将实参数组 a 中存放的无序字符序列进行了升序排列。

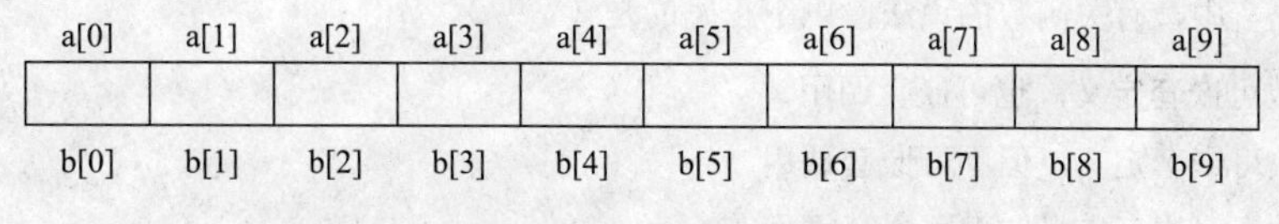

图 8-7 数组 a 和 b 共占同一段存储单元

5）多维数组名也可以作为函数的实参和形参，在被调用函数中对形参数组定义时可以指定每一维的大小，也可以省略第一维的大小说明。但是不能把第二维以及其他更高维数的大小说明省略。

下面对形参二维数组的定义是正确的：

```
int a[3][4];
int a[ ][4];
```

以下对形参二维数组的定义是不正确的：

```
int a[ ][ ];
int a[3][ ];
```

【例 8.21】 有一个 3×4 的矩阵，求其中的最大元素。

程序如下：

```
maxvalue(int array[ ][4])
{ int i,j,max;
   max=array[0][0];
   for(i=0;i<3;i++)
    for(j=0;j<4;j++)
      if(array[i][j]>max)
         max=array[i][j];
    return(max);
}
void main( )
{ int a[3][4]={{1,-3,15,0},{2,4,6,8},{5,-7,100,12}};
   printf("max value is %d\n",maxvalue(a));
}
```

程序运行结果如下：

```
max value is 100
```

习 题 8

一、选择题

1. 函数在定义时，省略函数类型说明符，则该函数值的类型是（　　）。

A. int　　B. float　　C. long　　D. double

2．在 C 语言中，有关函数的说法，以下正确的是（　　）。

A．函数可嵌套定义，也可嵌套调用

B．函数可嵌套定义，但不可嵌套调用

C．函数不可嵌套定义，但可嵌套调用

D．函数不可嵌套定义，也不可嵌套调用

3．函数调用可以出现在（　　）中。

A．函数表达式　　B．函数语句　　C．函数参数　　D．以上都是

4．被调函数调用结束后，返回到（　　）。

A．主调函数中该被调函数调用语句处

B．主函数中该被调函数调用语句处

C．主调函数中该被调函数调用语句的前一语句

D．主调函数中该被调函数调用语句的后一语句

5．数组名作为实参传递给函数时，数组名被处理为（　　）。

A．该数组的长度　　B．该数组的元素个数

C．该数组的首地址　　D．该数组中各元素的值

6．以下函数调用语句中实参的个数是（　　）。

```
fun((a,b),c,(d,e,f));
```

A．3　　B．4　　C．5　　D．6

7．下列函数调用中，不正确的是（　　）。

A．max(a,b);　　B．max(3,a+b);　　C．max(3,5);　　D．int max(a,b);

二、填空题

1．函数 binary( )的作用：应用折半查找法在由小到大存有 10 个整数的 a 数组中对关键字 m 进行查找，若找到，返回其下标值；否则，返回－1。（折半查找的思路：先确定待查元素的范围，将其分为两半，然后测试位于中间点元素的值。如果该待查元素的值大于中间点元素，就缩小待查范围，只测试中点之后的元素：否则，测试中点之前的元素，测试方法同前。）

```
#include <stdio.h>
binary(int a[10],int m)
{ int low=0,high=9,mid;
   while(low<=high)
   {  mid=(low+high)/2;
      if(m<a[mid]) ______(1)______;
      else if(m>a[mid]) ______(2)______ ;
      else return(mid);
      }
return(-1);
}
void main( )
{ int b[10]={10,20,30,40,50,60,70,80,90,100},n,x;
  scanf("x=%d",&x);
  n=binary(b,x);
```

```
printf("n=%d\n",n);
}
```

2. 函数sum( )的返回值为整数m的所有因子之和，请填空。

```
#include <stdio.h>
sum(______(1)______)
{ int s=0,i;
  for(i=1;i<=m;i++)
  if(______(2)______) s=s+i;
  ______(3)______;
  }
void main( )
{  int s1,x;
   scanf("x=%d",&x);
   s1=sum(x);
   printf("s1=%d\n",s1);
}
```

3. 以下程序中，主函数调用了LineMax( )函数，实现在N行M列的二维数组中，找出每一行上的最大值。

```
#include <stdio.h>
#define N 3
#define M 4
void LineMax(int x[N][M])
{ int i,j,max;
   for(i=0;i<N;i++)
    {  max=x[i][0];
       for(j=1;j<M;j++)
          if(max<x[i][j]) ______(1)______ ;
       printf("The max value in line %d is %d\n", i,______(2)______);
     }
}
void main( )
{ int x[N][M]={1,5,7,4,2,6,4,3,8,2,3,1};
   LineMax(x);
 }
```

三、写出下列程序的运行结果

1.

```
#include <stdio.h>
int power(int x,int n)
{  int i,y=1;
   for(i=1;i<=n;i++)  y=y*x;
   return(y);
}
void main( )
{ printf("%d\n",power(5,4));
}
```

2.

```
#include <stdio.h>
#include <string.h>
typedef struct
{ char name[9];
  char sex;
  float score[2]; } STU;
void f( STU a)
{ STU b={"Zhao",'m',85.0,90.0};
  int i;
  strcpy(a.name,b.name);
  a.sex=b.sex;
  for(i=0;i<2;i++)
     a.score[i]=b.score[i];
}
void main( )
{ STU c={"Qian",'p',95.0,92.0};
  f(c);
  printf("%s,%c,%2.0f,%2.0f\n",c.name,c.sex,c.score[0],c.score[1]);
}
```

3.

```
#include <stdio.h>
f(int x)
{  int y;
   if(x==0||x==1) return(3);
   y=x-f(x-2);
   return y;
}
void main( )
{  printf("%d\n",f(7));
}
```

4.

```
#include <stdio.h>
fun(int a,int b)
{  if(a>b)  return(a);
   else  return(b);
}
void main( )
{  int x=3,y=8,z=6,r;
   r=fun(fun(x,y),2*z);
   printf("%d\n",r);
}
```

5.

```
#include <stdio.h>
hcf( int u,int v)
```

```
{ int a,b,c,r;
  if(u>v) {c=u;u=v;v=c;}
  a=u;b=v;
  while((r=b%a)!=0)
  { b=a;a=r;}
  return(a);
 }
void main( )
{ int u,v,h;
  u=24;v=16;
  h=hcf(u,v);
  printf("h=%d",h);
}
```

四、编程题

1．编写一个判别整数 m 是否为素数的函数。在主函数中输入一个整数，然后输出该整数是否为素数的信息。

2．编写删除字符串中的前导字符“*”的函数。要求在主函数中输入字符串并将删除后的字符串输出。例如，原字符串为“*****abcd*e”，经过删除后的新字符串为“abcd*e”。

3．定义一个结构体变量（包括年、月、日）。编写一个函数 days( )，实现计算该日在本年中是第几天？由主函数将年、月、日传递给 days( )函数，计算后将天数传回主函数并输出。

第 9 章

变量、函数的属性和编译预处理

在 C 语言中，变量具有两个属性：数据类型和数据的存储类型。在前面章节中已经介绍了数据类型，本章介绍数据的存储类型。函数根据作用域不同分为内部函数和外部函数。C 语言和其他高级语言的一个重要区别在于它具有编译预处理功能，C 语言的编译预处理功能是通过预处理程序实现的，C 编译预处理程序负责分析和处理以“#”开头的编译预处理命令。本章还介绍了 C 语言提供的常用编译预处理命令。

9.1 变量的存储类型

9.1.1 变量的存储类型含义

变量的存储类型指的是变量的存储方式。变量的存储类型包括下面两个方面的内容。

1）系统何时为变量开辟和撤销存储空间。反映的是变量存储空间存在的时间周期即生存期。

2）系统为变量开辟的存储空间在计算机的哪个部件。反映的是变量值的存放位置。

在前面的章节中，定义变量时，形式上只是声明了变量的数据类型，例如：

```
int x;
```

只是定义变量 x 为整型变量，没有说明变量的存储类型，作为定义变量的完整形式，还应该包括存储类型。所以，变量定义的一般形式（结构体、共用体、枚举类型变量的间接定义形式）如下：

存储类型标识符　数据类型标识符　变量表列;

说明：存储类型标识符和数据类型标识符位置可以互换，没有先后顺序。

9.1.2 变量的存储类型分类

从变量的生存期角度来划分，变量分为静态存储变量和动态存储变量两种：

1）静态存储变量：变量的生存期为程序执行的整个过程，在该过程中占有固定的存储空间，也称永久存储变量，整个程序结束后变量的存储空间才被释放。

2）动态存储变量：程序运行期间根据需要进行动态的分配存储空间的变量。变量的生存期为程序运行期间的某一段时间。也就是说，程序运行期间的某一段时间如果需要使用变量则系统为其开辟存储空间，不需要时其存储空间被释放。

可见，静态存储变量的生存期长，动态存储变量的生存期短。

通常，计算机存储数据的部件有存储器和 CPU 中的寄存器。存储器分为内存储器（主存）和外存储器（辅存）两种。变量的值通常存放在内存储器中的 RAM（随机存取存储器），以下提到的内存都指的是 RAM。另外，有时也将频繁使用的变量的值存放在寄存器中以提高程序的执行效率。根据变量值存放位置的不同，变量分为内存变量和寄存器变量两种。

内存中供用户使用的存储空间分为三部分：程序区、静态存储区、动态存储区。如图 9-1 所示。

程序区
静态存储区
动态存储区

图 9-1　内存的用户区

1）程序区：用于存放用户程序（如 C 语言程序）代码的内存单元。在应用程序运行时，该部分空间不能被覆盖。但当程序运行结束后，可以被运行的程序代码所覆盖。

2）静态存储区：用于存放存储空间是固定的，使用该变量的程序运行结束后才释放存储空间的用户程序中的变量。

3）动态存储区：用于临时存放数据的内存单元，该内存区中的数据可以不断地被另外的变量值覆盖。

内存变量的值存放在静态存储区或动态存储区中。从变量的生存期角度来划分的静态存储变量的存储空间在内存静态存储区中，而动态存储变量的存储空间既可以在内存动态存储区中也可以在 CPU 的寄存器中。

C 语言中，变量的存储类型标识符有四种：auto（自动）、static（静态）、register（寄存器）和 extern（外部）。下面分别介绍这四种存储类型变量。

1. 自动变量（auto）

被说明为 auto 的自动变量在程序运行期间由系统根据需要动态的在内存动态存储区中为其开辟和释放存储单元，属于内存动态存储变量。自动变量是临时性存储变量，并不长期占用内存单元。其存储空间可以被其他变量多次覆盖使用。因此，在 C 语言中自动存储变量使用得最多，其目的就是为了节省内存空间。

自动变量是在程序运行期间赋初值的，未赋初值时，自动变量的值是不确定的，即为随机值。

2. 静态变量（static）

这类变量在编译阶段被系统在内存的静态存储区分配了一定的内存单元，程序运行期间，它占据一个永久性的存储单元。也就是说，不管程序运行期间是否需要该变量，其存储单元自始至终都为该变量保留，直到整个程序运行结束才释放其存储单元。

静态变量是在程序的编译阶段赋初值的，程序运行期间不再赋初值。未赋初值的静态变量，C 语言编译程序将其自动赋值为 0（整型变量）、0.0（实型变量）或者空字符（字符型变量）。

3. 寄存器变量（register）

从生存期的角度来看，寄存器变量也属于动态存储变量，这一点与 auto 型变量相同。寄存器变量的值保存在 CPU 的寄存器中。register 型变量的值存储在 CPU 的通用寄存器中。只有存储在寄存器中的数据才能直接参加运算，而内存变量的值被存储在内存单元中，内存变量参加运算时，需要先把内存变量的值从内存单元读取到寄存器中，然后进行运算，最后再把运算结果存放到内存中去。为了减少对内存的操作次数，提高运算速度，一般把使用较频繁的变量定义成 register 型变量。有的系统只允许将 int、char 和指针（在第 10 章介绍）型变量定义为寄存器变量。另外，计算机中可供寄存器变量使用的寄存器数量很少，有些计算机甚至根本不允许变量的值在寄存器中存储，当系统没有足够的寄存器时，register 型的变量就被当做 auto 型变量来处理。

需要特别说明的是，当今的优化编译系统能够识别使用频繁的变量，从而自动地将这些变量的值存放在寄存器中，而不需要程序设计者指定。因此，实际上用 register 定义变量是不必要的。读者对它有一定了解即可，以便在阅读他人写的程序时遇到 register 不致感到茫然。

寄存器变量是在运行时赋初值的，未赋初值时，寄存器变量的值是不确定的，即为随机值。

4. 外部类型（extern）

extern 不能用于定义变量，但可以用来声明变量。extern 的用法在 9.2 中介绍。

在 9.1.1 节中介绍的变量定义的一般形式为：

存储类型标识符　数据类型标识符　变量表列;

其中，存储类型标识符可以使用 auto、static、register。例如，定义变量 a 为自动单精度变量，定义变量 b 为静态字符型变量，定义语句如下：

```
auto float a;
static char b;
```

9.2 变量的作用域

编写程序时，用到的变量要先定义然后才能使用，变量在程序中的定义位置就决定了变量在哪个区域内可以合法使用。可以合法使用变量的区域称为变量的作用域。变量的作用区域有局部区域和全局区域两种，因此，可从作用域的角度将变量划分为局部变量和全局变量。

9.2.1 局部变量及其作用域

局部变量（又称内部变量）是在函数内部或复合语句中定义的变量。

局部变量的存储类型有 auto、static、register 三种。当局部变量的存储类型为 auto 型变量时，定义时 auto 可以省略。在本章之前的程序中定义的变量都属于 auto 型变量。

例如，以下程序段：

```
void main( )
{ int x;      /* x为局部变量,定义时省略auto */
  …
}
```

等价于：

```
void main( )
{ auto int x;
  …
}
```

在一个函数内部定义的变量，其作用域为定义点到本函数体结束；在一个复合语句中定义的变量，它的作用域为本复合语句内部。函数的形参也是局部变量，其作用域为所在的函数。

在不同函数中可以使用相同名字的变量，由于它们所在的函数不同，其作用域是不同的，虽然名字相同但是它们代表的是不同的变量，彼此之间没有联系。

例如：

```
int f1(int a,int b)
{ static int c,x;   ┐
  …                 ├ 变量a、b、c、x的作用域
 }                  ┘
float f2(float a)
{  auto float i,j;  ┐
 …                  ├ 变量a、i、j的作用域
 }                  ┘
void main( )
{ char s,w;                                      ┐
  …                                              │
  { short s,m,n;  ┐                              │
    …             ├ 变量s、m、n的作用域          ├ 变量s、w的作用域
   }              ┘                              │
  …                                              │
 }                                               ┘
```

C 语言规定，在同一个函数内部定义的同名局部变量，作用域小的变量屏蔽作用域大的同名变量。也就是说在作用域小的范围内使用同名变量时，作用域涵盖这个范围的同名变量不起作用。例如，在上面的例子中，主函数 main( )中定义了两个同名变量 s，一个在函数体开头部分定义，一个在复合语句中定义。在函数体开头部分定义的变量 s 的作用域涵盖了复合语句中定义的变量 s 的作用域。如果在复合语句中出现赋值表达式 s=10，被赋值的是复合语句中定义的变量 s，函数体开头部分定义的变量 s 在复合语句中不起作用。

【例 9.1】　不同函数中的同名变量举例。

程序如下：

```
#include <stdio.h>
void main( )
{   int a,b;
    int sub( );
```

```
    a=3;
    b=4;
    printf("main:a=%d,b=%d\n",a,b);
    sub( );
    printf("main:a=%d,b=%d\n",a,b);
}
sub( )
{   int a,b;
    a=6;
    b=7;
    printf("sub:a=%d,b=%d\n",a,b);
}
```

程序运行结果如下：

```
main:a=3,b=4
sub:a=6,b=7
main:a=3,b=4
```

【例 9.2】 同一函数中的同名变量举例。

程序如下：

```
#include <stdio.h>
void main( )
{  int a=1,b=2,c=3;
   ++a;
   c+=++b;
   {  int b=4,c;
      c=b*3;
      a+=c;
      printf("1:%d,%d,%d\t",a,b,c);
      a+=c;
      printf("2:%d,%d,%d\t",a,b,c);
   }
   printf("3:%d,%d,%d\n",a,b,c);
}
```

程序运行结果如下：

```
1:14,4,12    2:26,4,12     3:26,3,6
```

【例 9.3】 考查局部变量的值。

程序如下：

```
#include <stdio.h>
f(int a)
{ auto int b=0;
  static int c=3;
  b=b+1;
  c=c+1;
  return(a+b+c);
}
void main( )
{  int a=2,i;
   for(i=0;i<3;i++)
   printf("%d\n", f(a));
}
```

程序运行结果如下：

```
7
8
9
```

程序分析如下。

1）程序中一共定义了 5 个变量，函数 f( )中定义了 3 个变量 a、b、c。其中，变量 a 是形参，而变量 b、c 是局部变量。变量 a、b 为整型自动变量，变量 c 为整型静态变量。系统在执行函数 f( )时为变量 a、b 分配所对应的内存存储单元，并为 b 赋值 0，f( )函数执行结束后，系统为自动变量 a、b 分配的存储单元被释放，执行三次 f( )函数，系统为变量 b 赋三次初值 0。由于变量 c 为 static 变量，系统在编译阶段为变量 c 开辟内存存储单元，编译时赋初值 3，运行阶段不再赋初值。函数 main( )中定义了两个整型自动变量 a、i。同理，变量 a、i 在程序运行期间系统为其分配内存存储单元，在执行函数 main( )时为变量 a 赋初值 2，变量 i 没赋初值，其值为随机值。

2）在第 1 次调用 f( )函数时，形参 a 的值为 2，局部变量 b 的初值为 0，c 的初值为 3，第 1 次调用结束时，a=2、b=1、c=4、表达式 a+b+c 的值为 7。由于变量 c 是静态局部变量，在函数调用结束后，它所在的内存单元并不释放，仍保留第 1 次调用结束后的值 4。在第 2 次调用 f( )函数时，形参 a 的值为 2，b 的初值为 0，而 c 的初值为 4（上次调用结束时保留的值）。第 2 次调用结束时，a=2、b=1、c=5、表达式 a+b+c 的值为 8。静态局部变量 c 在函数调用结束后，其内存单元并不释放，在其内存单元中保留本次调用结束后的值 5。在第 3 次调用 f( )函数时，形参 a 的值为 2，b 的初值为 0，而 c 的初值为 5（上次调用结束时保留的值）。第 3 次调用结束时，a=2、b=1、c=6、表达式 a+b+c 的值为 9。如图 9-2 所示。

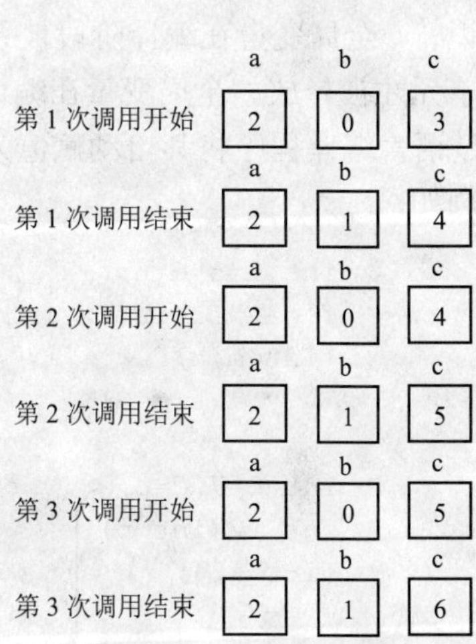

图 9-2　变量值的情况

【例 9.4】　输出 1 到 5 的阶乘值。

程序如下：

```
#include "stdio.h"
void main( )
{ int fac(int n);
  int i;
  for(i=1;i<=5;i++)
      printf("%d!=%d\n",i,fac(i));
}
int fac(int n)
{ register int i,f=1;
  for(i=1;i<=n;i++)
      f=f*i;
  return(f);
}
```

程序运行结果如下：

```
1!=1
2!=2
3!=6
4!=24
5!=120
```

程序分析：函数 fac( )中定义的局部变量 i 和 f 为寄存器整型变量，由于寄存器变量存取速度快，所以将频繁使用的变量 i 和 f 定义为寄存器变量可以提高程序的执行速度。

9.2.2　全局变量及其作用域

全局变量（又称外部变量）是在函数外部定义的变量。其有效范围是从变量定义的位置开始到本源文件结束为止。

全局变量的存储类型为内存静态存储变量。定义全局变量时不需要使用任何存储类型标识符。全局变量在编译阶段被系统分配内存静态存储区的存储单元，在程序运行结束后存储单元才被释放。全局变量在编译时赋初值，程序运行时不再赋初值。未赋初值的全局变量，C 语言编译程序将其自动赋值为 0（整型变量）、0.0（实型变量）或者空字符（字符型变量）。例如：

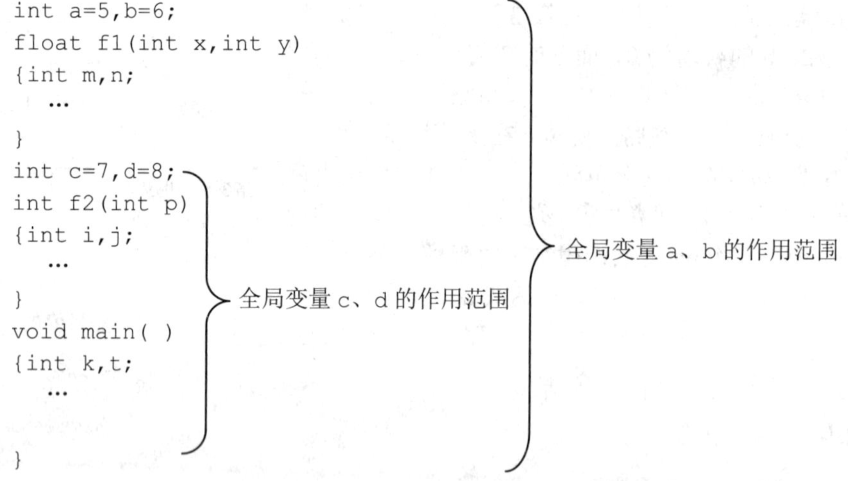

a、b、c、d 都是全局变量，但它们的作用范围不同，在 main( )函数和 f2( )函数中可以使用全局变量 a、b、c、d，但在函数 f1( )中只能使用全局变量 a、b，而不能使用全局变量 c 和 d。

如果要在函数 f1( )中使用全局变量 c、d，可以通过全局变量声明（说明）的方式扩大全局变量的作用域。既可以在使用全局变量的函数内部声明全局变量，也可以在函数外部声明全局变量。另外，如果在一个文件中使用另一个文件中定义的全局变量，也可以通过在文件中对另外一个文件中定义的全局变量声明的方式，将全局变量的作用域扩大到要使用的文件。

全局变量声明（说明）的一般形式为：

```
extern 数据类型标识符   变量表列;
```

在函数内部声明全局变量以扩大全局变量的作用域，例如：

```
int a=5,b=6;      /*全局变量 a、b 的定义*/
float f1(int x,int y)
{ int m,n;
  extern int c,d;/*全局变量 c、d 的声明*/              ⎫ 全局变量 c、d
  m=c+d;          /*如果没有上一行全局变量 c、d 的声明该语句非法*/ ⎬ 的作用范围
  …                                                   ⎭
}
int c=7,d=8; /*全局变量 c、d 的定义*/   ⎫
int f2(int p)                          ⎪
{int i,j;                              ⎪
  …                                    ⎪
}                                      ⎬ 全局变量 c、d 的作用范围
void main( )                           ⎪
{int k,t;                              ⎪
  …                                    ⎭
}
```

在函数的内部和函数外部同时声明全局变量以扩大全局变量的作用域，例如：

```
int a=5,b=6;       /*全局变量 a、b 的定义*/   ⎫
extern int c,d; /*全局变量 c、d 的声明*/     ⎪
float f1(int x,int y)                        ⎪
{ int m,n;                                   ⎪
  extern int c,d; /*全局变量 c、d 的声明*/   ⎪
  m=c+d;                                     ⎪
   …                                         ⎪
}                                            ⎪
int c=7,d=8; /*全局变量 c、d 的定义*/        ⎬ 全局变量 a、b、c、d 的作用范围
int f2(int p)                                ⎪
{int i,j;                                    ⎪
  …                                          ⎪
}                                            ⎪
void main( )                                 ⎪
{int k,t;                                    ⎪
  …                                          ⎭
}
```

注意

对全局变量的声明和对全局变量的定义是有本质区别的。全局变量定义时，系统会根据定义形式为全局变量分配存储单元，而全局变量的声明只是告诉系统声明的变量是在函数外部已经定义过的全局变量，通过声明，系统不会为其分配存储单元。与函数声明相同，全局变量的声明在程序中可以出现多次，但是对同一个变量的定义只能出现一次。全局变量的声明可以放在函数外部也可以放在要使用全局变量的函数内部。

【例 9.5】 用 extern 声明本文件定义的外部变量来扩大外部变量的作用域。

程序如下：

```
#include  "stdio.h"
void main( )
{ void swap( );       /* 函数声明 */
  extern int x,y;     /* 全局变量声明 */
  printf("请输入 x=?,y=?\n",x,y);
  scanf("x=%d,y=%d",&x,&y);
  swap( );
  printf("x=%d,y=%d\n",x,y);
}
int x,y;
void  swap( )
{ int t;
  t=x; x=y; y=t;
  return;
}
```

程序运行情况如下：

```
请输入 x=?,y=?
x=6,y=8
x=8,y=6
```

【例 9.6】 用 extern 声明其他文件的外部变量来扩大外部变量的作用域。

程序如下：

```
/* C 源程序文件 D:\f1.c 的内容：   */
#include  "D:\\f2.c" /*将 D:\f2.c 的文件内容包含到该文件,在 9.4.2 中介绍*/
#include  "stdio.h"
int x;                /*外部变量定义*/
void main( )
{ int sum,y;
   printf("y=?\n",&y);
   scanf("y=%d",&y);
   store( );          /*①*/
   sum=x+y;
   printf("sum=%d\n",sum);
}
/* C 源程序文件 d:\f2.c 的内容：   */
extern int x;   /*②*/
void store( )
{  x=10;
}
```

执行源程序文件 D:\f1.c，程序运行情况如下：

```
y=?
y=20
sum=30
```

程序分析如下。

1）该程序由存储在 D 盘根目录下的 f1.c 和 f2.c 两个源程序文件组成。程序执行时，从文件 f1.c 中的 main( )函数开始执行，当遇到程序行①的函数调用语句时，转去执行文件 f2.c 中的 store( )函数，当 store( )函数执行完毕，程序流程返回到 main( )函数的函数调用点处继续执行，直到遇到 main( )函数中的右花括号“}”结束整个程序的执行。

2）在源文件 f2.c 中的程序行②使用 extern 对文件 f1.c 中定义的全局变量 x 进行说明，它说明变量 x 在其他源文件中已经定义过，在本文件不再为它分配内存单元，通过该程序行对 x 的声明，x 在 f1.c 和 f2.c 中都是合法的变量。

3）文件 f1.c 中定义的全局变量 x 没有赋初值，由编译系统在程序的编译阶段为其赋初值 0。当调用文件 f2.c 中的函数 store( )时，全局变量 x 被重新赋值为 10，函数 store( )调用结束返回函数 main( )时，在函数 main( )中使用的全局变量 x 的值是函数 store( )中赋的值 10。所以，在用户输入变量 y 的值为 20 时，程序的运行结果为 sum=30。可见，通过全局变量 x 使两个文件 f1.c 和 f2.c 有了一定的联系。

结构化程序设计提倡模块间“高内聚、低耦合”。如果在一个文件中定义的全局变量只想被本文件中的函数使用，而不想被其他文件使用时，可以将全局变量定义为静态全局（外部）变量。静态全局变量的定义方法是在全局变量定义前加上标识符 static。注意，这里的 static 起着缩小全局变量作用域的作用，将全局变量的作用域限定为所在的文件中使用，而不能被其他文件使用。

例如，下面对静态全局变量的引用是错误的。

```
/* C源程序文件 file1.c 的内容 */
#include  "stdio.h"
static int a;         /*静态全局变量定义*/
void main( )
{   a=1;
    printf("%d\n",f(a));
}
/* C源程序文件 file2.c 的内容 */
extern int a;         /*外部变量的声明,错误*/
int f(int x)
{ x=a+x;
  printf("%d\n",x);
  return(x);
}
```

虽然在文件 file2.c 中对全局变量 a 作了声明，但是由于 a 已经在文件 file1.c 中定义为静态全局变量，作用域只是文件 file1.c 中，在文件 file2.c 中不能被使用。

若在同一源文件中，局部变量与全局变量同名，则在局部变量的作用范围内，局部变量起作用，全局变量被屏蔽，不起作用。

【例 9.7】　外部变量与局部变量同名。

程序如下：

```
#include  "stdio.h"
int a=4,b=5;                   /*①*/
int min(int a,int b)           /*②*/
```

```
{ int c;
  c=a<b?a:b;                    /*③*/
  return(c);                    /*④*/
}
void main()
{ int a=8;                      /*⑤*/
  printf("%d\n",min(a,b));      /*⑥*/
}
```

程序运行结果如下：

```
5
```

程序分析如下。

1）程序行①定义了两个外部变量 a、b，并将 4 和 5 赋值给 a、b。

2）程序行②～④定义了函数 min( )，形参变量 a、b 是局部变量，与程序行①定义的外部变量 a、b 同名。形参变量 a、b 的值是由实参传送的，外部变量 a、b 在 min( )函数中不起作用。程序行③中的条件表达式 a<b?a:b 中使用的变量 a、b 为形参变量 a、b。

3）程序行⑤定义了局部变量 a，与程序行①、②定义的变量 a 同名。main( )函数中使用的变量 a 为程序行⑤定义的局部变量，全局变量 a 和 min( )函数的形参 a 在 main( )函数中不起作用。程序行⑥中的函数调用表达式 min(a,b)中的实参变量 a 的值为 8，实参变量 b 为全局变量 b，其值为 5。所以，函数调用表达式 min(a,b)等价于 min(8,5)，调用 min( )函数得到 8 和 5 中的最小值 5。执行 printf( )函数，在终端显示器上输出 5。

【例 9.8】 学生信息包括学号、姓名、四门课成绩，求出学生所学四门课的平均分、最高分和最低分。

程序如下：

```
#include "stdio.h"
struct student              /* 外部结构体类型定义*/
{ int num;
  char name[10];
  float score[4];
};
struct student st={101,"Zhang",{89.5,98,78.5,66.5}};/* 全局变量定义*/
float max,min;         /* 全局变量定义*/
float average( )
{  int i;
   float ave,sum=0;
   for(i=0;i<4;i++)
    {  sum=sum+st.score[i];
       if(st.score[i]>max)   max=st.score[i];
       if(st.score[i]<min)   min=st.score[i];
    }
    ave=sum/4;
    return(ave);
}
```

```
void main( )
{   float aver;
    max=min=st.score[0];
    aver=average( );
    printf("aver=%.1f\n",aver);
    printf("max=%.1f\n",max);
    printf("min=%.1f\n",min);
}
```

程序运行结果如下：

```
aver=83.1
max=98.0
min=66.5
```

程序分析：该程序要通过函数 average( )求出三个值——平均分、最高分和最低分。使用 return 语句只能得到一个函数值，在程序中把存放平均分的变量 ave 作为函数 average( )的函数值，而把存放最高分、最低分的变量 max 和 min 定义为全局变量，这两个全局变量在函数 main( )和 average( )中都可以使用，在 average( )函数中求出最大值 max=98.0 和最小值 min=66.5，在 main( )函数中能直接使用在函数 average( )中求得的 max 和 min 的值。

最后，对全局变量说明如下。

1）在一个函数内部，既可以使用本函数中的局部变量，又可以使用有效的全局变量。

2）若要在全局变量的定义之前使用全局变量，或者在一个文件中使用另一个文件中所定义的全局变量，可以在使用前用 extern 对全局变量进行声明，即扩充全局变量的作用域；如果限制全局变量只能在定义该全局变量所在的文件中使用，可以使用 static 将全局变量定义为静态全局变量。

3）当全局变量的值在某个函数中发生改变时，则该变量的值将影响到其他函数。

4）采用全局变量的作用是增加了函数之间数据联系的渠道，但函数依赖这些变量，使得函数的独立性降低。从模块化程序设计的观点来看是不利的，模块化程序设计要求模块的“内聚性”强，与其他模块的“耦合性”弱。因此，尽量不要使用全局变量，除非不得已，如例 9.8。

5）若函数中的局部变量与全局变量同名，则在局部变量有效的范围内全局变量不起作用，即被屏蔽。

9.3 内部函数和外部函数

一个 C 程序可以由多个函数组成，多个函数既可以放在同一个源程序文件中，也可以放在多个源程序文件中。根据函数能否被其他源程序文件使用，将函数分为两种：内部函数和外部函数。

9.3.1 内部函数

内部函数，又称静态函数。如果在一个源文件中定义的函数，只能被本文件中的函数调用，而不能被同一程序其他文件中的函数调用，这种函数称为内部函数。

定义一个内部函数，只需要在定义内部函数时，在函数名和函数类型的前面加上一个“static”关键字即可。内部函数的定义形式（现代风格）如下：

```
static  [函数类型]  函数名([形参表列])
{
    [说明部分]
    [执行部分]
}
```

说明如下。

1）此处“static”的含义与静态全局变量相似，是对函数作用域的限制，是指对函数的作用域仅局限于本文件。

2）使用内部函数的好处是：不同的人编写不同的函数时，不用担心自己定义的函数，是否会与其他文件中的函数同名。因为 C 语言规定，一个函数在程序中只能定义一次，不能重复定义，程序中的同名内部函数只能在各自的文件中使用，互不干扰，不会造成同一函数重复定义的错误。

9.3.2 外部函数

在定义函数时，如果没有加关键字“static”，或冠以关键字“extern”，表示此函数是外部函数。外部函数的定义形式（现代风格）如下：

```
[extern]  [函数类型]  函数名([形参表列])
{
    [说明部分]
    [执行部分]
}
```

在本节之前使用的函数都是定义时省略了 extern 的外部函数。

如果在其他文件中调用外部函数时，需要对其进行声明（说明）。外部函数的声明形式如下：

```
extern  函数类型  函数名([形参表列]);
```

或者：

```
extern  函数类型  函数名([形参类型表列]);
```

【例 9.9】 内部函数和外部函数的使用。该程序由两个源程序文件（file1.c 和 file2.c）组成。

程序如下：

```
/* file1.c 文件内容 */
#include <stdio.h>
extern int add(int m,int n);        /* 外部函数声明 */
static int mod(int a,int b)         /* 内部函数定义*/
{
  return(a%b);
```

```
}
void main( )
{ int x,y,result;
  scanf("%d%d",&x,&y);
  result=add(x,y);                    /*调用外部函数*/
  if(result>0)
    result=result-mod(x,y);
  printf("result=%d\n", result);
}
/* file2.c 文件内容 */
extern int add(int m,int n)
{
  return(m+n);
}
```

程序分析如下。

1）整个程序由 main( )、mod( )、add( )三个函数组成，存放在两个源程序文件中。函数 main( )和 mod( )存放在文件 file1.c 中，函数 mod( )定义为内部函数只能在文件 file1.c 中被主函数调用。函数 add( )定义为外部函数，存放在文件 file2.c 中，可以被文件 file1.c 中的函数调用。因为函数 main( )要调用文件 file2.c 中的函数 add( )，所以在文件 file1.c 中对外部函数 add( )作函数声明：

```
extern int add(int m,int n);
```

2）由多个源文件组成一个程序时，main( )函数只能出现在一个源文件中。本例中，main( )函数存放在文件 file1.c 中。因为，程序不管由几个函数组成，不管由几个源程序文件组成，程序都是从主函数开始执行。如果有多个主函数，系统将无法确定程序的开始执行点，从而出现语法错误。

9.4 编译预处理

ANSI C 标准规定，可以在 C 源程序中使用编译预处理命令，就是程序进行编译前对程序中的编译预处理命令作相应的预处理。编译预处理命令是由 ANSI C 统一规定的，它不是 C 语言本身的组成部分，即编译预处理命令不是 C 语句，编译程序不能识别它们，编译系统中的预处理程序对源程序的预处理命令进行处理。经过预处理后的程序不再包括预处理命令了，最后再由编译程序对预处理后的源程序进行编译处理，得到可供执行的目标代码。现在使用的许多 C 编译系统都包括了预处理、编译和连接等部分，在进行编译时一气呵成。编译预处理命令均以“#”开头，每个编译预处理命令写在一行上，可以出现在程序中的任何位置，通常其作用域是自出现点到源程序的末尾。合理地使用 C 语言的编译预处理命令可以编写出易读、易改、易于移植和调试的 C 程序，有利于实现模块化设计。C 提供的预处理命令主要有三种——宏定义、文件包含和条件编译。

9.4.1 宏定义

在 C 语言源程序中，可以定义一个标识符来表示一个字符串，称为宏定义。其中，标识符称为“宏名”，字符串称为“宏体”。在编译预处理时，对源程序中所有出现的“宏名”（标识符），都用宏定义中的宏体（字符串）去替换，称为“宏替换”或“宏展开”。

宏定义由宏定义命令完成，宏展开由编译预处理程序自动完成。宏定义分为不带参数的宏定义和带参数的宏定义两种形式。

1. 不带参数的宏定义

不带参数的宏定义，即用一个指定的标识符来代表一个字符串，它的一般形式是：

```
#define  标识符  [字符串]
```

其中，#define 是预处理“宏定义”命令；标识符称为“宏名”，一般用大写字母表示，以便与程序中的变量名和函数名相区别；字符串称为“宏体”，为 C 语言字符集中的任意字符序列，字符串可以不带双引号，宏体可以省略，宏体省略时只表示宏名已经宏定义过。#define、标识符、字符串三者之间以空格分隔，当有多个不带参数的宏定义时，每个宏定义命令各占一行。

例如：

```
#define  PI  3.1415926
```

这就是前面介绍过的符号常量的定义形式，它的作用是包含该宏定义命令的文件在预处理过程中，编译预处理程序会将该命令以后出现的所有的 PI 都用 3.1415926 来替换，即进行宏展开处理。宏定义的宏展开是一个简单的字符替换过程，将宏展开后的程序进行编译形成目标代码，连接后才可以执行。

不带参数的宏定义不仅可以定义符号常量，还可以将程序中多次出现的较长的字符串用自己定义的宏名代替，例如，有以下程序段：

```
#define  P printf
…
P("%d\n",a);
P("%f\n",b);
P("%c\n",c);
…
```

可见，编程时如果多次用到较长的字符串时，可以使用不带参数的宏定义将字符串定义为宏体，用简单的标识符表示宏名，以达到简化程序的目的。如上面例子中用 P 代替 printf。而且这样做对于修改、阅读和移植程序都十分方便。

【例 9.10】 求圆的周长和面积。

程序如下：

```
#include <stdio.h>
#define  PI  3.1415926
void main( )
{  float r,l,s;
```

```
    printf("Input radius:");
    scanf("%f",&r);
    l=2*PI*r;
    s=PI*r*r;
    printf("L=%8.4f\nS=%8.4f\n",l,s);
}
```

经过编译预处理宏展开后的程序（忽略#include<stdio.h>文件包含命令）为：

```
void main( )
{  float r,l,s;
   printf("Input radius:");
   scanf("%f",&r);
   l=2*3.1415926*r;
   s=3.1415926*r*r;
   printf("L=%8.4f\nS=%8.4f\n",l,s);
}
```

程序运行情况如下：

```
Input radius:4
L= 25.1327
S= 50.2655
```

说明如下。

1）因为变量名和函数名通常用小写字母表示。所以宏名一般用大写字母表示，以与变量名、函数名相区别。

2）宏展开时只是用一个字符串代替宏名，不作语法检查，语法检查在编译时进行。

例如：

```
#define PI 3.1415926;
area=PI*r*r;
```

宏展开后的语句为：

```
area=3.1415926;*r*r;
```

结果，在编译时出现语法错误。

3）#define 命令可以放在源程序文件的任何位置。一般放在文件的开头，函数之前，其有效范围为从它出现起到源文件结束。

4）可以用宏定义终止命令#undef 结束先前定义的宏名，取消其作用域。

#undef 命令的一般形式为：

```
#undef  宏名
```

例如：

```
#include <stdio.h>
#define PI 3.1415926
void main( )
{
 …
}
```

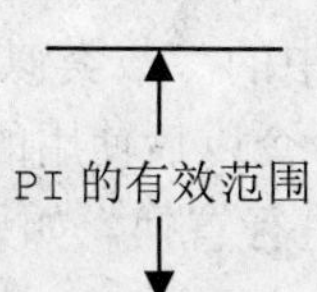

```
#undef PI /* 取消 PI 的定义 */
f1( )
{
…
}
```

5）在进行宏定义时，宏体可以引用已定义过的宏名，宏展开时进行层层置换。

【例 9.11】 宏体引用已定义过的宏名。

程序如下：

```
#include <stdio.h>
#define  WIDTH   80
#define  LENGTH  WIDTH+40
void main( )
{ int var;
  var=LENGTH*2;
  printf("var=%d\n",var);
}
```

经过编译预处理宏展开后的程序（忽略#include<stdio.h>文件包含命令）为：

```
void main( )
{ int var;
  var=80+40*2;
  printf("var=%d\n",var);
}
```

程序运行结果如下：

```
var=160
```

6）程序中用双引号括起来的字符串中若含有宏名则在宏展开时不进行宏置换。例如：

```
#define PI 3.14159
printf("2*PI=%f\n",2*PI);
```

宏展开后的语句为：

```
printf("2*PI=%f\n",2*3.14159);
```

2. 带参数的宏定义

带参数的宏定义的一般形式为：

```
#define  宏名(参数表)  字符串
```

其中，参数表中的参数类似于函数中的形参，字符串中应包含括号中所指定的参数。程序中宏定义以后出现的宏名括号中的参数类似于函数调用时的实参，使用的参数可以是常量、变量、表达式等。在宏定义命令以后使用的带参数的宏名是这样展开置换的：按#define命令行中指定的字符串从左到右进行置换。如果宏定义中的字符串中的字符不是参数字符，则原样保留，如果宏定义中的字符串中的字符是宏定义时的参数，则将参数用宏名中的实际参数来替换。

例如，定义宏名 S(a,b)，其中 S 表示矩形的面积，a 和 b 表示矩形的边长，要求边长为 3 和 2 的矩形面积，程序段如下：

```
#define S(a,b)  a*b
……
area=S(3,2);
```

程序段中的语句：

```
area=S(3,2);
```

经过宏展开后为：

```
area=3*2;
```

宏展开如图 9-3 所示。

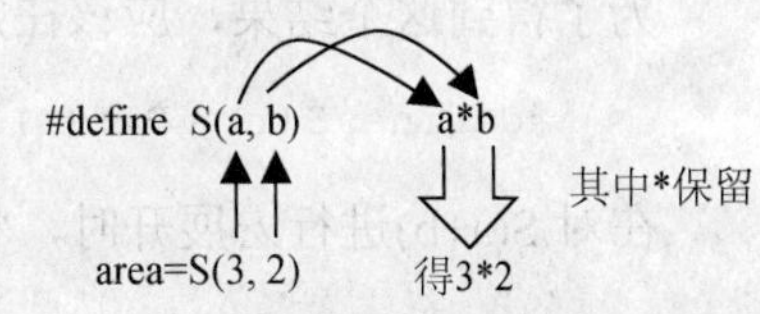

图 9-3　带参数的宏展开

【例 9.12】　求圆的面积。

程序如下：

```
#include <stdio.h>
#define PI 3.1415926
#define S(r) PI*r*r
void main( )
{  float a,area;
   a=2.4;
   area=S(a);
   printf("r=%f\narea=%f\n",a,area);
}
```

程序运行结果如下：

```
r=2.400000
area=18.095575
```

程序分析：程序中的赋值语句

```
area=S(a);
```

经宏展开后为：

```
area=3.1415926*a*a;
```

说明如下。

1）宏定义时，宏名与带参数的圆括号之间不能有空格，否则将空格后的字符都作为替代字符串的一部分，即系统认为是一种不带参数的宏定义形式。

2）对带参数宏定义的宏展开只是将语句中的宏名后面括号内的实参字符串代替#define 命令行字符串中的形参。如果有以下的宏定义和语句：

```
#define PI 3.1415926
#define S(r) PI*r*r
```

```
area=S(a+b);
```

这时把实参 a+b 代替 PI*r*r 中的形参 r，上面的赋值语句变为：

```
area=3.1415926*a+b*a+b;
```

请注意在 a+b 外面没有括号，显然这与程序设计者的原意不符。原希望得到：

```
area=3.1415926*(a+b)*(a+b);
```

为了得到这个结果，应该在定义时在字符串中的形参外面加上括号。即：

```
#define S(r)  PI*(r)*(r)
```

在对 S(a+b)进行宏展开时，将 a+b 代替 r，上面的赋值语句变为：

```
area=3.1415926*(a+b)*(a+b);
```

除了字符串中的形参要用圆括号括起来外，整个字符串最好也用圆括号括起来。

例如：

```
#include <stdio.h>
#define SQU(x)   (x)*(x)     /*定义 x 的平方*/
void main( )
{
   printf("%f\n",8.0/SQU(2.0));
}
```

编程者的本意是输出表达式 $8.0/(2.0)^2$ 的值 2.000000，而实际的输出结果却是 8.000000。因为在编译预处理宏展开后该程序（忽略#include <stdio.h>文件包含命令）为：

```
void main( )
{
  printf("%f\n",8.0/(2.0)*(2.0));
}
```

由于“/”和“*”是同一优先级，从左到右进行运算，上面的表达式就等价于：

```
(8.0/(2.0))*(2.0)
```

所以会输出 8.000000。为了避免出现这样的问题，在宏定义时，把字符串整个用圆括号括起来：

```
#define SQU(x)   ((x)*(x))
```

3）带参数的宏定义与有参函数的区别如下。

① 函数调用时先求实参表达式的值，然后把实参传递给形参。而使用带参数的宏只是进行简单的字符替换。

② 函数调用是在程序运行时处理的，分配临时的内存单元。而宏展开则是在预编译时进行的，在展开时并不分配内存单元，不进行值的传递处理，也没有返回值的概念。

③ 对函数中的实参和形参都要定义类型，并且二者要求类型一致，如不一致，应进行类型转换。而宏不存在类型问题，宏名无类型，它的参数也无类型。

④ 调用函数只能得到一个返回值，而用宏可以设法得到几个结果。

【例 9.13】　将两个变量的值互换。

程序如下：

```
#include <stdio.h>
#define  SWAP(x,y)  t=x; x=y; y=t
void main( )
{ int a,b,t;
  printf("请输入 a=?,b=?\n");
  scanf("a=%d,b=%d",&a,&b);
  SWAP(a,b);
  printf("a=%d,b=%d\n",a,b);
}
```

经预编译宏展开后的程序（忽略#include <stdio.h>文件包含命令）如下：

```
void main( )
{ int a,b,t;
  printf("请输入 a=?,b=?\n");
  scanf("a=%d,b=%d",&a,&b);
  t=a; a=b; b=t;
  printf("a=%d,b=%d\n",a,b);
}
```

程序运行情况如下：

```
请输入 a=?,b=?
a=100,b=200
a=200,b=100
```

通过 SWAP(a,b)可以得到三个值——变量 t、a、b 的值。注意，宏展开时只是字符代替而已，未求出变量 t、a、b 的值，在程序运行阶段得到变量 t、a、b 的值。

⑤ 程序中使用宏次数多时，宏展开后使源程序代码增长，而函数调用不会使源程序代码变长。

⑥ 宏替换不占用运行时间，而函数调用则占用运行时间（分配单元、保留现场、值传递、执行函数、返回函数值等）。

9.4.2　文件包含

文件包含是指在一个文件中可以将另外一个文件的内容全部包含到本文件中。C 语言用#include 命令来实现文件包含的操作。其一般形式为：

形式一：

```
#include "文件名"
```

形式二：

```
#include <文件名>
```

形式一和形式二的共同点是：编译预处理时将“文件名”所代表的文件内容复制到#include 命令所在文件的#include 命令出现的位置上。二者的区别是：查找被包含文件（即“文件名”所代表的文件）方式不同，形式一查找被包含文件时，系统先在被包含文件所在的目录中查找要包含的文件，如果找不到，再按系统指定的标准方式检索其他文件目录；而形式二查找被包含文件时，系统不查找被包含文件所在的文件目录而直接按系统标准方式检索其他文件目录。一般情况下，用形式一查找被包含的文件时不会出现找不到的现象。

例如，程序由 max( )和 main( )两个函数组成，两个函数分别存放在 filel.c 和 file2.c 文件中，文件 filel.c 中有一条文件包含命令#include "file2.c"，文件 filel.c 和文件 file2.c 的内容如图 9-4 所示。在编译预处理时，文件 file2.c 的全部内容复制到#include "file2.c"命令处，即 file2.c 被包含到 filel.c 中，如图 9-5 所示。经过预处理，filel.c 中就包含了程序里的两个函数——max( )和 main( )函数，文件 filel.c 作为完整程序进行编译，得到一个 filel.obj 目标文件，再经过连接和运行得到程序的运行结果。

file1.c 文件内容

```
#include "file2.c"
void main( )
{
    ...
    m=max(100,200);
    ...
}
```

file2.c 文件内容

```
max(int x,int y)
{
    ...
}
```

图 9-4　filel.c 和 file2.c 文件内容

file1.c 文件内容

```
max(int x,int y)
{
    ...
}
void main( )
{
    ...
    m=max(100,200);
    ...
}
```

file2.c 文件内容

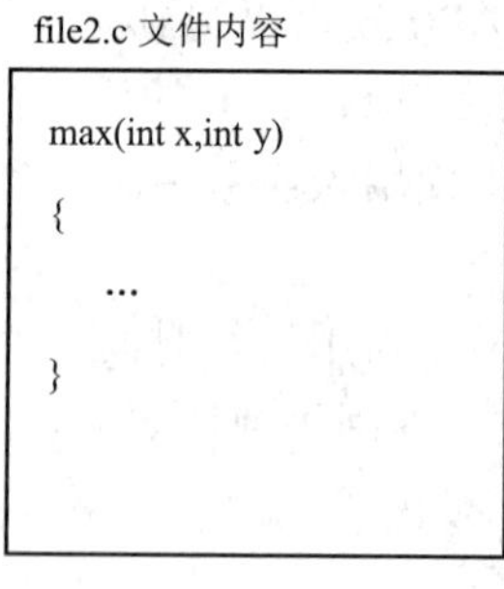

```
max(int x,int y)
{
    ...
}
```

图 9-5　编译预处理后 filel.c 和 file2.c 文件内容

文件包含命令很有用，一个大程序，通常分为多个模块，并由多个程序员分别编写。有了文件包含处理功能，就可以将多个模块共用的数据（如符号常量和数据结构）或函数，集中到一个单独的文件中。这样，凡是要使用其中数据或调用其中函数的程序员，只要使用文件包含命令将所需文件包含到所在文件中即可，不必再重复定义它们，从而减少重复劳动。

【例 9.14】 现有两个 C 程序文件 T18.c 和 myfun.c 同时在 D 盘的根目录下，其中 T18.c 和 myfun.c 文件内容如下，当编译、连接、运行 T18.c 文件时，输入 Thank!则输出的结果是什么？

T18.c 文件内容如下：

```
#include <stdio.h>
#include"D:\\myfun.c"
void main( )
{   fun( );
    printf("\n");
}
```

myfun.c 文件内容如下：

```
void fun( )
{ char s[80],c;
  int n=0;
  while((c=getchar( ))!='\n')
    s[n++]=c;
  n--;
  while(n>=0)
    printf("%c",s[n--]);
}
```

T18.c 文件运行情况如下：

```
Thank!
!knahT
```

程序分析如下。

1）T18.c 文件中有#include"D:\\myfun.c"文件包含命令，预编译处理时，编译预处理程序将 myfun.c 文件内容包含到 T18.c 文件的文件包含命令处。编译预处理后，T18.c 的文件内容如下（忽略#include <stdio.h>文件包含命令）：

```
void fun( )
{ char s[80],c;
  int n=0;
  while((c=getchar( ))!='\n')
    s[n++]=c;
  n--;
  while(n>=0)
    printf("%c",s[n--]);
}
void main( )
{   fun( );
    printf("\n");
}
```

2）函数 fun( )的功能是将键盘输入的回车以前的字符存入 s 字符数组中，并倒序输出 s 字符数组中存放的字符。所以，当将文件 T18.c 编译、连接、运行后，该程序的运行结果为!knahT。

说明如下。

1）通常，被包含的文件是头文件，常以.h 作为文件的扩展名。在头文件中，除可包含宏定义、函数原型外，还可包含外部变量定义、结构体类型定义等。如果用到库函数就要把该库函数所对应的头文件包含到源程序文件中。被包含的文件也可以是除了扩展名为.h 以外的任意类型文件。

2）一个#include 命令只能指定一个被包含的文件，如果要包含 n 个文件，则要用 n 个文件包含命令。

3）假设程序由三个函数组成——main( )、max( )、min( )。三个函数存放在三个文件——filel.c、file2.c、file3.c 中，文件内容如图 9-6 所示。如果 file1.c 文件要用到 file2.c 文件的内容，而 file2.c 文件要用到 file3.c 文件的内容，则可在 file1.c 文件中用两条文件包含命令分别包含 file2.c 和 file3.c 文件，而且 file3.c 文件要在 file2.c 文件之前，file1.c 文件中的文件包含命令为：

```
#include  "file3.c"
#include  "file2.c"
```

file1.c 文件内容

```
void main( )
{
    …
    m=max(100,200);
    …
}
```

file2.c 文件内容

```
max(int x,int y)
{
    …
    z=min(x,y);
    …
}
```

file3.c 文件内容

```
min(int x,int y)
{
    …
}
```

图 9-6　filel.c、file2.c 和 file3.c 的文件内容

这样，经过编译预处理，file1.c 文件中包含程序中所需的三个函数，如图 9-7 所示。在 file2.c 文件中就可以不必再用包含命令包含 file3.c 文件了。

4）文件包含是可以嵌套的，即在一个被包含文件中又可以包含另一个被包含文件，如图 9-8 所示。

5）被包含的文件与包含文件，在编译预处理后已成为同一个文件。因此，如果被包含的文件中定义了全局变量（包括静态全局变量），则它也在包含文件中有效，而不必再用 extern 对该全局变量进行说明。

file1.c 文件内容

```
min(int x,int y)
{
    …
}
max(int x,int y)
{
    …
    z=min(x,y);
    …
}
void main( )
{
    …
    m=max(100,200);
    …
}
```

file2.c 文件内容

```
max(int x,int y)
{
    …
    z=min(x,y);
    …
}
```

file3.c 文件内容

```
min(int x,int y)
{
    …
}
```

图 9-7　编译预处理后 file1.c、file2.c 和 file3.c 的文件内容

file1.c 文件内容

```
#include"file2.c"
void main( )
{
    …
    m=max(100,200);
    …
}
```

file2.c 文件内容

```
#include"file3.c"
max(int x,int y)
{
    …
    z=min(x,y);
    …
}
```

file3.c 文件内容

```
min(int x,int y)
{
    …
}
```

图 9-8　file1.c、file2.c 和 file3.c 的文件内容

9.4.3　条件编译

一般情况下，源程序中所有的程序行都要进行编译。但是，在程序中如果使用条件编译命令，就能够按照不同条件有选择地编译程序中的程序段，从而产生不同的目标代码文件。

条件编译命令有如下三种形式。

形式一：

```
#ifdef 标识符
    程序段 1
[#else
```

```
        程序段 2]
    #endif
```

此形式的条件编译命令的作用是：当标识符已被宏定义过，则对程序段 1 进行编译，否则编译程序段 2。#else 部分可以省略。程序段可以是单条语句或者语句组，也可以是编译预处理命令行。

形式二：

```
    #ifndef 标识符
        程序段 1
    [#else
        程序段 2]
    #endif
```

此形式的条件编译命令的作用是：如果标识符未被宏定义，则编译程序段 1，否则编译程序段 2，这种情况与第一种情况的作用正好相反。#else 部分可以省略。

形式三：

```
    #if 表达式
        程序段 1
    [#else
        程序段 2]
    #endif
```

此形式的条件编译命令的作用是：当表达式的值为逻辑真值时，编译程序段 1，否则编译程序段 2。#else 部分可以省略。可以事先设置一定条件，使程序在不同的条件下执行不同的功能。

【例 9.15】 条件编译命令举例。

程序如下：

```
#include "stdio.h"
#define R 0
#define MAX(a,b) (a>=b?a:b)
#define MIN(a,b) (a<=b?a:b)
void main( )
{  int x=0,y=0,t=0;
   printf("Please input 2 different integers:\n");
   scanf("%d%d",&x,&y);
   #if R                                          /* 9 */
     t=MAX(x,y);
      printf("MAX(%d,%d)=%d\n",x,y,t);
   #else
     t=MIN(x,y);                                  /* 13 */
     printf("MIN(%d,%d)=%d\n",x,y,t);             /* 14 */
   #endif                                         /* 15 */
   #if  3                                         /* 16 */
     t=MAX(x,y);                                  /* 17 */
     printf("MAX(%d,%d)=%d\n",x,y,t);             /* 18 */
```

```
  #else
     t=MIN(x,y);
      printf("MIN(%d,%d)=%d\n",x,y,t);
  #endif                                              /* 22 */
  #undef  R                                           /* 23 */
  #ifdef  R                                           /* 24 */
     printf("The result is %d\n",t);
  #else
     printf("cannot output\n");                       /* 27 */
  #endif                                              /* 28 */
}
```

程序运行情况如下：

```
Please input  2 different integers:
1  2
MIN(1,2)=1
MAX(1,2)=2
cannot output
```

程序分析：程序的第 9～15 行，用宏名 R 的值是否为逻辑真值作为条件编译的判断条件，由于宏名 R 的宏体值是 0，因此编译了 13 和 14 行；第 16～22 行，用常量 3 作为条件编译的判断条件，由于常量 3 是非 0 值，为逻辑真值，因此编译了 17 和 18 行；第 24～28 行，用宏名 R 是否被宏定义作为条件编译的判断条件，由于第 23 行 #undef 命令取消了宏名 R 的定义，所以编译了第 27 行。

经过编译预处理后，程序（忽略#include <stdio.h>文件包含命令）如下：

```
void main()
{  int x=0,y=0,t=0;
   printf("Please input 2 different integers:");
   scanf("%d%d ",&x,&y);
   t=(x<=y?x:y);
   printf("MIN(%d,%d)=%d\n",x,y,t);
   t=(x>=y?x:y);
   printf("MAX(%d,%d)=%d\n",x,y,t);
   printf("cannot output\n");
}
```

习　题　9

一、选择题

1．凡是函数中未指定存储类型的局部变量，其隐含的存储类型为（　　）。

A．auto　　B．static　　C．extern　　D．register

2. 为了提高程序的运行速度，在函数中对于整型变量可以使用（　　）型的变量。

A. auto　　B. static　　C. extern　　D. register

3. 如果在一个函数的复合语句中定义了一个变量，则该变量（　　）。

A. 只在该复合语句中有效　　B. 在该函数中有效

C. 在本程序范围内均有效　　D. 为非法变量

4. 在一个 C 语言源程序文件中所定义的全局变量，其作用域为（　　）。

A. 所在文件的全部范围　　B. 所在程序的全部范围

C. 所在函数的全部范围　　D. 由具体定义位置和 extern 说明来决定范围

5. 若程序中有宏定义行“#define N 100”，则以下叙述中正确的是（　　）。

A. 宏定义行中定义了标识符 N 的值为整数 100

B. 在编译程序对 C 源程序进行预处理时用 100 替换标识符 N

C. 对 C 源程序进行编译时用 100 替换标识符 N

D. 在运行时用 100 替换标识符 N

6. 下面程序的运行结果是（　　）。

```
#include <stdio.h>
#define MAX(x,y)  (x)>(y)?(x):(y)
void  main( )
{  int a=1,b=2,c=3,d=2,t;
   t=MAX(a+b,c+d)*100;
   printf("%d\n",t);
}
```

A. 500　　B. 5　　C. 3　　D. 300

二、写出下列程序的运行结果

1.

```
#include <stdio.h>
func(int x)
{  x=20;
}
void main( )
{ int x=10;
  func(x);
  printf("%d\n",x);
}
```

2.

```
#include <stdio.h>
int d=1;
int f(int c)
{ int a=2;
  static  int b=3;
  a=a+3;
  b++;
```

```
  d++;
  return(a+b+c);
}
void main( )
{ int i;
  for(i=0;i<2;i++)
  printf("%d\t",f(i));
  d=11;
  printf("%d\n",d);
}
```

3.

```
#include <stdio.h>
int i;
void prt( )
{ for(i=5;i<8;i++)
   printf("%c",'*');
   printf("\n");
}
void main( )
{  for(i=5;i<=8;i++)
     prt( );
}
```

4.

```
#include <stdio.h>
#define M(x,y,z)  x*y+z
void main(  )
{ int a=1,b=2,c=3;
  printf("%d\n",M(a+b,b+c,a+c));
}
```

5.

```
#include <stdio.h>
#define  MUL(z) z*z
void main( )
{
    printf("%d\n",MUL(1+2)+3);
}
```

6.

```
#include <stdio.h>
void f1(  )
{  int x=0;
   x++;
   printf("%d\t",x);
}
```

```
void f2( )
{ static int x;
  x++;
  printf("%d\n",x);
}
void main( )
{ int i;
  for(i=0;i<3;i++)
  { f1( );
    f2( );
  }
}
```

三、编程题

1．编写一个求 10 个数中最大值、最小值和平均值的函数。要求：在主函数中输入这 10 个数，输出所求的最大值、最小值和平均值。

2．编程将用户输入的一个字符串中的大小写字母互换，即大写字母转换为小写字母，小写字母转换为大写字母。要求：定义判断是大写或小写字母的宏。

3．编程求三角形的面积。三角形的面积计算公式为

$$\mathrm{area}=\sqrt{\mathrm{s(s-a)(s-b)(s-c)}}$$

其中，$s=(\mathrm{a}+\mathrm{b}+\mathrm{c})/2$，a、b、c 为三角形的边长。定义两个带参数的宏，一个用于求 s，另一个求 area。

第10章 指 针

指针是 C 语言中一种重要的数据类型，是 C 语言的精华。指针数据类型为用户提供了另外一种使用整型、实型、字符型、构造类型数据以及函数的方法；利用指针可以更好地利用内存资源；利用指针还能有效地表示复杂的数据结构，本章以链表为例讲述如何用指针表示链表这种数据结构。正确灵活地运用指针，可以编写出简洁、紧凑、高效的程序。指针是学习 C 语言的难点与重点之一，在学习过程中要多思考、多上机练习来逐步体会指针的精华。

10.1 指针与指针变量

10.1.1 指针的概念

为了便于理解指针的概念，先复习一下计算机内存的基本知识。计算机的存储器分为内存和外存两种，存储在内存中的数据 CPU 能够直接处理，而存储在外存的数据需要调入内存后 CPU 才能够处理。内存是有一定存储容量的，内存存储数据的基本单位是字节。为了便于 CPU 访问内存单元，给每个字节单元一个唯一的编号，第 1 个字节单元编号为 0，以后各单元按顺序连续编号，这些单元编号称为内存单元的地址。内存示意图如图 10-1 所示。

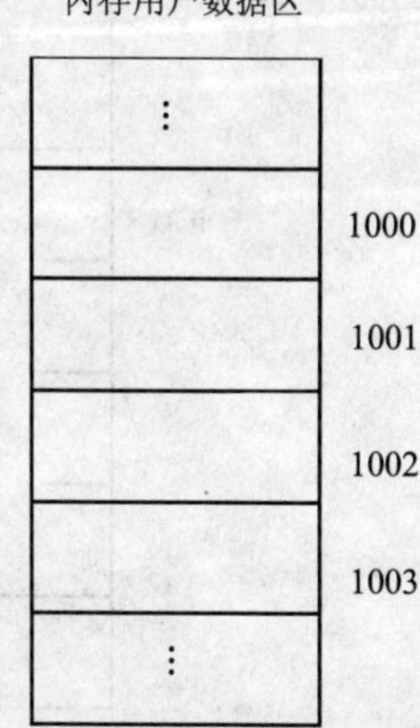

图 10-1 内存示意图

由于指针的概念与内存有关，本章提到的变量、数组等的存储类别都是内存型的。C 程序中每一个实体，如变量、数组和函数等，都要在内存中占有一定字节的存储区域。本节只讨论变量和内存的关系。

在程序中定义的任何一个变量，系统都会在内存单元中为其分配一定字节的存储单元，变量的值就存放在它所对应的存储单元中，存储单元的首地址就是变量的地址。系统对变量值的存取，最终是通过内存单元的地址进行的。系统自动把变量名和它的地址联系起来，程序中通常只需用变量名来使用它所代表的那个存储单元而无需涉及地址。例如，若有以下定义和赋值语句：

```
int m,n;
m=100;
n=200;
```

通过定义语句，变量 m、n 被定义为整型变量，在 Visual C++ 6.0 系统中，整型数据占 4 个字节，所以系统为 m、n 这两个整型变量各自分配 4 个字节作为它们的存储单元，假设变量 m 的存储单元首地址为 1000H，变量 n 的存储单元首地址为 2000H。执行以上两个赋值语句，系统将整数 100 存储到首地址为 1000H 的连续 4 个字节的内存单元中，作为内存单元的内容也就是变量 m 的值；系统将整数 200 存储到首地址为 2000H 的连续 4 个字节的内存单元中，作为内存单元的内容也就是变量 n 的值，如图 10-2 所示。

C 语言中，指针就是内存单元的地址。程序中定义的任何数据类型的变量都是有指针的，一个变量的地址称为该变量的“指针”。如图 10-2 所示，变量 m 的地址值是 1000H，也称为变量 m 的指针是 1000H；同理，变量 n 的指针是 2000H。

又如，有一变量 p，系统为其分配了 4 个字节的存储单元，假设存储单元的首地址为 3000H，在 3000H～3003H 的存储单元中存放的值是前面定义的变量 m 的地址 1000H，如图 10-3 所示。这里，读者要注意区分变量 p 的地址和变量 p 的值。变量 p 的地址（即指针）是编译系统分配的，为 3000H，变量 p 的值是编译系统为其分配的存储单元中存储的内容，变量 p 的值是变量 m 的地址（即指针）1000H。也就是说，变量 p 的地址和 p 的值都是指针。通过变量 p 能找到变量 m，称为变量 p 指向变量 m。可见，变量 m 和变量 p 的类型是不同的，变量 m 的值是整型数据，而变量 p 的值是指针。

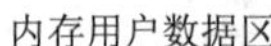

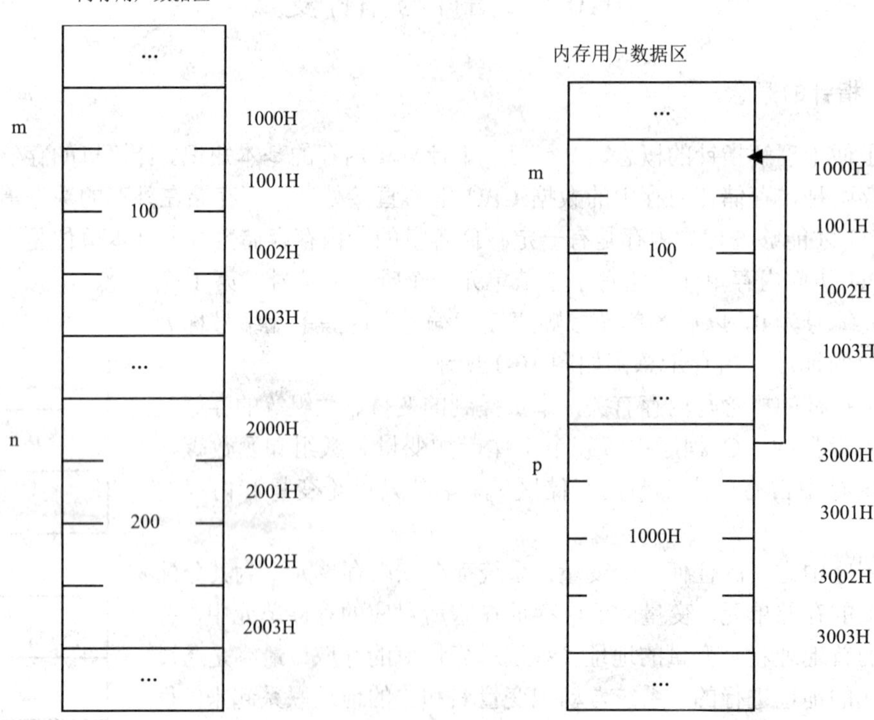

图 10-2　变量的地址和变量的值　　　　图 10-3　存放地址的变量

通过以上的讲述可见，系统对变量访问形式分为以下两种。

（1）直接访问

按照变量地址存取变量值的方式称为直接访问方式。

说明：用变量名对变量的访问就属于直接访问，因为在编译后，变量名和变量地址之间有对应关系，对变量名的访问系统自动转换成利用地址对变量的访问。

例如，下面语句中对变量的访问都是直接访问方式：

```
printf("%d",i);
printf("%d",j);
k=i+j;
```

前面各章对变量的访问形式都是这种直接访问方式。

（2）间接访问

将变量的地址存放在一类特殊变量中，从该特殊变量所在的存储单元中取出其值，即变量的地址，通过变量的地址找到变量，即通过指向变量的特殊变量间接找到变量，这就是对变量进行的间接访问。如图 10-3 所示，利用变量 p 能间接访问变量 m。本章主要讨论如何间接访问变量、数组、字符串、结构体、函数等内容。

10.1.2 指针变量

前面讲过简单数据类型的变量的值有整型、实型、字符型之分，图 10-3 中所示，变量 m 的值 100 就是整型数据。而变量 p 的值是地址，地址就是指针，所以，变量 p 是指针变量。

专门用来存放内存单元地址（即指针）的变量称为指针变量。也就是说，指针变量的值是指针。指针变量中可以存放字符数据、整型数据、实型数据的地址，也可以存放指针变量的地址，甚至可以存放函数的地址。在 Visual C++ 6.0 系统中，为指针变量分配 4 个字节的存储单元。

1. 指针变量的定义

指针变量在使用之前必须进行定义，说明指针变量的类型，为其分配存储单元。

指针变量定义的一般形式为：

```
[存储类型] 类型说明符 *变量名;
```

说明如下。

1）“变量名”前面的“*”表示定义的变量是一个指针变量，而不是一个普通的变量。该变量的值只能是地址，而不能是整型、实型、字符型数据。

2）“类型说明符”表示定义的指针变量可以指向的数据的数据类型。“类型说明符”称为指针变量的“基类型”。

3）“存储类型”表示定义的指针变量本身的存储类型，与第 9 章讲述的内容相同。“存储类型”可以省略，如果指针变量是局部指针变量，“存储类型”省略时，表示指针变量的存储类型为 auto 自动型；如果指针变量是外部指针变量，“存储类型”省略时，表示在本文件和其他文件中都可以使用该指针变量。

例如：

```
int i,j;
float f;
int *pi,*pj;
```

```
float *pf;
```

上面定义了两个整型变量 i、j，一个实型变量 f，三个指针变量 pi、pj、pf。其中 pi、pj 为指向整型数据的指针变量，即 pi、pj 变量中将要存放整型数据的地址，而不是其他数据类型数据的地址，也称为 pi、pj 的基类型为整型(int)；pf 为指向单精度型数据的指针变量，即存放单精度数据的地址，也称为 pf 的基类型为单精度型(float)。

注意

上面定义的三个指针变量 pi、pj、pf 还没有指向变量 i、j、f，因为通过定义，编译系统只是为 pi、pj、pf 分配了相应的内存单元，还没有具体赋值，当赋值后，才能确定指向具体的哪个变量；指针变量不同于其他类型的变量；它是用来专门存放地址的，必须将它定义为“指针类型”。指针变量名为 pi、pj、pf，而不是*pi、*pj、*pf。

2. 指针变量的使用

与指针有关的两个最基本的运算是取地址运算和指针（指向）运算，这两个运算是通过运算符“&”和“*”实现的，下面介绍这两个运算符。

（1）取地址运算符——&

单目取地址运算符“&”的功能是取操作对象的地址。取地址运算符“&”处于第 2 优先级，具有右结合性。例如：

```
int a=10,*p; /* 定义整型变量 a 并赋值为 10，定义指针变量 p */
p=&a;
```

表达式&a 的值是系统为变量 a 分配的存储单元的首地址，表达式 p=&a 的作用是：将系统为变量 a 分配的内存存储单元的首地址赋值给变量 p，因此，变量 p 指向变量 a。假设系统为变量 a 和 p 分配的 4 个字节的内存单元的首地址分别是 2000H 和 3000H，执行以上两条语句后，变量 p 和 a 的关系如图 10-4 所示。

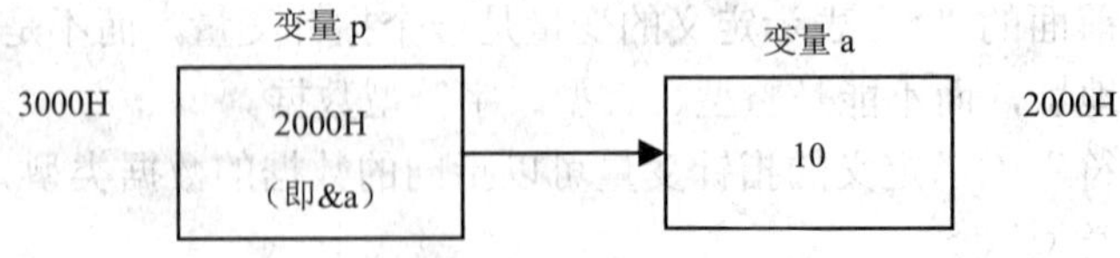

图 10-4　取地址运算符“&”的用法

对于常量、表达式以及寄存器变量不能使用取地址运算符“&”组成取地址表达式，即不允许以下的书写形式：

```
&10、&(i*2)、&x （若有定义：register int x;）
```

原因很简单，常量、表达式的值不是存放在内存的某个存储单元中，无地址值；而寄存器变量存放在寄存器里，寄存器无地址。

在程序中取一个变量的地址时，该变量应该是已经定义的变量，因为没定义的变量系统不会为其分配内存单元，就没有内存地址，也就无法对其取地址。

注意

（2）指针运算符（间接寻址运算符）——*

单目运算符“*”的功能是按操作对象的内容（地址值）访问对应的存储单元。指针运算符“*”的优先级和结合性与取地址运算符“&”相同，处于第2优先级，具有右结合性。它与取地址运算符“&”互为逆运算。

特别要注意的是，指针运算符“*”是访问指针所指向变量的运算符，与指针定义时的“*”不同。在定义指针变量时，“*”表示其后是指针变量，只是标志。如果与其相连的操作数是指针类型，“*”是指针运算符；如果与其相连的操作数是基本类型，“*”是乘法运算符。在使用和阅读程序时要严格区分“*”的含义。

例如：

```
int a,*p;
p=&a;
a=5;
a=*p*10;        /* 将表达式*p*10的值赋值给整型变量a */
```

表达式“*p*10”中p前面的“*”是指针运算符，p后面的“*”是乘法运算符。表达式“*p”的值是a的值5，表达式“*p*10”的值是50，最后，变量a的值为50。

根据图10-4分析以下表达式的值。

1）*p：表达式的值是10。因为p的值是变量a的地址2000H，变量p指向a，表达式*p的值就是指针变量p所指向的目标变量a的值10。

2）&p：表达式的值是3000H。

3）*&p：表达式的值是2000H。因为&p的值是3000H，3000H指向的是变量p，所以，表达式*&p等价于p，整个表达式的值是变量p的值2000H。

4）*&a：表达式的值是10。因为表达式*&a等价于a，所以，整个表达式的值是10。

5）&*p：表达式的值是2000H。因为表达式*p的值是a，表达式&*p等价于&a，所以，整个表达式的值是2000H。

由此可见，如果变量的地址存放在指针变量的存储单元中，间接访问变量时，可以表示成如下表达式：

```
*(变量的地址)
```

或者：

```
*指针变量
```

【例 10.1】 指针的引用。

程序如下：

```
#include "stdio.h"
void main( )
{ int i,j,*pi,*pj;                /*----①----*/
  i=18;
  j=14;
  pi=&i;                          /*----②----*/
  pj=&j;                          /*----③----*/
  printf("%d,%d\n",*pi,*pj);
  printf("%u,%u\n",pi,pj);        /*----④----*/
  i=*pj+10;                       /*----⑤----*/
  *pj=*pj-2;                      /*----⑥----*/
  printf("%d,%d\n",i,j);
  printf("%d,%d\n",*pi,*pj);
}
```

程序运行结果如下：

```
18,14
1310588,1310584
24,12
24,12
```

程序分析如下。

1）语句行①定义了两个整型变量 i、j，两个指向整型数据的指针变量 pi、pj。因此系统为 i、j、pi、pj 各分配四个字节的存储单元。

2）语句行②、③是将 i、j 变量的地址值分别赋值给指针变量 pi、pj，此时 pi 指向 i，pj 指向 j。

3）语句行④输出的是 i、j 变量的地址值，每次执行时可能都不一样。在程序的 printf( ) 函数中出现的*pi、*pj，分别指 pi、pj 所指向的存储单元的内容，即 i、j 的内容。

4）语句行⑤的含义为将 pj 所指向的存储单元的内容 14（即 j 的值）加 10 之后赋给 i，因此 i 的值为 24。

5）语句行⑥的含义是将 pj 所指向的存储单元的内容减去 2 之后，存入 pj 所指向的存储单元。该语句相当于 j=j-2，因而 j 的值为 12。

【例 10.2】 输入 x、y 两个整数，按先大后小的顺序输出 x、y。

程序如下：

```
#include "stdio.h"
void main( )
{ int x,y,*px,*py,*p;
  scanf("%d%d",&x,&y);
  px=&x;py=&y;                          /*----①----*/
  if(x<y)                               /*----②----*/
```

```
  { p=px;
    px=py;
    py=p;
  }
 printf("x=%d,y=%d\n",x,y);
 printf("MAX=%d,MIN=%d\n",*px,*py);
}
```

程序运行情况如下：

```
-1 86
x=-1,y=86
MAX=86,MIN=-1
```

程序分析如下。

1）语句行①执行时，变量p没有赋值，其他四个变量有确定的值，各变量的值如图10-5（a）所示；语句行②执行if语句之后，各变量的值如图10-5（b）所示。在if语句中交换的是指针变量的内容，而不是x、y的内容，px、py的值发生变化，x、y的内容保持不变。

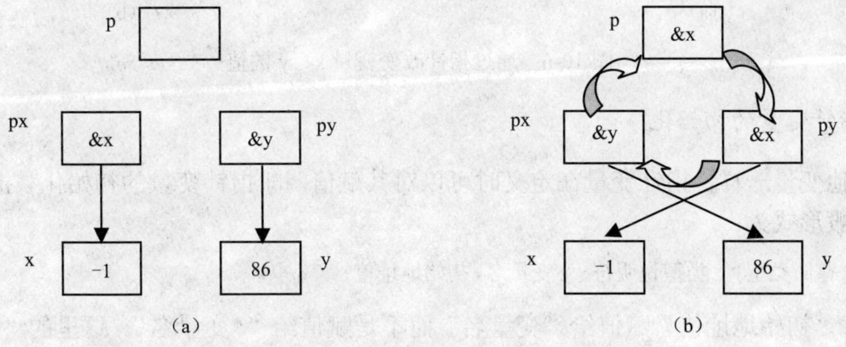

图10-5　通过指针改变指针变量的指向

2）本例中，如果变量x的值小于变量y的值时，要使变量px和变量py的指向不变，而将变量x和变量y的值互换，改写后的程序如下：

```
#include "stdio.h"
void main( )
{ int x,y,*px,*py,p;
  scanf("%d%d",&x,&y);
  px=&x;py=&y;                          /*----①----*/
  if(x<y)                               /*----②----*/
   { p=*px;
     *px=*py;
     *py=p;
   }
  printf("x=%d,y=%d\n",x,y);
  printf("MAX=%d,MIN=%d\n",*px,*py);
}
```

程序运行情况如下：

```
-1 86
x=86,y=-1
MAX=86,MIN=-1
```

修改后的程序中，语句行①执行时，各变量的值如图 10-6（a）所示；语句行②执行 if 语句之后，各变量的值如图 10-6（b）所示。变量 p 定义时前面没有“*”，将 p 定义为整型变量，而不是指针型变量，因为 p 变量中要存放*px 的值，px 的值是指针，而*px 的值是整型值。

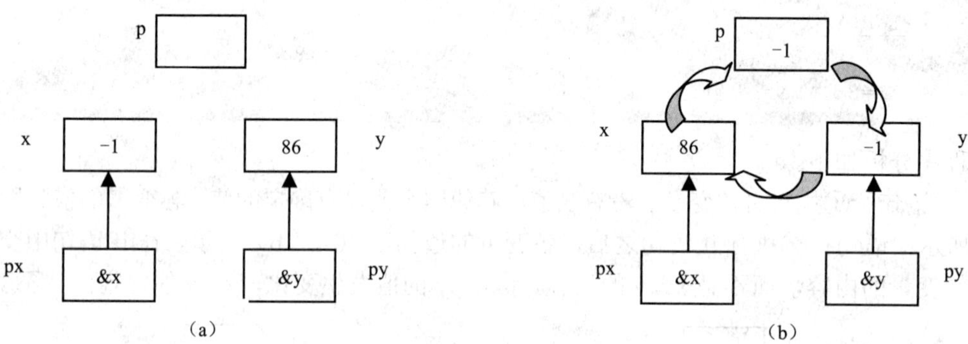

图 10-6　通过指针改变变量 x、y 的值

3. 指针变量的初始化

与其他变量一样，指针变量在定义时可以对其赋值，即指针变量的初始化。指针变量初始化的一般形式为：

[存储类型]　类型说明符　*变量名=初始地址值;

说明：“初始地址值”赋值给“变量名”而不是赋值给“*变量名”。这里的“*”不是指针运算符，而是说明定义的变量的类型是指针。

例如：

```
int i,j;            /* 定义整型变量 i、j */
float f;            /* 定义单精度型变量 f */
int *pi=&i,*pj=&j;  /* 定义指针变量 pi、pj,并将变量 i、j 的地址分别赋给 pi、pj */
float *pf=&f;       /* 定义指针变量 pf,并将变量 f 的地址赋给 pf */
```

以下对函数 max( )中的指针变量 p 的初始化是错误的：

```
max(int a,int b)
{ int x;
  static int *p=&x;
  …
}
```

发生错误的原因是整型变量 x 和指针变量 p 的存储类型不同。内部变量 x 是 auto 型变量，在程序每次执行 max( )函数时，变量 x 都被重新分配内存单元，退出该函数后，x 的内存单元即被释放。而静态指针变量 p 在程序编译时系统就为其分配内存单元并为其初始化，当程序流程退出该函数后，指针变量 p 的内存单元也不释放。程序编译时系统还没有为变量 x 分配内存单元，无法将表达式&x 的值赋值给指针变量 p。

10.1.3 指针运算

指针变量是可以运算的，但指针变量的内容为地址量，因此，指针运算实质为地址运算，C 语言有一套适用于地址的运算规则，这套规则使 C 语言具有快速灵活的数据处理能力。除了前面所介绍的取地址“&”和指针“*”运算以外，还包括以下运算。

1. 赋值运算

指针的赋值运算分为以下几种类型。

1）任何基类型的指针变量均可以有空值，即赋值 NULL，表示指针变量不指向任何目标。NULL 是 stdio.h 头文件中定义的宏名，该宏定义命令如下所示：

```
#define NULL 0
```

例如：

```
double *p;
p=NULL;
```

2）相同基类型的指针可以相互赋值，不同基类型的指针不能相互赋值。

例如：

```
char ch='A',*pc=&ch;
int n=10,*pn=&n;
int m=100,*pm=&m;
double d=10.0,*pd=&d;
pd=pc;  pc=pd;  pd=pn;    /* 错误 */
pn=pm;                    /* 正确,pn 和 pm 指向同一个变量 */
```

3）不能对指针变量赋值为一个整数值，也不能通过读入赋值给指针变量，只能将已分配的地址赋值给指针变量。

例如：

```
int *p;
p=2000;                   /* 错误 */
printf("%x",p);           /* 错误 */
```

2. 指针的算术运算

1）指针变量自增或自减运算。指针加 1 或减 1 单目运算，是指针向前或向后移动一个所指单元。加 1 向前移动一个存储单元的位置；减 1 向后移动一个存储单元的位置。即：

（指针+1）表达式的值=指针+1×sizeof（指针的基类型）

（指针-1）表达式的值=指针-1×sizeof（指针的基类型）

例如：

```
double a[4]={10.8,2.5,4.9,-8.2};
double *p1,*p2;
p1=&a[0];
```

```
p2=&a[3];
++p1;
--p2;
```

在 Visual C++ 6.0 系统中，double 型数据占 8 个字节。假设系统为数组 a 分配的内存单元首地址为 4000H，数组元素 a[0]的地址值就为 4000H、数组元素 a[1]的地址值为 4008H、数组元素 a[2]的地址值为 4010H、数组元素 a[3]的地址值为 4018H。由以上对指针变量 p1、p2 的定义可知，指针变量 p1、p2 的基类型是 double 型。经过赋值语句赋值，指针变量 p1 的值为数组元素 a[0]的地址值，即为 4000H，指针变量 p2 的值为数组元素 a[3]的地址值，即为 4018H。自增表达式“++p1”，相当于赋值运算 p1=p1+1，自增表达式的值是 p1+1 以后的值，经过自增运算后，p1 的值为 4000H+1×sizeof(p1 的基类型)= 4000H+1×sizeof(double) =4000H+1×8=4008H，同理，自减表达式--p2 运算后，p2 的值为 4018H-1×sizeof(double)= 4018H-1×8=4010H，自减表达式“--p2”的值也为 4010H。a 数组各元素的内容、地址以及指针变量 p1、p2 自增、自减运算前、后的关系，如图 10-7 所示。

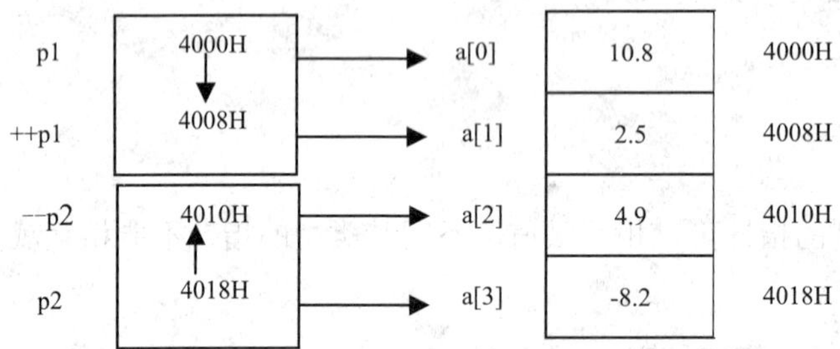

图 10-7 指针的自增、自减运算

2）指针变量加上或减去一个整型数 n，其含义为指针由当前位置向前或向后移动 n 个存储单元位置。即：

（指针+n）表达式的值=指针+n×sizeof（指针的基类型）

（指针-n）表达式的值=指针-n×sizeof（指针的基类型）

例如：

```
double a[4]={10.8,2.5,4.9,-8.2};
double*p1;
p1=&a[0];
p1=p1+3;
```

p1+3 表达式的值为 p1+3×sizeof（p1 的基类型）=4000H+3×sizeof（double）=4000H+3×8=4018H，所以，经过赋值表达式 p1=p1+3，p1 的新值为 4018H，由原来指向 a[0]改变为指向 a[3]。

3）指针相减。指针变量相减的充要条件是：两个指针不但要指向同一数据类型的目标即基类型相同，而且要求所指对象是唯一的。一般情况下，指向同一数组的两个指针相减有实际意义，其相减的含义为两个地址之间相隔的存储单元个数加 1。即：

（指针 2-指针 1）表达式的值=（指针 2-指针 1）/sizeof（指针的基类型）

例如：

```
double a[4]={10.8,2.5,4.9,-8.2};
double *p1,*p2;
```

```
int n;
p1=&a[0];
p2=&a[3];
n=p2-p1;
```

（p2−p1）表达式的值=（4018H−4000H）/sizeof（double）=（18H）/8=24/8=3，也就是指针变量 p2 和 p1 所夹的数组元素（a[1]、a[2]）个数加上 1，即 2+1=3。

两个指针不能作相加运算，因为两个指针相加没有任何意义。

3. 关系运算

两指针之间的关系运算表示它们所指向的存储单元的相对位置。指针关系运算的实质是比较地址的高低，关系运算的结果为 1 或者 0。关系成立即为 1，关系不成立即为 0。

例如：

1）“px<py”表示 px 所指向的存储单元的地址是否小于 py 所指向的存储单元的地址。若 px 所指向的存储单元的地址小于 py 所指向的存储单元的地址，关系表达式 px<py 的值为 1，否则为 0。

2）“px==py”表示如果 px 和 py 指向同一个存储单元，则关系表达式 px==py 的值为 1，否则为 0。

3）“px==0”与“px!=0”表示 px 是否为空指针。

4）若有“double a[4],*p1,*p2; p1=&a[0]; p2=&a[3];”，则表达式 p1<p2 的结果为 1。

【例 10.3】 指针关系运算举例。

程序如下：

```
#include <stdio.h>

void main( )
{   int a,b,*p1=&a,*p2=&b;
    printf("p1!=p2 is %d\n",p1!=p2);
    p2=&a;
    printf("p1!=p2 is %d\n",p1!=p2);
}
```

程序运行结果如下：

```
p1!=p2 is 1
p1!=p2 is 0
```

10.2 指针变量与数组

通过第 6 章的学习，我们知道数组名代表了数组的首地址（起始地址或第 1 个元素的地址），而每一个数组元素也都有各自的地址，对数组元素的访问是通过数组下标来实现的。在本章的第 1 节中，讲述了指针的概念、指针的运算以及用指针间接访问基本类型的简单变量的方法。本节介绍利用一个指向数组的指针来实现对数组元素的存取操作。在 C 语言中，数组和指针关系密切，功能相似，而使用指针对数组元素的存取操作比使用下标更方便、更迅速。

10.2.1　一维数组的指针和指向一维数组的指针变量

1. 一维数组的指针

所谓一维数组的指针是指一维数组的首地址。在 C 语言中，数组名代表数组的首地址，也就是说一维数组名代表一维数组的指针。数组的指针是由系统为数组分配内存单元时确定的，内存单元一旦分配在整个程序运行期间就不能改变，因此，数组名是地址常量即为常量指针。一维数组元素的指针是指一维数组元素的地址。

例如，若定义一个一维整型数组并初始化：

```
int a[10]={1,2,3,4,5,6,7,8,9,10};
```

a[0]	1	1000H
a[1]	2	1004H
a[2]	3	1008H
a[3]	4	100CH
a[4]	5	1010H
a[5]	6	1014H
a[6]	7	1018H
a[7]	8	101CH
a[8]	9	1020H
a[9]	10	1024H

图 10-8　一维数组 a 内存单元示意图

a 数组有 10 个数组元素：a[0]～a[9]，系统为数组元素 a[0]～a[9]分配 10 个整型变量的内存单元，这些单元是连续的。在 Visual C++ 6.0 系统中，假设系统为数组元素 a[0]分配的 4 个字节内存单元的首地址是 1000H，则数组 a 的内存单元如图 10-8 所示。

本例中，数组 a 的指针就是所有数组元素所占内存单元的首地址，即为 1000H，可以表示为 a 或者&a[0]，各个数组元素的指针就是每个数组元素所占 4 个字节内存单元的首地址，如图 10-8 所示。下标为 i 的数组元素的地址可以表示为&a[i](i=0,1,⋯,9)。由 10.1 节讲述的指针运算，可以推出 a+i 等价于&a[0]+i，该指针表达式的值是&a[0]+i×sizeof(int)=&a[0]+i×4=1000H+i×4=&a[i]。可见，a 数组元素的指针&a[i]等价于 a+i。在第 6 章讲过，数组元素的表示方法为 a[i](i=0,1,⋯,9)。而表达式*(a+i)等价于*&a[i]=a[i]。形如 a[i]的表示方法就是 a 数组元素的下标表示方法，形如*(a+i)的表示方法就是 a 数组元素的指针表示方法。

数组元素的下标表示形式 a[i]中的“[ ]”是下标运算符，该运算符的计算规则是编译程序在计算数组元素的地址前，先按照地址表达式 a+i 计算地址，再根据这个地址值找到对应的数组元素值。也就是说，编译系统是将 a[i]转换为*(a+i)来处理的。下标运算符“[ ]”处于第 1 优先级，具有右结合性。

一维数组 a 的元素地址及其元素值的表示方法如表 10-1 所示。

表 10-1　a 数组元素的地址及数组元素值的表示

表达式	含　义
a	&a[0]
a+1	&a[1]
a+i	&a[i]
*a	a[0]
*(a+1)	a[1]
*(a+i)	a[i]

2. 指向一维数组的指针变量

基本数据类型变量可以通过指针变量间接访问。同理，也可以定义一个指针变量指向一维数组或者指向一维数组的某个元素，通过该指针变量间接访问数组元素。指向一维数组或者指向一维数组的某个元素的指针变量的定义方法，与前面介绍的指向变量的指针变量的定义方法相同。

例如，定义指针变量 p 指向上面定义的一维数组 a：

```
int *p;          /*定义指向整型数据的指针变量 p*/
p=a;             /*等价于 p=&a[0];*/
```

将数组 a 的首地址&a[0]赋值给指针变量 p，p 与 a 之间的关系如图 10-9 所示。

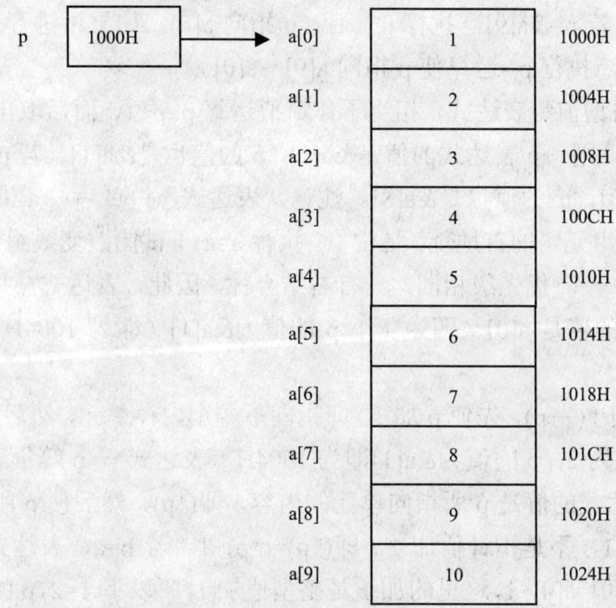

图 10-9　指针变量 p 与数组 a 的关系

根据前面讲过的指针运算，用指针变量 p 表示 a 数组元素的地址及其元素值的表达式如表 10-2 所示。

表 10-2　用指针变量 p 表示 a 数组元素的地址及其 a 数组元素的值

表达式	含 义
p	a 即&a[0](1000H)
p+1	a+1 即&a[1](1004H)
p+i	a+i 即&a[i]
p++	自增表达式的值是 a(1000H)，变量 p 的值是&a[1] (1004H)
++p	自增表达式的值是&a[1](1004H)，变量 p 的值也是&a[1] (1004H)
*p	*a 即 a[0](1)
*(p+1)	*(a+1) 即 a[1](2)
*(p+i)	a[i]即 a[i]、p[i]
*p++	表达式的值是 a[0](1)，变量 p 的值是&a[1](1004H)
*++p	表达式的值是 a[1](2)，变量 p 的值是&a[1](1004H)

说明如下。

1）“[ ]”是下标运算符，表达式“p[i]”等价于“*(p+i)”。若有表达式“*(p-i)”等价于下标运算符表达式“p[-i]”。

2）要正确理解指针变量组成的自增、自减表达式与指针表达式的含义。

① p++：作为自增后缀表达式，表达式的值是 p，而后相当于作赋值运算 p=p+1。若 p=a，则 p++表达式的值是 a，p 是指针变量，p+1 是指针加 1 运算，表达式的结果等价于&a[0]+1×sizeof(int)=1000H+1×4=1004H。指针变量 p 指向 a[1]。如果再进行 p++运算，p 又指向 a[2]，这样就可以不断执行 p++运算使 p 指向 a[0]～a[9]。通过 p++得到数组元素的地址比通过 a+i 运算得到数组元素的地址执行速度快。与 p++表达式类似，p--表达式的值是 p，而后相当于作赋值运算 p=p-1。若 p=&a[9]，执行 p--后，p 指向 a[8]，如果再进行 p--运算，p 又指向 a[7]，这样就可以不断执行 p--运算使 p 指向 a[9]～a[0]。

② ++p：作为自增前缀表达式，相当于作赋值运算 p=p+1，而后取出 p 的值作为表达式++p 的结果。若 p=a，则++p 表达式的值是&a[1]，p 的值也是&a[1]。若 p=&a[9]，则--p 运算后表达式的值是&a[8]，p 的值也是&a[8]。注意，表达式 a++或者++a 是不合法的，因为 a 是数组名，其值是数组元素的首地址，是常量。执行 a=a+1 试图改变数组的首地址是错误的。

③ *p++：由于++和*优先级相同，具有右结合性，因此，表达式*p++等价于*(p++)。若 p=a，则表达式*p++的值是 a[0]（即为 1），p 的值为&a[1]（即为 1004H）。表达式*p--等价于*(p--)。

④ *++p：等价于*(++p)，先使 p 加 1，即指向下一个内存单元，然后取*p。若 p=a，*++p 表达式的值是 a[1]即为 2，p 的值为&a[1]即为 1004H。表达式*--p 等价于*(--p)。

⑤ (*p)++：表达式的值是 p 所指向单元的内容，即(*p)，然后使 p 所指向单元的内容加 1，是数组元素值加 1，不是指针值加 1，即(*p)=(*p)+1。若 p=a，表达式(*p)++的值是 a[0]即为 1，a[0]的值为 a[0]=a[0]+1，这里的加 1 是整型值加 1，所以 1+1=2，p 的值不变还是&a[0]。

⑥ ++(*p)：等价于(*p)=(*p)+1，即为 p 所指向单元的内容值加 1，表达式的值是 p 所指向的单元加 1 后的值。若 p=a，表达式++(*p)的值是 a[0]=a[0]+1 即为 1+1=2，a[0]的值也是 2，p 的值不变还是&a[0]。

【例 10.4】 用下标法和指针法访问数组元素。

程序如下：

```
#include "stdio.h"
void main( )
{ int a[10];
  int i,*p;
  for(i=0;i<10;i++)
    scanf("%d",&a[i]);
  for(i=0;i<10;i++)
    printf("%-4d",a[i]);                 /* 用下标法引用数组元素 */
  printf("\n");
  for(i=0;i<10;i++)
    printf("%-4d",*(a+i));               /*用指针法引用数组元素 */
```

```
  printf("\n");
  p=a;
  for(i=0;i<10;i++)
    printf("%-4d",*(p+i));            /* 用指针变量间接引用数组元素 */
  printf("\n");
  for(p=a;p<(a+10);p++)
    printf("%-4d",*p);                /* 用指针变量间接引用数组元素 */
  printf("\n");
}
```

程序运行情况如下：

```
1 2 3 4 5 6 7 8 9 10
1   2   3   4   5   6   7   8   9   10
1   2   3   4   5   6   7   8   9   10
1   2   3   4   5   6   7   8   9   10
1   2   3   4   5   6   7   8   9   10
```

注意

使用指针指向数组元素时，要特别注意指针是否超出数组元素的有效范围，当指针越界时，程序会出现预料不到的结果。

【例 10.5】 指针越界举例。

程序如下：

```
#include "stdio.h"
#define N 5
void main( )
{ int *p,i,a[N];
  p=a;
  for(i=0;i<N;i++)          /*----①----*/
    scanf("%d",p++);
  for(i=0;i<N;i++,p++)      /*----②----*/
    printf("%u ",*p);
  printf("\n");
}
```

程序运行情况如下：

```
1 2 3 4 5
0 1310588 1310656 4199081 1
```

程序分析如下。

1）运行结果输出的不是输入的内容，这是因为经过 for 循环语句行①之后，p 从指向 a[0]移到指向 a[4]所占内存单元的下一个单元。如图 10-10 所示。因此，在执行 for 循环语句行②时，p 的起始值不是&a[0]，而是 a+5，即超过数组的有效范围。因此，输出的不是数组元素 a[0]～a[4]的值，而是 a[4]所占单元其后的 5 个整型数据内存单元存放的值。由于程序中没有为这 5 个整型数据内存单元赋值，所以输出的是随机值。

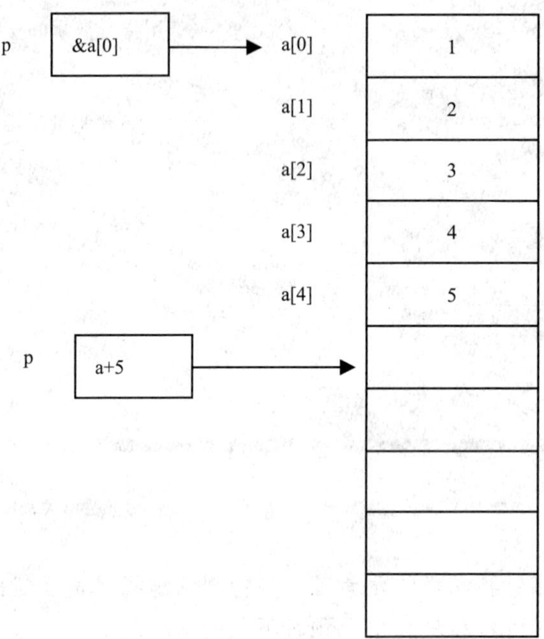

图 10-10　指针变量 p 越界

2）要输出数组元素的值，正确的程序如下：

```
#include "stdio.h"
#define N 5
void main( )
{ int *p,i,a[N];
  p=a;
  for(i=0;i<N;i++)
    scanf("%d",p++);
  p=&a[0];                /* 为p重新赋值&a[0] */
  for(i=0;i<N;i++,p++)
    printf("%d ",*p);
  printf("\n");
}
```

程序运行情况如下：

```
1 2 3 4 5
1 2 3 4 5
```

【例 10.6】　用指针变量的下标表示法访问数组元素。

程序如下：

```
#include "stdio.h"
void main( )
{ int x[5]={-8,0,7,5,-9},*s;
  s=x+2;
```

```
    printf("%d\n",s[2]);
}
```

程序运行结果如下：

```
-9
```

程序分析：表达式 x+2 的结果是&x[0]+2×sizeof(int)=&x[2]，赋值表达式 s=x+2，将&x[2]赋值给指针变量 s，下标表达式 s[2]=*(s+2)=*(&x[2]+2)=*(&x[4])=x[4]。所以，程序的运行结果是-9。

【例 10.7】 使用指针变量举例。

程序如下：

```
#include "stdio.h"
int a[ ]={0,1,2,3,4};
void main( )
{ int i,*p;
  for(p=&a[0],i=1;i<=4;i++)        /*----①----*/
    printf("%d\t",p[i]);
  putchar('\n');
  for(p=a,i=0;p+i<=a+4;p++,i++)    /*----②----*/
    printf("%d\t",*(p+i));
  putchar('\n');
}
```

程序运行结果如下：

```
1       2       3       4
0       2       4
```

程序分析如下。

1）程序行①中的 for 语句，p、i 的初值分别为&a[0]、1，当 i=1～4 时，表达式 i<=4 成立，执行循环体 printf( )函数调用语句，输出项 p[i]的值分别为：p[1]=a[1]=1、p[2]=a[2]=2、p[3]= a[3]=3、p[4]= a[4]=4。

2）程序行②中的 for 语句，p、i 的初值分别为&a[0]、0，而循环过程中，p 和 i 的值同步增长。每次循环的情况为：

第 1 次循环：

```
p=&a[0],i=0
*(p+i)=*(&a[0]+0)=a[0]=0
```

第 2 次循环：

```
p=&a[1],i=1
*(p+i)=*(&a[1]+1)=a[2]=2
```

第 3 次循环：

```
p=&a[2],i=2
*(p+i)=*(&a[2]+2)=a[4]=4
```

第 4 次循环：

```
p=&a[3],i=3
p+i=&a[3]+3=a+3+3=a+6
```

由于 a+6>a+4，循环条件不成立，结束循环。

10.2.2 二维数组的指针和指向二维数组的指针变量

在 C 语言中，可将二维数组看成由特殊的一维数组组成，一维数组的每个元素还是一个一维数组。指针既可以指向一维数组，也可以指向二维数组。但在概念和使用上，二维数组的指针比一维数组的指针要复杂。

1. 二维数组的指针

假设有如下的二维数组定义：

```
int a[4][2]={{1,2},{3,4},{5,6},{7,8}};
```

可以将二维数组 a 看成是由 4 个一维数组元素 a[0]、a[1]、a[2]、a[3]组成，而每个元素又是一个一维数组。如图 10-11 所示。

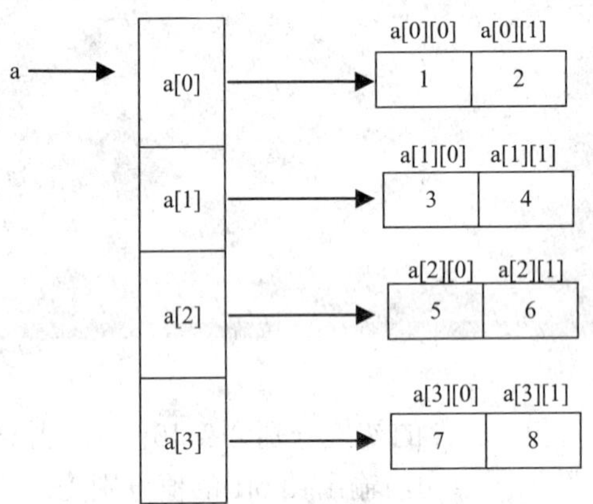

图 10-11　二维数组 a 及其元素的对应关系

当把 a 看成一维数组的数组名时，该一维数组由 a[0]、a[1]、a[2]、a[3]四个数组元素组成，根据一维数组的地址含义，a 是数组名，它代表该数组的第 1 个元素的地址，即 a=&a[0]、a+1=&a[1]、a+2=&a[2]、a+3=&a[3]。虽然可以把 a[0]、a[1]、a[2]、a[3]看成是一维数组 a 的数组元素，但是，实际上 a[0]、a[1]、a[2]、a[3]是没有实际内存存储单元的，二维数组元素 a[0][0]、a[0][1]、a[1][0]、a[1][1]、a[2][0]、a[2][1]、a[3][0]、a[3][1]这 8 个数组元素是有内存单元的。

当把 a[0]看成一维数组的数组名时，该一维数组又由 a[0][0]、a[0][1]两个数组元素组成，根据一维数组的地址含义，a[0]是数组名，它代表该数组的第 1 个元素的地址，即 a[0]=&a[0][0]、a[0]+1=&a[0][1]。同理，a[1]、a[2]、a[3] 也可以看成是一维数组名，一维数组中的每个元素也都有各自的地址表示方法，即 a[i]= &a[i][0]、a[i]+1=&a[i][1]（i=0,1,2,3）。

由此看出，a 和 a[0]都可以表示地址。但是，这两个地址是不同的。a=&a[0]，而

a[0]=&a[0][0]，可以推导出 a=&a[0]=&a[0][0]。同理，可以推导出 a+1=&a[1]=&a[1][0]。a[0]=&a[0][0]、a[0]+1=&a[0][1]。假设，在 Visual C++ 6.0 编译系统中，系统为二维数组 a 的 8 个数组元素分配的 32 个字节内存单元的首地址是 1000H，a 代表的地址值是 1000H，a+1 代表的地址值是 1008H。a[0]代表的地址值是 1000H，a[0]+1 代表的地址值是 1004H。可见，同样是地址，加 1 以后得到的地址值是不同的，a+1=&a[0][0]+1×2×sizeof(int)，而 a[0]+1=&a[0][0]+1×sizeof(int)。从而，可以得出这样的结论：a 作为地址值，a 加 1 相当于加上一行所具有的两个数组元素所占内存单元总字节数，a[0]作为地址值，a[0]加 1 相当于加上一个数组元素所占内存单元的字节数。可以这样理解，a 指向二维数组的第 0 行，a+1 指向二维数组的第 1 行，可以把 a 称为行地址，地址就是指针，a 也叫做行指针；a[0]指向第 0 行的第 0 列的二维数组元素 a[0][0]，a[0]+1 指向第 0 行第 1 列二维数组元素 a[0][1]，可以把 a[0]称为列地址，也叫做列指针。

当把 a 看成由 a[0]、a[1]、a[2]、a[3]组成的一维数组的数组名时，*a=a[0]=&a[0][0]，a[0]作为由 a[0][0]、a[0][1]组成的一维数组的数组名时，*(a[0])=*(*a)=a[0][0]，值为 1。由此，得出这样的结论：表达式*（行指针）的运算结果是列指针，*（列指针）的运算结果是二维数组元素。数组 a 中的行、列地址如图 10-12 所示。

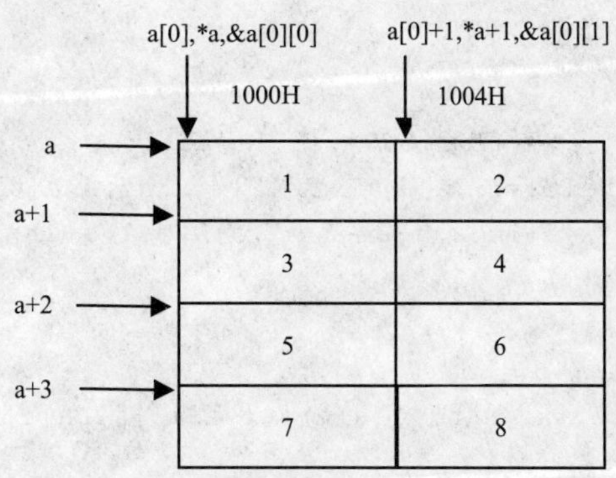

图 10-12 二维数组 a 的指针

有关二维数组 a 的地址和数组元素的表示方法如表 10-3 所示。

表 10-3 二维数组 a 的地址和数组元素的表示

表达式	含义	表达式的值
a	二维数组名，数组首地址	1000H
a+1、&a[1]	第 1 行首地址	1008H
a+i、&a[i]	第 i 行首地址	
a[0]、*(a+0)、*a、&a[0][0]	第 0 行第 0 列元素地址（&a[0][0]）	1000H
a[1]、*(a+1)、&a[1][0]	第 1 行第 0 列元素地址（&a[1][0]）	1008H
a[i]、*(a+i)、&a[i][0]	第 i 行第 0 列元素地址（&a[i][0]）	
(a[0]+0)、(*(a+0)+0)、*(&a[0][0]+0)、a[0][0]	第 0 行第 0 列元素（a[0][0]）	1
(a[0]+1)、(*(a+0)+1) *(&a[0][0]+1)、*&a[0][1]、a[0][1]	第 0 行第 1 列元素（a[0][1]）	2
(a[i]+j)、(*(a+i)+j) *(&a[i][0]+j)、*&a[i][j]、a[i][j]	第 i 行第 j 列元素（a[i][j]）	

需要强调的是，不要把&a[i]理解为 a[i]内存单元的物理地址，因为并不存在 a[i]这样一个变量。它只是一种地址的计算方法，能得到第 i 行的首地址，&a[i]和 a[i]的值是一样的，但它们的含义是不同的。&a[i]和 a+i 指向行，是行地址，因而&a[i]+1 表示下一行的首地址；而 a[i]或*(a+i)指向列，表示列地址或二维数组元素的地址，a[i]+1 表示第 i 行第 1 列数组元素的地址。从单纯的地址值上讲，在二维数组中，存在以下等式：

```
a+i=&a[i]=a[i]=*(a+i)=&a[i][0]
```

望读者仔细体会其中的含义。

总之，在二维数组（以上面定义的 a 数组为例）中，有以下两种地址表示方法。

1）行指针。形如 a+i、&a[i]（其中，i=0,1,2,3）。

2）列指针。形如 a[i]+j、&a[i][j]（其中，i=0,1,2,3；j=0,1）。

与一维数组元素的引用方法类似，二维数组元素的引用方法也有两种。

1）下标法。形如 a[i][j]。

2）指针法。形如*(*(a+i)+j)、*(a[i]+j)。

【例 10.8】 二维数组元素及其地址的输出。

程序如下：

```
#include <stdio.h>
void main()
{  int  i,j,a[3][4]={{1,3,5,7},{9,11,13,15},{17,19,21,23}};
   printf("a=%x,a[0]=%x,a[1]=%x,a[2]=%x\n",a,a[0],a[1],a[2]);
   printf("a+0=%x,a+1=%x,a+2=%x\n",a+0,a+1,a+2);
   for(i=0;i<3;i++)
    for(j=0;j<4;j++)
    {  printf("&a[%d][%d]:",i,j);
       printf("%x,%x,%x\n",*(a+i)+j, a[i]+j,&a[i][j]);
    }
   for(i=0;i<3;i++)
    for(j=0;j<4;j++)
     {  printf("a[%d][%d]:",i,j);
        printf("%d,%d,%d\n",a[i][j],*(a[i]+j),*(*(a+i)+j));
     }
}
```

程序运行结果如下：

```
a=13ff48,a[0]=13ff48,a[1]=13ff58,a[2]=13ff68
a+0=13ff48,a+1=13ff58,a+2=13ff68
&a[0][0]:13ff48,13ff48,13ff48
&a[0][1]:13ff4c,13ff4c,13ff4c
&a[0][2]:13ff50,13ff50,13ff50
&a[0][3]:13ff54,13ff54,13ff54
&a[1][0]:13ff58,13ff58,13ff58
&a[1][1]:13ff5c,13ff5c,13ff5c
```

```
&a[1][2]:13ff60,13ff60,13ff60
&a[1][3]:13ff64,13ff64,13ff64
&a[2][0]:13ff68,13ff68,13ff68
&a[2][1]:13ff6c,13ff6c,13ff6c
&a[2][2]:13ff70,13ff70,13ff70
&a[2][3]:13ff74,13ff74,13ff74
a[0][0]:1,1,1
a[0][1]:3,3,3
a[0][2]:5,5,5
a[0][3]:7,7,7
a[1][0]:9,9,9
a[1][1]:11,11,11
a[1][2]:13,13,13
a[1][3]:15,15,15
a[2][0]:17,17,17
a[2][1]:19,19,19
a[2][2]:21,21,21
a[2][3]:23,23,23
```

2. 指向二维数组的指针变量

在二维数组中，地址有行地址和列地址两种表示方法。所以，也可以定义两种指针变量指向二维数组及其元素，通过这两种指针变量来间接访问二维数组元素。

（1）指向数组元素的指针变量

指向数组元素的指针变量的定义方法与指向变量的指针变量的定义方法相同。

例如，有如下语句：

```
int a[3][4],*p;
p=&a[0][0];
```

定义了一个 3×4 的整型二维数组 a 和基类型为整型的指针变量 p，指针表达式 p+1 的结果是 p+1×sizeof(int)，p+1 指向 p 所指向的 a 数组元素的下一个元素。所以，在为 p 赋值时，要将二维数组 a 中的列指针赋给 p，不要将行指针赋给 p。而在引用二维数组元素时，可以通过指针变量 p 的指针表达式来实现。当 p 的值为数组元素 a[0][0]的地址（&a[0][0]）时，在不改变指针变量 p 的值的情况下，使用 p 表示数组元素 a[i][j]（其中，i=0～2，j=0～3）的地址（&a[i][j]）的表示形式为“p+i*4+j”；数组元素 a[i][j]的表示形式为“*(p+i*4+j)”。其中，“i*4+j”是数组元素 a[i][j]相对于 a[0][0]的相对位置（相对位移量）。

下面来说明为什么 a[i][j]相对于 a[0][0]的相对位置是“i*4+j”。从图 10-13 可以看到，在数组元素 a[i][j]之前有 i 行元素（每行有 4 个元素），在 a[i][j]所在行，a[i][j]的前面还有 j 个数组元素，因此 a[i][j]之前共有 i×4+j 个数组元素。例如，a[2][3]的前面有两行（共 2×4=8 个）数组元素，在本行内还有 3 个数组元素在它前面，故共有 8+3=11 个数组元素在它之前，可用 p+11 表示其相对位置。可以看到，C 语言规定数组下标从 0 开始，对计算数组元素在数组中的相对位置比较方便。

另外，也可以不断为指针变量 p 重新赋值，使 p 指向数组元素 a[i][j]，即 p=&a[i][j]，通过表达式*p 即可引用数组元素 a[i][j]。

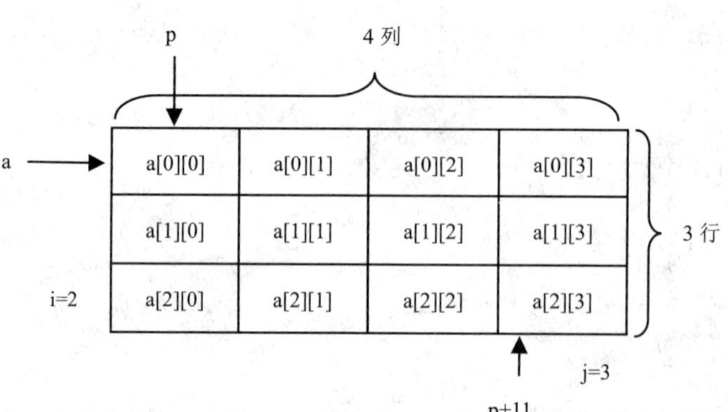

图 10-13　二维数组元素 a[i][j]的相对位置

【例 10.9】　用指针变量输入、输出二维数组元素。

程序如下：

```
#include <stdio.h>
void main( )
{   int a[2][3],*p,i,j;
    p=&a[0][0];          /* 也可以写成"p=a[0];"或者"p=*a;",不能写成"p=a;"*/
    printf("Input a[2][3]:\n");
    for(i=0;i<2;i++)
       for(j=0;j<3;j++)
         scanf("%d",p+3*i+j);   /* p+3*i+j 的含义是 &a[i][j] */
    printf("Output a[2][3]:\n");
    for(i=0;i<2;i++)
    {  for(j=0;j<3;j++)
         printf("%4d",*(p+3*i+j)); /* *(p+3*i+j)的含义是 a[i][j] */
       printf("\n");
    }
}
```

程序运行情况如下：

```
Input a[2][3]:
1 2 3 4 5 6
Output a[2][3]:
   1   2   3
   4   5   6
```

【例 10.10】　通过改变指针变量的值来输出二维数组元素。

程序如下：

```
#include <stdio.h>
void main( )
{ int i,j,a[3][4]={{1,3,5,7},{9,11,13,15},{17,19,21,23}};
  int  *p1,*p2,*p3;
  printf("1:Output a:\n");
  for(i=0;i<3;i++)
```

```
  { for(j=0;j<4;j++)
    {  p1=&a[i][j];
       printf("%4d",*p1);
    }
    printf("\n");
  }
printf("2:Output a:");
for(p2=a[0];p2<a[0]+12;p2++)
  { if((p2-a[0])%4==0)  printf("\n");
    printf("%4d",*p2);
  }
printf("\n");
printf("3:Output a:\n");
for(p3=a[0];p3<a[0]+12;p3=p3+4)
   printf("addr=%x,value=%d\n",p3,*p3);
printf("\n");
}
```

程序运行结果如下：

```
1:Output a:
   1   3   5   7
   9  11  13  15
  17  19  21  23
2:Output a:
   1   3   5   7
   9  11  13  15
  17  19  21  23
3:Output a:
addr=13ff48,value=1
addr=13ff58,value=9
addr=13ff68,value=17
```

程序分析：p1、p2、p3 是指向整型变量的指针变量，可以指向一般的整型变量，也可以指向整型的数组元素。每次使 p2 值加 1，以移向下一个数组元素。if 语句的作用是使一行输出 4 个数据，然后换行。每次使 p3 值加 4，以移向下一行的第 0 列数组元素。

（2）指向一维数组的指针变量

指向一维数组的指针变量定义的一般形式为：

```
[存储类型]  类型说明符  (*指针变量名)[常量表达式];
```

其中，“常量表达式”表示一维数组的长度，“类型说明符”表示一维数组元素的数据类型，“存储类型”说明的是定义的指针变量的存储类型。

例如：

```
int a[2][3]={1,2,3,4,5,6};
int (*p)[3];
```

定义了二维数组 a，a 数组有 6 个元素，每个数组元素的数据类型都是整型 int。p 是指向一维数组的指针变量，其含义是：p 指向整型一维数组，该一维数组的长度为 3，也就是说，该一维数组由三个整型数组元素组成。指针运算表达式 p+1 的结果是 p 的值加上 3 个整型数组元素所占的内存单元总字节数，即指针表达式 p+1 的值=p+1×3×sizeof(int)。表达式*p 的含义是指向整型数据，也是地址值，而指针运算表达式(*p)+1 的结果是*p 的值加上 1 个整型数组元素所占的内存单元总字节数，即表达式(*p)+1 的值=(*p)+1×sizeof(int)。可见，p 相当于二维数组中的行指针，(*p)相当于二维数组中的列指针。

若有语句：

```
p=a;
```

经过赋值表达式 p=a 运算后，则 p 指向二维数组 a 的首地址，表达式 p+i 的值是二维数组 a 的第 i 行的首地址。表达式 p+1 表示 a 数组第 1 行的首地址，表达式*(p+1)表示第 1 行第 0 列元素的地址。表达式 p+1 和*(p+1)二者的值相同，但是含义不一样。表达式(p+1)+1 的值是(a+1)+1=a+2，表示 a 数组第 2 行的首地址；而表达式*(p+1)+1 的值是*(a+1)+1= a[1]+1=&a[1][1]，表示 a 数组第 1 行第 1 列元素的地址。表达式*(*(p+1)+1)表示第 1 行第 1 列元素的值，即 a[1][1]的值 5。用 p 表示数组元素的地址&a[i][j]的表达式为：*(p+i)+j、p[i]+j。用 p 表示元素 a[i][j]的表达式为：*(*(p+i)+j)、p[i][j]。

【例 10.11】 输出二维数组元素。

程序如下：

```
#include <stdio.h>
void main()
{   int i,j,a[3][4]={{0,1,2,3},{4,5,6,7},{8,9,10,11}};
    int (*p)[4]=a;              /*----①----*/
    printf("1:array a\n");
    for(i=0;i<3;i++)
      { for(j=0;j<4;j++)
          printf("%d ",*(*(p+i)+j));
        printf("\n");
       }
    printf("2:array a\n");
    for(p=a;p<a+3;p++)
        printf("%d ",**p);
    printf("\n");
}
```

程序运行结果如下：

```
1:array a
0 1 2 3
4 5 6 7
8 9 10 11
2:array a
0 4 8
```

程序分析：程序行①是指向一维数组的指针变量 p 的初始化，“int (*p)[4]=a;”等价于“int (*p)[4]; p=a;”由于 p 是指向一维数组的指针变量，所以要把二维数组 a 的行指针赋给 p，不要列指针赋给 p。

10.2.3　字符串的指针和指向字符串的指针变量

所谓字符串的指针是指存放字符串的内存单元的首地址；指向字符串的指针变量是指变量值是字符串所占内存单元的首地址。在 C 语言中，字符串可以存放在字符数组中，也可以通过定义指向字符串的指针变量存放字符串。

1. 用字符数组存放字符串

【例 10.12】　字符数组方式存放字符串。

程序如下：

```
#include "stdio.h"
void main( )
{ static char m[ ]="I love China!";
  printf("%s\n%c\t%c\n",m,m[0],*(m+3));
}
```

程序运行结果如下：

```
I love China!
I       o
```

说明如下。

1）m 是一维字符数组名，它代表字符数组 m 的首地址，为常量。字符数组 m 中存放字符串“I love China!”，m、&m[0]就是该字符串的指针。字符串“I love China!”存储时，系统在其末尾处自动添加字符串的结束标志——空字符‘\0’，所以，字符数组 m 的长度是 14，如图 10-14 所示。要输出字符串，可使用“%s”，其对应的输出项是数组名 m，或者&m[0]，即输出项是字符串的指针；要输出字符串中的某一个字符，可使用“%c”，其对应的输出项是数组元素，与前面有关数组的讲述相同，对字符数组元素的表示也可以使用下标法（如 m[0]）或者使用指针法（如*(m+3)）。

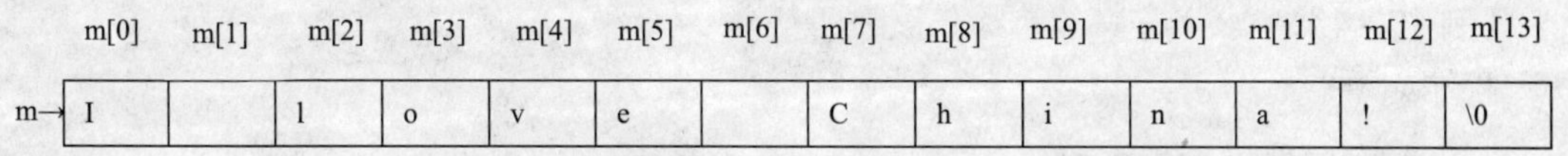

图 10-14　字符数组的存储结构

2）在引用字符数组中的字符串或者字符时，可以使用指向字符的指针变量。指向字符的指针变量的定义方法与前面讲述的定义指针变量的方法相同，只要将定义形式中的“类型说明符”写成 char 或者 unsigned char 即可。例如：

```
char str[ ]="teacher",*p;
```

这里，定义了字符数组 str 和指针变量 p，指针变量 p 的基类型是 char。若有语句：

```
p=str;
```

p 的值是字符数组 str 的首地址，可以称 p 指向了字符数组 str。利用指针变量 p 能间接访问字符数组的各个元素。在 C 语言中，由于在格式化输入函数 scanf( )和格式化输出函数 printf( )中可以使用格式符“%c”和“%s”。所以，利用 p 既可以一次输入、输出一个字符也可以一次输入、输出整个字符串。

【例 10.13】 用字符指针变量实现字符串的复制。

程序如下：

```
#include "stdio.h"
void main( )
{ char a[ ]="Language",b[10],*p1,*p2;
  for(p1=a,p2=b;*p1!='\0';p1++,p2++)
      *p2=*p1;
  *p2='\0';
  printf("String a is : %s\n",a);
  printf("String b is : %s\n",b);
}
```

程序运行结果如下：

```
String a is : Language
String b is : Language
```

程序分析：p1、p2 是指针变量，它指向字符型数据。执行 for 语句，先使 p1 和 p2 的值分别为字符数组 a 和 b 的首地址。*p1 最初的值为字符‘L’，条件表达式*p1!='\0'成立，执行循环体的赋值语句，“*p2=*p1;”等价于“b[0]=a[0];”，其作用是将字符‘L’赋给 p2 所指向的数组元素 b[0]。然后 p1 和 p2 分别加 1，直到*p1 的值为字符‘\0’结束 for 语句。注意 p1 和 p2 的值是不断在改变的，并且是同步移动。通过赋值语句“*p2=*p1;”实现了将字符数组 a 中除了字符串结束标志字符‘\0’以外的字符赋值给 b 数组，即 b[i]=a[i]（i=0,1,…,7）。当程序退出 for 循环语句时，p1=&a[8]，p2=&b[8]，执行赋值语句“*p2='\0';”将字符串的结束标志字符‘\0’存放到字符数组元素 b[8]单元中。从而实现了将字符数组 a 中存放的字符串复制到字符数组 b 中。

【例 10.14】 求字符串的实际长度。

程序如下：

```
#include "stdio.h"
void main( )
{ char m[14],*p;                                /*---①---*/
  scanf("%s",m);
  p=m;                                          /*---②---*/
  while(*p!='\0')
    p++;                                        /*---③---*/
  printf("The string length is %d\n",p-m);   /*---④---*/
}
```

程序运行情况如下：

```
Program
The string length is 7
```

程序分析如下。

1）语句行①定义了一个长度为 14 的字符数组 m 及字符指针变量 p。

2）执行函数 scanf( )，需要用户通过键盘输入字符串，假设输入字符串“Program”，该字符串存放在 m 数组中。

3）语句行②中，表达式 p=m 的含义是将数组 m 的首地址(&m[0])赋给指针变量 p，等价于 p=&m[0]。此时，p 指向数组元素 m[0]。

4）当*p 的值不是字符串结束标志字符‘\0’时，执行 while 语句的循环体即语句行③，表达式 p++使 p 不断赋值为 p+1，即指向下一个数组元素。第 1 次*p 的值是 m[0]即‘P’，循环条件“*p!='\0'”成立，则执行 p++，使得 p=m+1=&m[1]。第 2 次判断循环条件，*p 的值是 m[1]即‘r’，循环条件“*p!='\0'”成立，再执行 p++，……，直到 p=m+7，循环条件“*p!='\0'”不成立，退出 while 循环。

5）语句行④中，用 p−m 输出被检测字符串长度。p−m 为指针相减，p 的值是存储表示字符串结束标志字符‘\0’的存储单元地址，即&m[7]，表达式 p−m 的值=&m[7]−&m[0]=7，即为字符数组中存放的“Program”字符串长度。如图 10-15 所示。

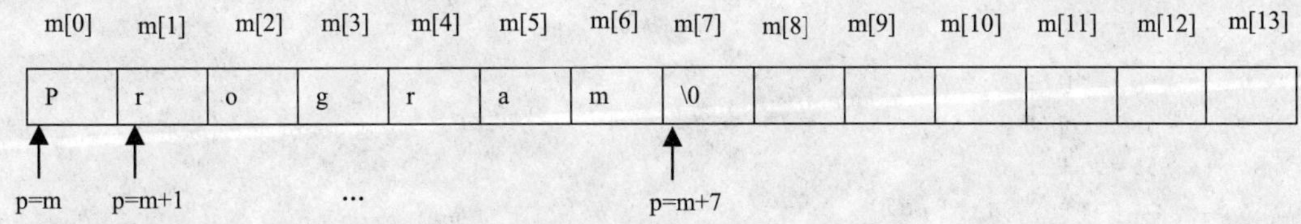

图 10-15　指针变量指向字符数组

本程序能求出从键盘输入的任意字符串的长度，输入的字符串的有效字符不能超过 13 个，因为系统会自动将字符串的结束标志字符‘\0’存放在字符串的末尾。

2. 用字符指针直接指向一个字符串

可以不定义字符数组，而定义一个字符指针，用字符指针指向字符串，在定义字符指针时对其初始化。指向字符串的字符指针变量定义的一般形式为：

```
[存储类型]  char  *指针变量名=字符串;
```

例如：

```
char *strp="VC++";
```

必须明确，strp 被定义为一个指针变量，指向字符型数据，它只能指向一个字符变量或其他字符类型数据。注意，不论指针变量的基类型是什么类型，系统为指针变量分配的内存单元字节数是相同的。指针变量的值只能是地址，不能存放字符串。不要理解为将字符串“VC++”存放在 strp 所占的内存单元中。指针表达式*strp 的值是 strp 指向的字符数据。那么，如何理解“char *strp="VC++";”呢？实际上，该定义语句相当于以下两行：

```
char *strp;
strp="VC++";
```

系统为指针变量 strp 分配内存单元，同时开辟了一段连续的内存单元用来存放字符串常量“VC++”，并将字符串的首地址赋值给 strp，如图 10-16 所示。指针表达式*strp 的值是字符‘V’，由于 strp 的值是字符串的首地址，通过 strp 能找到整个字符串，所以称 strp 指向字符串“VC++”。

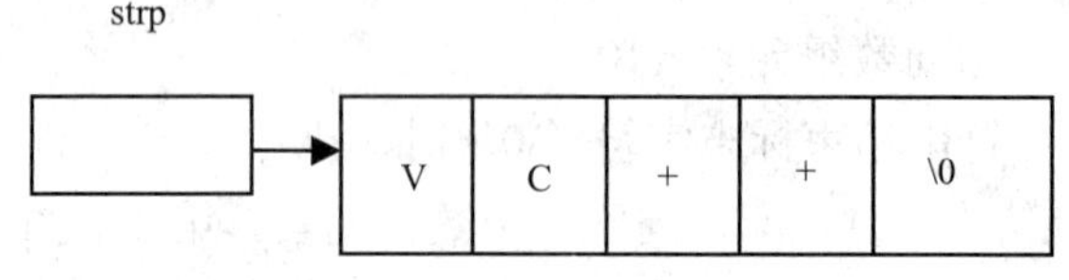

图 10-16　字符串地址赋给 strp

【例 10.15】　用字符指针方式实现字符串。

程序如下：

```
#include "stdio.h"
void main( )
{ char *s1="I love China!";
  char *s2,c;
  s2=&c;
  *s2='H';
  printf("%s\n",s1);
  s1=s1+2;
  printf("%s\n",s1);
  printf("%c\n",*s1);
  printf("%c\n",*s2);
}
```

程序运行结果如下：

```
I love China!
love China!
l
H
```

程序分析：系统在内存中将 14 个字节的连续单元分配给字符串“I love China!”，并将其首地址（假设首地址为 1000H）赋值给指针变量 s1，执行赋值表达式 s1=s1+2 后，s1 指向了字符‘l’，如图 10-17 所示。

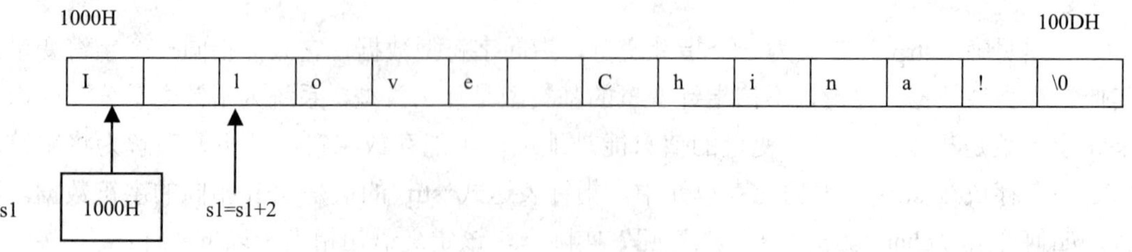

图 10-17　字符指针的应用

虽然用字符数组和字符指针变量都能实现字符串的存储和运算，但二者之间是有区别的，不应混为一谈，主要有以下几点区别。

1）字符数组由若干个数组元素组成，每个数组元素中存放一个字符，而字符指针变量中存放的是地址（字符串的首地址），决不是将字符串放到字符指针变量中。

2）赋值方式不同。字符数组只能对各个数组元素赋值，不能用以下方法对字符数组赋值：

```
char str[14];
str="I love China!";
```

而字符指针变量，可以采用下面的方法赋值：

```
char *a;
a="I love China!";
```

但注意赋给 a 的不是字符，而是字符串的首地址。

3）对字符指针变量的初始化：

```
char *a="I love China!";
```

等价于：

```
char *a;
a="I love China!";
```

而对字符数组的初始化：

```
char  str[14]={"I love China!"};
```

不能等价于：

```
char str[14];
str[ ]="I love China!";
```

即字符数组可以在定义时整体赋初值，但不能在赋值语句中整体赋值。但是，可以使用 strcpy( ) 函数将一个字符串赋值给字符数组。例如，下面的程序段是正确的：

```
char str[14];
strcpy(str,"I love China!");
```

4）如果定义了一个字符数组，系统为它分配内存单元，字符数组的首地址是由系统确定的，即数组的首地址是一个确定值。而定义一个字符指针变量时，系统给指针变量分配内存单元，指针变量自身的地址也是由系统确定的，指针变量如果没有赋值，其值就是随机值，它并未具体指向一个确定的字符数据。例如，用下面的方法输入一个字符串是可以的：

```
char str[10];
scanf("%s",str);
```

而用下面的方法输入一个字符串是很危险的：

```
char *a;
scanf("%s",a);
```

虽然一般也能运行，但这种方法是很危险的，不宜提倡。因为系统虽然给指针变量 a 分配了内存单元，a 的地址（即&a）是确定值，但 a 的值并未指定，在 a 单元中存放的是一个随机值。在执行 scanf( )函数时要求将一个字符串输入到 a 所指向的一段内存单元中。而此时 a 的值是随机的，它可能指向内存中未使用的用户存储区（这是好的情况），也有可能指向已经存放指令或数据的有用内存段，如果字符串存入有用的内存段，就破坏了程序，甚至破坏了系统，造成严重的后果。所以，应当先使 a 有确定值，然后输入一个字符串，把它存放在 a 所指向的若干单元中。例如，下面输入一个字符串的方法是正确的：

```
char *a,str[10];

a=str;
scanf("%s", a);
```

5）数组名为常量，不能为其重新赋值；字符指针为变量，其值可以改变。

例如，下面的程序段是正确的：

```
char *a="I love China! ";
a++;
```

而下面的程序段是错误的：

```
char  str[ ]={"I love China!"};
str++;
```

10.3 指针变量与结构体

10.3.1 结构体变量的指针和指向结构体变量的指针变量

结构体变量的指针就是该结构体变量所占据的内存单元的起始地址，表示结构体变量的指针的表达式为：

```
&结构体变量
```

在 C 语言中，可以定义一个指针变量，用来指向一个结构体变量，此时该指针变量的值是结构体变量的起始地址，该指针变量称为指向结构体变量的指针变量。指向结构体类型数据的指针变量也简称为结构体指针变量。结构体变量有三种定义形式，同理，指向结构体变量的指针变量的定义也有三种形式，即直接定义、间接定义和指向无名结构体变量的指针变量的定义。下面以间接定义方法为例，介绍指向结构体变量的指针变量的一般定义形式。

指向结构体类型数据的指针变量（结构体指针变量）定义的一般形式为：

```
[存储类型] struct  结构体名 *变量名;
```

说明：定义形式中的“存储类型”、“*”与前面讲述的指针变量定义形式中的含义相同，这里定义的“变量名”是指针变量，它指向“struct 结构体名”结构体类型。

例如，有如下程序段：

```
struct student
{ int num;
```

```
    char name[20];
    char sex;
  }st;
  struct student *p;
  p=&st;
```

上面定义了 st 和 p 两个变量。其中，st 为结构体变量，其结构体类型为 struct student，该结构体类型有三个成员项：num、name（字符数组）、sex。在 Visual C++ 6.0 系统中，系统为 st 分配 25 个（sizeof(st)=sizeof(st.num)+sizeof(st.name)+sizeof(st.sex)=4+20+1=25）字节的连续内存单元。p 为指向结构体类型 struct student 数据的指针变量。系统为 p 分配 4 个字节的内存单元，经过赋值表达式 p=&st 之后，p 的值是结构体变量 st 的首地址，即 p 指向 st。此时，称为 p 是指向结构体变量 st 的指针变量。p 和 st 的关系如图 10-18 所示。利用指针变量 p 间接访问结构体变量 st 的指针表达式为*p。

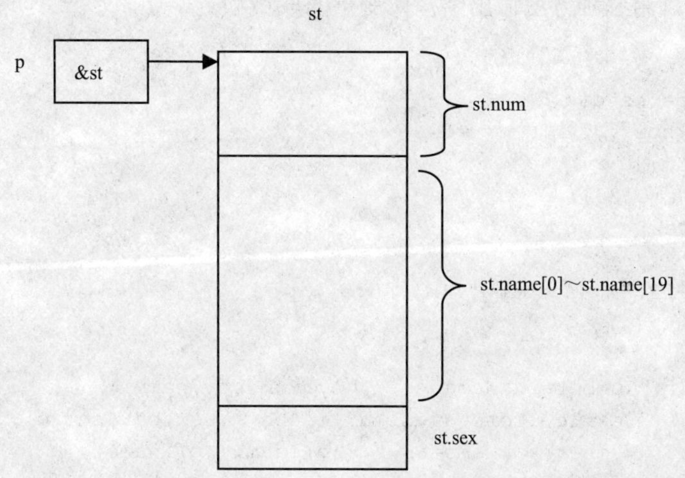

图 10-18 指针变量 p 指向结构体变量 st

在第 7 章中，讲述了用结构体成员运算符“.”访问结构体变量成员的方法，其访问结构体变量成员的表达式为：结构体变量.成员名；利用指向结构体变量的指针也可以实现对结构体成员的访问，其访问结构体变量成员的表达式为：(*结构体指针).成员名。注意：这里的圆括号是不能省略的，因为运算符“.”的优先级高于“*”，如果没有圆括号，即：

```
*结构体指针.成员名
```

等价于：

```
*(结构体指针.成员名)
```

结构体指针的值是地址，结构体指针是没有成员项的，所以，这种写法是错误的。

这里，再介绍一种运算符——指向结构体成员运算符“->”。

指向结构体成员运算符“->”是由减号“-”和大于号“>”组成的运算符，优先级最高，处于第 1 优先级，具有左结合性。用“->”组成的表达式的一般形式为：

```
结构体指针->结构体成员名
```

该表达式等价于：

```
(*结构体指针).成员名
```

C 语言中，对结构体成员的三种访问方法如下。

方法一：

```
结构体变量.成员名
```

方法二：

```
(*结构体指针).成员名
```

方法三：

```
结构体指针->成员名
```

【例 10.16】 用三种方法输出结构体变量的成员项。

程序如下：

```
#include <stdio.h>
struct stu
{int num;
 char name[20];
 char sex;
 float score;
}boy={102,"Zhang ping",'M',78.5},*p;
void main( )
{ p=&boy;
  printf("Number=%d,Name=%s,",boy.num,boy.name);
  printf("Sex=%c,Score=%4.1f\n",(*&boy).sex,boy.score);
  printf("Number=%d,Name=%s,",(*p).num,(*p).name);
  printf("Sex=%c,Score=%4.1f\n",(*p).sex,(*p).score);
  printf("Number=%d,Name=%s,",p->num,p->name);
  printf("Sex=%c,Score=%4.1f\n",p->sex,p->score);
}
```

程序运行结果如下：

```
Number=102,Name=Zhang ping,Sex=M,Score=78.5
Number=102,Name=Zhang ping,Sex=M,Score=78.5
Number=102,Name=Zhang ping,Sex=M,Score=78.5
```

程序分析：变量 boy 和 p 在函数外部定义，所以 boy 和 p 是全局变量，在定义外部结构体类型 struct stu 的同时定义了结构体变量 boy 和结构体指针变量 p。

【例 10.17】 “++”和“->”在结构体指针中的应用。

程序如下：

```
#include <stdio.h>
void main( )
{  struct stu
   { int n;
```

```
    float m;
  };
  struct stu st,*p=&st;                          /*--①--*/
  printf("st.n=?,st.m=?\n");
  scanf("%d%f",&st.n,&st.m);
  printf("st.n=%d,st.m=%.1f\n",st.n,st.m);
  printf("p->n++=%d\n", p->n++);                 /*--②--*/
  printf("st.n=%d\n",st.n);
  p=&st;
  st.n=20;
  printf("++p->n=%d\n",++p->n);                  /*--③--*/
  printf("st.n=%d\n",st.n);
}
```

程序运行情况如下：

```
st.n=?,st.m=?
18 89.5
st.n=18,st.m=89.5
p->n++=18
st.n=19
++p->n=21
st.n=21
```

程序分析如下。

1）程序行①定义了局部结构体变量 st 和结构体指针变量 p，p 的值是变量 st 所占内存单元的首地址即&st。指针变量 p 的定义及初始化“struct stu *p=&st;”等价于“struct stu *p; p=&st;”。

2）程序行②中的表达式 p->n++等价于(p->n)++，因为运算符“->”的优先级高于“++”。表达式“p->n++”的值是“p->n”，即“(*p).n”，然后执行赋值运算“(p->n)=(p->n)+1”，即“(*p).n=(*p).n+1”，因为“p=&st”，所以表达式“(*p).n”就是“st.n”，即值为 18，赋值表达式“(*p).n=(*p).n+1”等价于“st.n=st.n+1”，即“st.n”的值为 19。

3）程序行③中的表达式“++p->n”等价于“++(p->n)”，得到指针变量 p 所指向的结构体变量 st 的成员 n 的值再加 1 的值（即(p->n)=(p->n)+1=st.n+1=20+1=21）。

10.3.2 结构体数组的指针和指向结构体数组的指针变量

结构体数组的指针就是结构体数组的首地址，结构体数组的指针表示方法和本章前面讲述的数组的指针表示方法相同。

结构体指针变量既可以指向结构体变量也可以指向结构体数组。指向一维结构体数组元素的指针变量的定义方法同指向结构体数据的指针变量的定义方法。

当要使用指针变量指向二维结构体数组时，指向一维结构体数组的指针变量的间接定义的一般形式为：

```
[存储类型] struct 结构体名 (*变量名)[常量表达式];
```

其中，“常量表达式”表示结构体指针变量指向的一维结构体数组的长度。

例如，有如下程序段：

```
struct s
{  int a;
   float b;
};
struct s m[2][3]={{{1,4.5},{6,9.8},{9,6.4}},{{2,3.6},{3,1.2},{8,8.9}}};
struct s *p1,(*p2)[3];
p1=&m[0][0];
p2=m;
```

上面定义了二维结构体数组 m、指向结构体数据的指针变量 p1、指向一维结构体数组的指针变量 p2。p1 指向二维结构体数组元素 m[0][0]，p2 指向二维结构体数组 m 的第 0 行元素。表达式 p1+1 的值=&m[0][0]+1×sizeof(struct s)=&m[0][1]，即 p1 指向数组元素 m[0][1]，而表达式 p2+1 的值=m+1=&m[0][0]+1×3×sizeof(struct s)，表达式 p2+1 的值是数组元素 m[1][0] 的地址即&m[1][0]，p1 和 p2 的含义如图 10-19 所示。

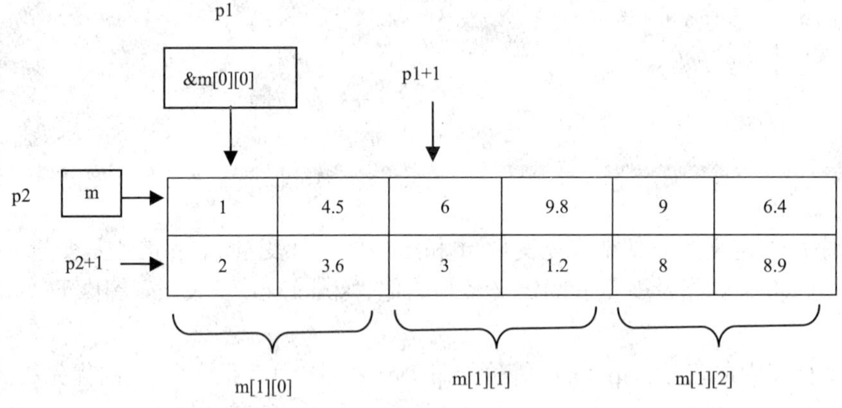

图 10-19　指针变量 p1 和 p2 的含义

下面以指向一维结构体数组的指针变量为例说明结构体指针变量的用法。

【例 10.18】　使用结构体指针访问一维结构体数组元素的成员项。

程序如下：

```
#include "stdio.h"
struct student
{ int num;
  char name[20];
  char sex;
}st[ ]={ 2001,"LiMing",'M',2002,"Wangfang",'F',
         2003,"ZhangRong",'M'};                        /*--①--*/
void main( )
{ int i;
  struct student *p;                                   /*--②--*/
  p=&st[0];                                            /*--③--*/
  for(i=0;i<3;i++,p++)
    printf("%d,%s,%c\n",p->num,(*p).name,st[i].sex);   /*--④--*/
}
```

程序运行结果如下：

```
2001,LiMing,M
2002,Wangfang,F
2003,ZhangRong,M
```

程序分析如下。

1）程序行①定义了一个结构体数组 st，并对其进行初始化，根据初始化数据的个数，系统确定数组 st 的元素个数为 3。

2）程序行②定义了一个指向结构体数据的指针变量 p。

3）程序行③对结构体指针变量 p 赋值，使其指向数组元素 st[0]。

4）程序行④用三种方法访问结构体成员。用表达式 p++，使结构体指针 p 分别指向结构体数组元素 st[0]、st[1]、st[2]。指针变量 p 值的变化如图 10-20 所示。

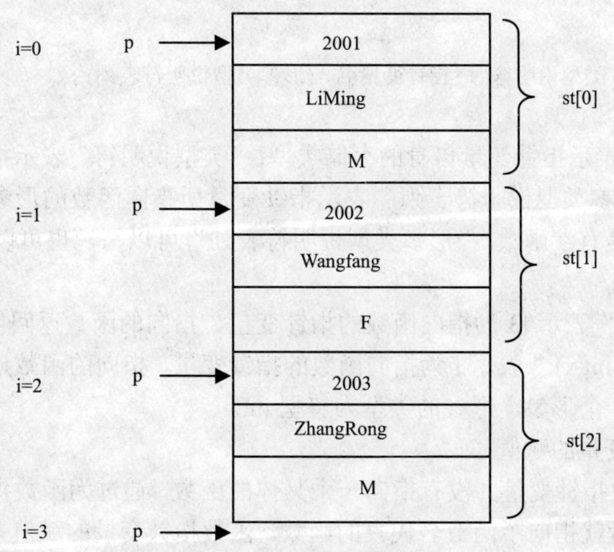

图 10-20　指针变量 p 的变化

10.4　指针变量与函数

变量和数组是有指针的，可以定义指针变量指向变量和数组，从而实现对变量和数组的间接访问。C 语言中，函数也是有指针的，可以利用指针变量指向函数，函数的返回值类型可以是指针，指针也可以作为函数的参数。

10.4.1　函数的指针和指向函数的指针变量

1. 函数的指针

编译系统为程序中定义的变量分配了一定字节的存储单元，即变量是与一定字节的存储单元相联系的，系统通过变量名可以找到变量的存储地址；数组也与内存的一段连续存储单元相联系，通过数组名，也可以得到数组在内存中所占连续存储单元的首地址。与变量和数组相似，一个函数经过编译，在内存中是以一组指令序列来存储的，这些指令序列存储在某一段连续的内存单元中，这段内存单元的起始地址被称为函数的入口地址，也叫作函数的指针。函数名与函数的入口地址相联系，在 C 语言中，函数名代表函数的入口地址。

2. 指向函数的指针变量

在 C 语言中，可以定义一个指针变量，用来指向一个函数，该指针变量的值是函数的指针（即函数的入口地址），该指针变量称为指向函数的指针变量，简称为函数指针变量。

（1）函数指针变量的定义

函数指针变量定义的一般形式为：

```
[存储类型] 类型说明符  (*指针变量名)( );
```

或者：

```
[存储类型] 类型说明符 (*指针变量名)(形参类型说明符表列);
```

其中，“存储类型”表示指针变量自身的存储类型；“类型说明符”表示指针变量所指向函数的返回值类型；“形参类型说明符表列”表示指针变量所指向函数的形参类型表列，如果指针变量指向的函数是有参函数，“形参类型说明符表列”可以写，也可以省略。

例如：

1）“int (*f3)( );”表示 f3 为指向函数的指针变量，指向的函数返回值类型为整型 int。

2）“double (*f)(int x);”表示 f 为指向函数的指针变量，指向的函数返回值类型为双精度型 double，函数有一个形参，形参的类型为整型 int。

（2）函数指针变量的赋值

通过定义，函数指针变量并没有指向一个具体的函数，通过为函数指针变量赋予一个函数名，函数指针变量就指向了函数名代表的函数。函数指针变量的赋值方式有两种：初始化方式和赋值表达式方式。例如，有如下函数定义：

```
int print( )  /* print()函数定义*/
{ ……
}
```

若定义函数指针变量 p1,使其指向函数 print( )，则 p1 的定义及初始化形式如下：

```
int (*p1)( )=print;
```

等价于：

```
int (*p1)( );
p1=print;
```

若通过赋值表达式使函数指针变量 p2 指向函数 print( )，对 p2 定义及赋值语句如下：

```
int (*p2)( );
p2=print;
```

注意，下面的语句是错误的：

```
p2=print( );
```

因为“print( )”是函数调用，其返回值是整型值，不是指针，故不能赋给指针变量p2。

（3）使用函数指针变量调用函数

函数调用有两种方法：一种方法是通过函数名直接调用函数，另外一种方法是使用函数指针变量间接调用函数。

使用函数指针变量调用函数的一般形式为：

```
(*函数指针变量名)([实参表列])
```

或者：

```
函数指针变量名([实参表列])
```

说明：如果函数指针变量指向的函数无形参，“实参表列”可省略，否则，不能省略，与用函数名调用函数相同，实参可以是常量、变量、表达式。

【例10.19】 将给定的字符打印n次。

程序如下：

```
#include "stdio.h"
void main( )
{ char ch;
  int n;
  void print(char c,int n);         /* print()函数声明 */
  void (*p)(char,int);              /* 定义指向函数的指针变量p */
  scanf("%c,%d",&ch,&n);
  p=print;
  print(ch,n);                      /* print()函数调用 */
  p(ch,n);                          /* 使用函数指针p间接调用print()函数 */
  (*p)(ch,n);                       /* 使用函数指针p间接调用print()函数 */
}
void print(char c,int n)
{ int i;
  for(i=1;i<=n;i++)
    printf("%c",c);
  printf("\n");
}
```

程序运行情况如下：

```
A,10
AAAAAAAAAA
AAAAAAAAAA
AAAAAAAAAA
```

注意

函数指针变量指向的是函数经过编译后的指令序列所占的一段连续内存单元。指向函数的指针变量主要用于间接访问函数，函数指针变量除了可以作赋值运算、指针“*”运算以外，作指针的其他运算(例如，加1或减1操作等)是无意义的。

10.4.2 指针变量作函数参数

函数的参数不仅可以是整型、实型、字符型、结构体、共用体、数组等，还可以是指针类型。执行函数调用时，当指针作函数参数时，实参和形参的数据传送方式也是单向的值传送，即将实参的值传送给形参，形参的值不能传送给实参。

1. 变量指针作函数参数

【例 10.20】 将两个数按照从大到小的顺序输出。

程序如下：

```
#include "stdio.h"
swap(int *px,int *py)       /* px、py 为形参 */
{ int temp;
  temp=*px;
  *px=*py;
  *py=temp;
  }
void main( )
{ int x,y;
  int *p1,*p2;
  scanf("%d,%d",&x,&y);
  p1=&x;p2=&y;
  if(x<y)
    swap(p1,p2);             /*p1、p2 为实参*/
  printf("max=%d,min=%d\n",x,y);
}
```

程序运行情况如下：

```
10,20
max=20,min=10
```

程序分析如下。

1）函数 swap( )为用户自定义函数，它的作用是交换两个变量的值，它的两个形参 px、py 为指针变量。

2）程序开始执行时，先输入变量 x、y 的值，然后将 x、y 的地址赋值给指针变量 p1 和 p2。执行 if 语句之前，得到如图 10-21（a）所示关系。

3）执行 if 语句时，由于关系表达式 x<y 的值为 1，因此，调用函数 swap( )。调用开始时，将实参 p1、p2 的值（x、y 的地址）分别传递给形参 px、py，得到如图 10-21（b）所示关系。执行函数 swap( )时，使*px、*py 的值互换，也就是 x、y 的值互换。互换后的情况如图 10-21（c）所示。函数调用结束后，px、py 变量所占存储空间被释放，情况如图 10-21（d）所示。

4）如果将函数 swap( )改写成以下 swap2( )函数形式，不能实现变量 x 和 y 值的互换。将函数 swap( )改写为 swap3( )函数形式，也有一定问题。

```
swap2(int *px,int *py)       swap3(int *px,int *py)
{                            {
```

```
    int *temp;                  int *temp;
    temp=px;                    *temp=*px;
    px=py;                      *px=*py;
    py=temp;                    *py=*temp;
}                           }
```

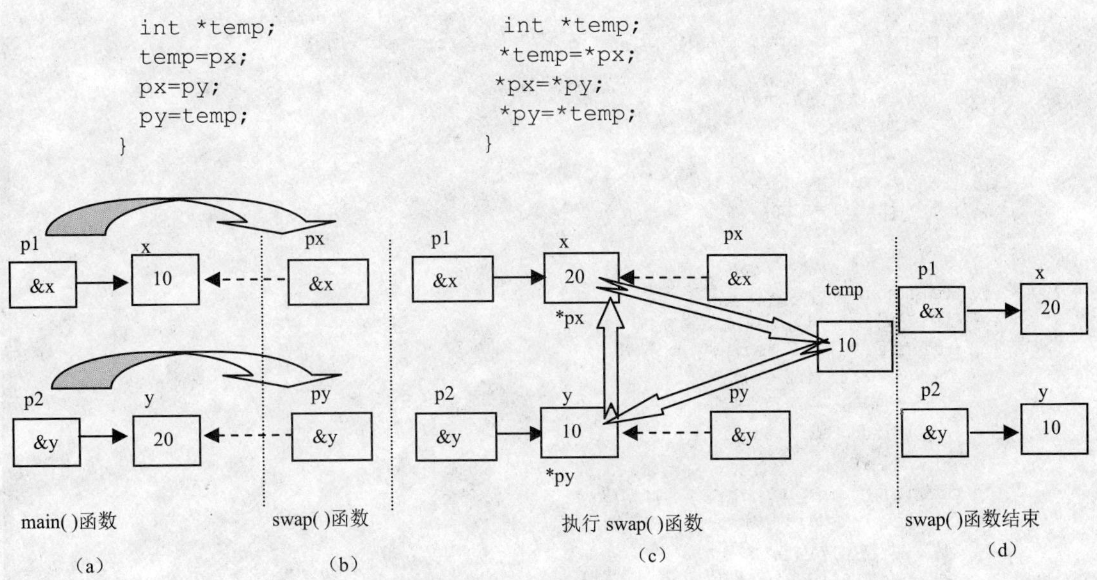

图 10-21　指针作为函数参数的调用过程

分析如下。

① 执行函数 swap2( )，将实参 p1、p2 的值传递给形参 px、py，得到如图 10-22 所示关系。在函数 swap2( )中交换 px、py 值之后，并没有改变 x 和 y 的值。

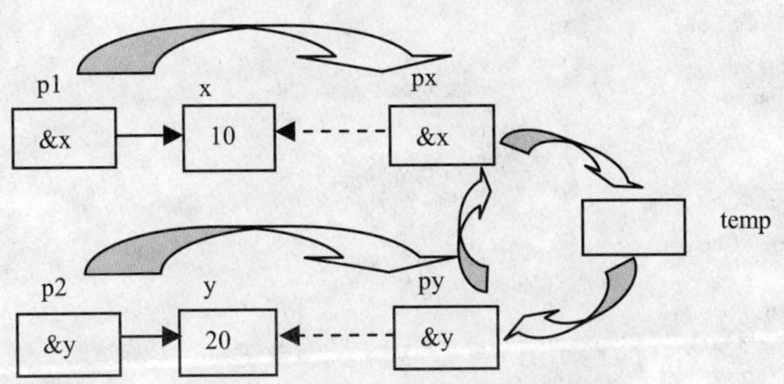

图 10-22　无法改变 x、y 变量的值

② 执行 swap3( ) 函数时，语句“*temp=*px;”存在问题，该语句的作用是将变量 px 所指向的 int 类型的内存单元的值赋值给 temp 所指向的 int 类型的内存单元。temp 为自动型变量，由于没有为 temp 赋值，其值是不确定的，为它所指向的内存单元赋值是很危险的。所以，不要使用 swap3( )这样的函数。

2. 数组指针作函数参数

【例 10.21】　将二维数组每行的数组元素之和存放到一维数组中。

程序如下：

```
#include "stdio.h"
#define M 4
#define N 3
```

```
void fun(int *pa,int (*pb)[N])        /* pa、pb 为形参 */
{ int i,j,sum;
  for(i=0;i<M;i++)
  {  sum=0;
     for(j=0;j<N;j++)
         sum=sum+*(*(pb+i)+j);
     *(pa+i)=sum;
     }
}
void main( )
{ int a[M],b[M][N],i,j;
  printf("Input array b:\n");
  for(i=0;i<M;i++)
    for(j=0;j<N;j++)
     scanf("%d",&b[i][j]);
  fun(a,b);                          /* a、b 为实参 */
  printf("Output array b:\n");
  for(i=0;i<M;i++)
    { for(j=0;j<N;j++)
         printf("%4d",b[i][j]);
      printf("\n");
    }
  printf("Output array a:\n");
  for(i=0;i<M;i++)
    printf("%4d",a[i]);
  printf("\n");
}
```

程序运行情况如下：

```
Input array b:
1 2 3
4 5 6
7 8 9
10 11 12
Output array b:
   1   2   3
   4   5   6
   7   8   9
  10  11  12
Output array a:
   6  15  24  33
```

程序分析：主函数 main( )中定义了一维数组 a 和二维数组 b，从键盘输入数据给数组 b，当执行函数调用语句“fun(a,b);”时，系统为形参指针变量 pa 和 pb 分配内存存储单元，并将实参 a 即&a[0]传送给 pa，将实参 b 即数组 b 的第 0 行地址传送给 pb，此时，指针变量 pa 指向一维数组 a，pb 指向二维数组 b。由于 a 是一维数组的首地址，b 是二维数组中的行指针，形参和实参类型要一致，所以形参 pa 和 pb 分别定义为指向整型数据和指向一维数组的指针变量。在函数 fun( )中表达式*(pa+i)等价于 a[i]，所以执行赋值语句“*(pa+i)=sum;”使得主函数 main( )中的数组元素 a[0]～a[3]被赋值。fun( )函数调用结束后，形参 pa 和 pb 所占的内存单元被系统释放。

【例 10.22】 将字符数组 s2 中存放的字符串复制到字符数组 s1 中，并求出被复制的字符个数。

程序如下：

```
#include "stdio.h"
void main( )
{ int strcopy(char *s,char *t);      /* strcopy()函数声明 */
  int len;
  char s1[20],s2[ ]="China";
  char *p1,*p2;
  p1=s1;p2=s2;
  len=strcopy(p1,p2);                /* p1、p2 为实参 */
  printf("string s1:");
  puts(s1);
  printf("The length of the string s1:");
  printf("%d\n",len);
}
int strcopy(char *s,char *t)         /* s、t 为形参 */
{ int i=0;
  while((*s=*t)!='\0')               /*----①----*/
   { s++;
     t++;
     i++;
   }
  return(i);
}
```

程序运行结果如下：

```
string s1:China
The length of the string s1:5
```

程序分析如下。

1）程序行①中的 while 语句也可以写成如下等价的 while 语句：

```
while((*s++=*t++)!='\0')
     i++;
```

2）由于字符串结束标志字符‘\0’的 ASCII 代码值为 0，而 C 语言中假用 0 表示，因此函数 strcopy( )又可写成：

```
int strcopy(char *s,char *t)
{
  int i=0;
  while(*s++=*t++)
    i++;
  return(i);
}
```

【例 10.23】 采用递归法对 a 数组中的元素进行逆序存储。

程序如下：

```
#include "stdio.h"
invert(int *s,int i,int j)
```

```
{ int t;
  if(i<j)
  {  invert(s,i+1,j-1);
     t=*(s+i);
     *(s+i)=*(s+j);
     *(s+j)=t;
  }
}
void main( )
{ int a[6],i,j;
  for(i=0;i<6;i++)
    scanf("%d",a+i);
  invert(a,0,5);
  printf("The result is:\n");
  for(i=0;i<6;i++)
    printf("%d,",a[i]);
  printf("\n");
}
```

程序运行情况如下：

```
10 20 30 40 50 60
The result is:
60,50,40,30,20,10,
```

程序分析：调用 invert( )函数，对 a 数组中的元素进行逆序存储。invert( )函数是递归函数。在 invert( )函数中，把 s[i]到 s[j]范围内的值进行逆序存储也转化成一个新的问题：先把 s[i+1]到 s[j−1]范围内的值进行逆序存储，然后把 s[i]和 s[j]中的值进行对调，也就完成了把 s[i]到 s[j]范围内的值进行逆序存储。而解决 s[i+1]到 s[j−1]范围内的值进行逆序存储与原来的问题的解决方法是相同的。这种操作的结束条件是，当逆序存储的范围为 0 时，操作结束，即当 i>=j 时，递归结束。

递归过程如下。

1）第 1 层调用时，s 得到 a 数组的首地址，使 s 指向 a 数组的第 0 个元素 a[0]，i 从实参中得到整数 0，j 从实参中得到整数 5，分别代表进行逆序存储的起始元素的下标和最后元素的下标，即进行逆序存储的范围，因为 i<j，所以执行函数调用“invert(s,i+1,j−1);”进行第 2 层调用，这时三个实参的值分别是：a 数组的首地址、i+1 的值为 1、j−1 的值为 4。

2）进入第 2 层调用，这一层的 s 得到 a 数组的首地址，i 得到上一层的实参值 1，j 得到上一层的实参值 4，因为 i<j，所以执行函数调用语句“invert(s,i+1,j−1);”进行第 3 层调用，这时三个实参的值分别是：a 数组的首地址、i+1 的值为 2、j−1 的值为 3。

3）进入第 3 层调用，这一层的 s 得到 a 数组的首地址，i 接受上一层的实参值 2，j 接受上一层的实参值 3。因为 i<j，所以再执行函数调用语句“invert(s,i+1,j−1);”进行第 4 层调用。这时三个实参的值分别是：a 数组的首地址、i+1 的值为 3、j−1 的值为 2。

4）进入第 4 层调用，由于 i>j，逆序存储范围为“空”，因此什么也不做，并使递归调用终止，返回上一层调用。

5）返回到第 3 层调用，接着执行:“t=*(s+i);*(s+i)=*(s+j);*(s+j)=t;”。这一层 s 指向 a 数

组的起始地址，i 的值为 2，j 的值为 3，上述语句使得 a[2]和 a[3]的值进行对调。然后返回上一层调用。

6）返回到第 2 层调用，在这一层，s 指向 a 数组的起始地址，i 的值为 1，j 的值为 4，语句使得 a[1]和 a[4]中的值进行对调，然后返回上一层调用。

7）返回到第 1 层调用，在这一层，s 指向 a 数组的起始地址，i 的值为 0，j 的值为 5，语句使得 a[0]和 a[5]中的值对调，返回上一层主调程序。至此，a 数组中的值已经逆序存储完毕。

3. 结构体指针作函数参数

结构体指针也可以作函数参数，在主调函数中把结构体数据的存储首地址作为实参传递给被调函数的形参。在被调函数中用指向相同结构体类型的形参接收该地址值，然后通过结构体指针来处理结构体各成员项的数据。

【例 10.24】 为结构体变量重新赋值。

程序如下：

```
#include "stdio.h"
struct s
{ int i;
  char c;
}st={25,'a'};                              /*--①--*/
void main( )
{ int sub(struct s *sa);
  printf("The old data:\n");
  printf("i=%d  c=%c\n",st.i,st.c);
  sub(&st);                                /*--②--*/
  printf("The new data:\n");
  printf("i=%d  c=%c\n",st.i,st.c);
}
sub(struct s *sa)
{ (*sa).i=2;                               /* 等价于"sa->i=2;" */
  (*sa).c=(*sa).c+1;                       /* 等价于"sa->c+=1;" */
}
```

程序运行结果如下：

```
The old data:
i=25  c=a
The new data:
i=2  c=b
```

程序分析如下。

1）程序行①定义了一个全局结构体类型 struct s 及全局结构体变量 st，并对结构体变量 st 进行初始化。

2）程序行②是函数调用语句，发生函数调用时，系统为形参 sa 分配指针变量所需字节的内存单元，并将实参结构体变量地址&st 传递给 sa，使 sa 指向 st。指针运算表达式*sa 等价于 st。在 sub( )函数中相当于为结构体变量 st 的成员项 i 和 c 重新赋值。函数 sub( )执行结束后，sa 所占的内存单元被释放。

4. 函数指针作函数参数

指向函数的指针也可以作为函数参数，以便实现函数入口地址的传递。在被调函数中可以使用被传递的函数。

【例 10.25】 编写一个函数 process( )，在调用它的时候，每次实现不同的功能。输入 a 和 b 两个数，第 1 次调用 process( )时找出 a 和 b 中大者，第 2 次找出其中小者，第 3 次求 a 与 b 之和。

程序如下：

```
#include "stdio.h"
process(int x,int y,int (*fun)(int,int)) /* 形参 fun 是指向函数的指针 */
{ int result;
  result=(*fun)(x,y);
  printf("%d\n",result);
}
void main( )
{  int max(int,int);          /* 函数 max()声明 */
   int min(int,int);          /* 函数 min()声明 */
   int add(int,int);          /* 函数 add()声明 */
   int a,b;
   printf("Enter a and b:");
   scanf("%d,%d",&a,&b);
   printf("max=");
   process(a,b,max);
   printf("min=");
   process(a,b,min);
   printf("sum=");
   process(a,b,add);
}
max(int x,int y)              /* 函数 max()定义 */
{ int z;
  if(x>y)  z=x;
  else   z=y;
  return(z);
}
min(int x,int y)              /* 函数 min()定义 */
{ int z;
   z=x<y?x:y;
   return(z);
}
add(int x,int y)              /* 函数 add()定义 */
{ int z;
   z=x+y;
   return(z);
}
```

程序运行情况如下：

```
Enter a and b:-109,78
max=78
min=-109
sum=-31
```

程序分析：max( )、min( )和 add( )是已定义的 3 个函数，分别用来实现求最大数、求最小数和求和的功能。在 main( )函数中第 1 次调用 process( )函数时，除了将 a 和 b 这两个数作为实参传给 process( )的形参 x、y 外，还将函数名 max 作为实参将其入口地址传送给 process( )函数中的形参 fun(fun 是指向函数的指针变量)，如图 10-23（a）所示。这时，process( )函数中的(*fun)(x,y)相当于 max(x,y)，执行 process( )可以输出 a 和 b 中大者。在 main( )函数第 2 次调用 process( )函数时，以函数名 min 作实参，此时 process( )函数的形参 fun 指向函数 min( )，如图 10-23（b）所示，在 process( )函数中的函数调用(*fun)(x,y)相当于 min(x,y)。同理，第 3 次调用 process( )函数时，情况如图 10-23（c）所示，(*fun)(x,y)相当于 add(x,y)。

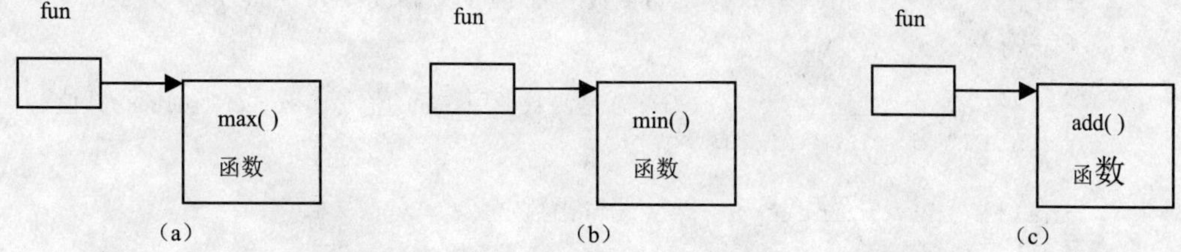

图 10-23 fun 分别指向三个函数——max( )、min( )、add( )

从本例可以清楚地看到，不论调用函数 max( )、min( )或 add( )，函数 process( )一点都没有改动，只是调用 process( )函数时实参的函数名不同而已，增加了函数使用的灵活性。在实际应用中，可以编写一个通用的函数来实现各种不同的功能。需要注意的是，对于作为实参的函数，应在主调函数中用函数原型作函数声明。例如，main( )函数中第 2 行到第 4 行的函数声明是不可少的。因为是用函数名（如 max）作实参，如果没有函数声明，编译系统无法判断它是变量名还是函数名，当函数已作声明时编译程序将它按函数名处理（把函数入口地址作实参值），不致出错。

10.4.3 返回指针值的函数

一个函数可以返回一个整型值、字符型值、实型值等，也可以返回指针型的数据，即地址。当函数的返回值是一个地址时，称这类函数为返回指针值的函数，简称为指针函数。

返回指针值的函数定义的一般形式为：

```
类型说明符 *函数名([形参表列])
{
   函数体
}
```

说明：当函数是无参函数时，“形参表列”省略。在主调函数中，接收返回指针值的函数值的变量必须是指针变量，且该指针变量的基类型与函数返回值的指针基类型相同。

例如：

```
int *f(int x,int y)
{
   …
}
```

f 是函数名，调用它以后可以得到一个指向整型数据的指针(地址)；x、y 是函数 f( )的形式参数。在用户标识符 f 之前有一个“*”，由于运算符“*”的优先级低于运算符圆括号“( )”，因此，f 先与圆括号“( )”结合，指明 f 为函数。这个函数前面有一个“*”表示此函数的返回值为指针。最前面的 int 表明作为函数返回值的指针指向整型数据。

【例 10.26】 函数 f( )实现返回两个整型变量中最小值变量的地址。

程序如下：

```
#include <stdio.h>
void main()
{ int a=7,b=8,*p,*q,*r;
  int *f(int *,int *);  /*f()函数声明,也可以写成:"int *f(int *x,int *y)";*/
  p=&a;
  q=&b;
  r=f(p,q);               /*f(p,q)是函数调用，r 的值是函数 f()返回的指针值*/
  printf("%d,%d,%d\n",*p,*q,*r);
  }
  int *f(int *x,int *y)     /*f()函数定义*/
  { if(*x<*y)
      return x;
    else
      return y;
}
```

程序运行结果如下：

```
7,8,7
```

【例 10.27】 在一个字符数组中查找一个给定的字符，如果找到则输出以该字符开始的字符串，否则输出“NO FOUND THIS CHARACTER”。

程序如下：

```
#include "stdio.h"
void main( )
{ char s[80],*p,ch,*match(char c,char *s); /*--①--*/
  gets(s);
  ch=getchar( );
  p=match(ch,s);                           /*--②--*/
  if(p)                                    /*--③--*/
    printf("There is the string: %s\n",p);
  else
    printf("NO FOUND THIS CHARACTER\n");
}
char *match(char c,char *s)                /*--④--*/
{
  int count=0;
  while(c!=s[count]&&s[count]!='\0')       /*--⑤--*/
     count++;
  if(c==s[count])                          /*--⑥--*/
    return(&s[count]);                     /* 等价于 return(s+count);*/
  return(0);
}
```

程序运行情况如下：

```
interesting
t
There is the string: teresting
```

程序分析如下。

1）程序行①定义了字符数组 s、字符变量 ch、字符型指针 p，以及返回指向字符的指针函数 match( )的声明。

2）程序行②调用 match( )函数进行查找，其返回值赋给字符指针变量 p。

3）程序行③的 if 语句，当 p 的值为真（非 0 值）时，输出从 p 所指向的内存单元开始存放的字符串，否则输出字符串“NO FOUND THIS CHARACTER”。p 是指针变量，p 的值不为 0 代表 p 不是空指针；否则表示 p 为空指针。

4）程序行④定义返回值为字符指针的函数 match( )，c、s 分别为字符型和字符指针的形式参数。执行函数调用表达式 match(ch,s)时，系统为形参变量 c 和 s 开辟相应的内存单元，把 ch 的值字符‘t’传递给 c，将 s 即&s[0]传递给指针变量 s。在这里请注意，实参 s 是主函数 main( )中定义的数组名 s，该字符数组由 s[0]～s[79]共 80 个数组元素组成，在内存中占据 80 个字节，而形参 s 是指针变量，在 Visual C++ 6.0 编译系统中，match( )函数执行时，系统为其分配 4 个字节的内存单元，match( )函数执行结束后形参 s 的内存单元被释放。

5）程序行⑤用 while 循环语句进行查找，其循环控制表达式是：

```
c!=s[count]&&s[count]!='\0';
```

只有在查到或被查找字符串已经结束时才结束循环，否则继续往下查找。s[count]中的 s 不是主函数 main( )中定义的数组 s，而是形参指针变量 s，s[count]是下标表达式，等价于 *(s+count)。

6）程序行⑥判断 c 与 s[count]是否相等，如相等则表明在 s 所指向的字符串中有与字符变量 c 的值相同的字符，将 s+count 作为函数值返回，否则表明在 s 所指向的字符串中没有与字符变量 c 的值相同的字符，返回空指针 0。

10.5 指针数组

指针数组是一种特殊的数组，指针数组的数组元素都是指针变量。本节讲述指针数组的定义、指针数组元素的引用、指针数组的初始化以及指针数组的应用举例。

10.5.1 指针数组的定义

指针数组定义的一般形式为：

```
[存储类型] 类型说明符 *数组名[常量表达式];
```

说明如下。

1）“常量表达式”表示数组的长度。

2）“数组名”前面的“*”表示定义的数组是指针类型，即每个数组元素的值是指针（即地址）。

3）“存储类型”表示定义的数组本身的存储类型，“类型说明符”表示每个数组元素指向的数据所具有的数据类型。

例如：

```
float *pf[3];
```

因为下标运算符“[ ]”的优先级高于指针运算符“*”，上述定义等价于：

```
float * (pf[3]);
```

说明 pf 是一个含有 3 个元素的数组，数组元素为指向 float 型数据的指针变量。

又如：

```
int *pn[5];
char *pc[10];
```

定义的数组 pn 是由 5 个元素组成的指针数组，每个数组元素为指向 int 型数据的指针变量；定义的指针数组 pc 有 10 个数组元素，每个数组元素为指向 char 型数据的指针变量。

10.5.2 指针数组元素的引用

指针数组元素的引用形式有下标表示法和指针表示法两种。

指针数组元素的下标表示法引用形式为：

```
指针数组名[下标]
```

其中，下标可以是整型常量、变量、表达式。

与前面讲过的数值型数组、字符型数组、结构体数组等数组的概念相同，指针数组名也代表指针数组的首地址，表达式“数组名+i”（i=0,1,…,指针数组长度-1）的含义是“&数组名[i]”。

指针数组元素的指针表示法引用形式为：

```
*(数组名+i)  (i=0,1,…,指针数组长度-1)
```

指针数组元素用于存放某种类型数据的地址值，通常，指针数组用于间接访问它所指向的数据。

【例 10.28】 指针数组元素的引用。

程序如下：

```
#include "stdio.h"
void main( )
{ int i,a[5]={2,4,6,8,10},*num[5];
  for(i=0;i<5;i++)
    num[i]=&a[i];
  printf("&num[i]:\n");
```

```
    for(i=0;i<5;i++)
      printf("%u\t",&num[i]);
    printf("\n");
    printf("num[i]:\n");
    for(i=0;i<5;i++)
      printf("%u\t",*(num+i));
    printf("\n");
    printf("*num[i]:\n");
    for(i=0;i<5;i++)
      printf("%d\t",*(num[i]));
    printf("\n");
}
```

程序运行结果如下：

```
&num[i]:
1310552 1310556 1310560 1310564 1310568
num[i]:
1310572 1310576 1310580 1310584 1310588
*num[i]:
2       4       6       8       10
```

程序分析：程序中定义了整型数组 a 和指针数组 num，系统为数组 a 和 num 分配了相应的内存存储单元。第 1 个 for 语句实现了指针数组元素的赋值，通过赋值表达式 num[i]=&a[i]使指针数组元素 num[i]指向整型数组元素 a[i]，即 num[i]的内存单元中存放 a[i]的地址；第 2 个 for 语句的作用是输出指针数组元素 num[i]的内存单元地址；第 3 个 for 语句的作用是输出 num[i]的值即&a[i]；第 4 个 for 语句的作用是输出 num[i]所指向的整型数组元素 a[i]的整型值。指针数组 num 和整型数组 a 的关系如图 10-24 所示。

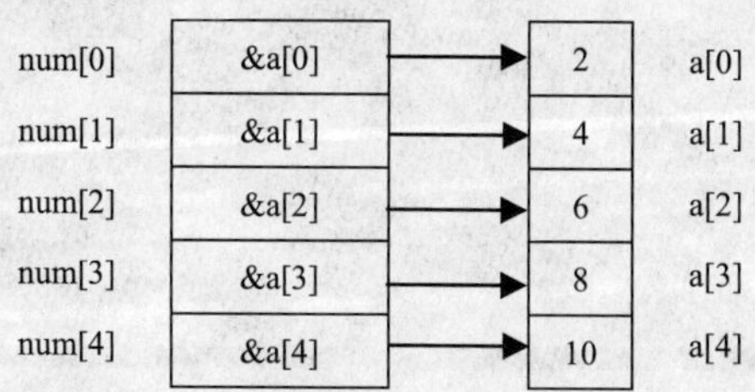

图 10-24 指针数组 num 与整型数组 a 的关系

10.5.3 指针数组的初始化

指针数组初始化的一般形式为：

```
[存储类型] 类型说明符 *数组名[常量表达式]={地址表列};
```

说明：“常量表达式”表示的是指针数组的长度。指针数组初始化时，系统会将花括号括起来的“地址表列”的地址值依次赋值给指针数组的各个元素。“地址表列”的地址值个数不能大于数组长度。如果“地址表列”的地址值个数与数组长度即常量表达式的值相等时，常量表达式可以省略，系统会根据初始化的地址个数来确定指针数组的长度；“当地址表列”

的地址个数比数组长度小时，没有赋值的数组元素系统自动赋值为空指针。

例如：

```
int a[3],*pa[3]={&a[0],&a[1],&a[2]};
```

以上对指针数组初始化，使得 pa[0]=&a[0]、pa[1]=&a[1]、pa[2]=&a[2]。

又如：

```
char *p[ ]={"How","are","you"};
```

指针数组 p 在初始化时，没有给定数组的长度，编译系统会根据在括号“{}”中给定的字符串的个数来确定指针数组 p 的长度。这里，系统自动查到字符串的个数为 3，确定指针数组 p 的长度也为 3。以上初始化给数组元素 p[0]、p[1]、p[2]的赋值相当于以下赋值语句：

```
p[0]="How";
p[1]="are";
p[2]="you";
```

系统会自动在内存中为三个字符串“How”、“are”、“you”各自分配连续的内存单元加以存放，然后将存放这 3 个字符串的内存单元的首地址分别赋值给 p[0]、p[1]、p[2]。

【例 10.29】 输出二维数组各行的第 0 列元素。

程序如下：

```
#include "stdio.h"
int a[3][3]={{1,2,3},{4,5,6},{7,8,9}}; /*--①--*/
int *pa[3]={a[0],a[1],a[2]};           /*--②--*/
void main( )
{ int i;
  for(i=0;i<3;i++)
    printf("%d\n",*pa[i]);
}
```

程序运行结果如下：

```
1
4
7
```

程序分析：程序行①定义并初始化具有 3 行 3 列的二维整型数组 a。程序行②定义并初始化具有三个数组元素的指针数组 pa，数组元素 pa[0]、pa[1]、pa[2]的初值分别为&a[0][0]、&a[1][0]、&a[2][0]。指针数组 pa 与整型二维数组 a 的关系如图 10-25 所示。由于 pa 为指针数组，pa[i]的值为 a[i]，故表达式*pa[i]的值为*a[i]=a[i][0]，所以 for 语句的输出结果为 a[0][0]、a[1][0]、a[2][0]，即输出 1、4、7。

pa[0]	&a[0][0]	→a[0]	1	2	3
pa[1]	&a[1][0]	→a[1]	4	5	6
pa[2]	&a[2][0]	→a[2]	7	8	9

图 10-25 指针数组 pa 与整型二维数组 a 的关系

10.5.4 指针数组应用举例

在第 6 章讲述了如何编写数值型数据排序算法的 C 语言程序。那么，如果对多个字符串进行排序输出，应该怎样编程实现呢？如果一个字符串用一个一维字符数组来存放，要存放多个字符串就要定义一个二维字符数组，数组的每一行保存一个字符串。但多个字符串的长度可能不同，当定义二维数组存放多个字符串时，每一行的列数都是相同的，所以，定义二维字符数组时，其列数要不小于最长字符串的长度加 1，这样浪费许多内存空间。

例如，要存放“FORTRAN”、“BASIC”、“C++”、“Java”、“VB”、“C”这 6 个字符串，可以定义一个字符型二维数组：

```
char name[6][8]={"FORTRAN","BASIC","C++","Java","VB","C"};
```

定义的字符型二维数组 name 的内存结构如图 10-26 所示。从图中可以看出，每个字符串占用内存空间相等，这样会浪费较多的内存空间。

name→name[0]	F	O	R	T	R	A	N	\0
name[1]	B	A	S	I	C	\0	\0	\0
name[2]	C	+	+	\0	\0	\0	\0	\0
name[3]	J	a	v	a	\0	\0	\0	\0
name[4]	V	B	\0	\0	\0	\0	\0	\0
name[5]	C	\0	\0	\0	\0	\0	\0	\0

图 10-26 字符型二维数组 name 的存储结构

使用指针数组可以很好地解决这个问题。假设要对 n 个字符串排序，可以定义一个长度为 n 的指针数组，使第 i 个数组元素存放第 i 个字符串的首地址（i=0～n-1）；这样指针数组里记录的是未排序前的 n 个字符串首地址。然后，调用字符串比较函数 strcmp( )来比较两个字符串的大小。可以将指针数组里记录的字符串首地址作为 strcmp( )函数的实际参数。根据比较的结果来交换指针数组里字符串的首地址，以实现用指针数组指向排好序的字符串。

排序的算法有多种，下面以冒泡法为例编程实现 n 个字符串的排序问题。

【例 10.30】 用冒泡法按英文字典的字母顺序对 n 个字符串进行升序排列。

程序如下：

```
#include "stdio.h"
void SortString(int n,char *str[ ])
{  char *temp;
   int i,j;
   for(i=0;i<=n-2;i++)
     for(j=0;j<=n-2-i;j++)
       {  if(strcmp(str[j],str[j+1])>0)
            { temp=str[j]; str[j]=str[j+1]; str[j+1]=temp; }
       }
}
void main( )
{ int i;
   char *name[ ]={"FORTRAN", "BASIC", "C++", "Java", "VB", "C"};
```

```
    SortString(6,name);
    for(i=0;i<6;i++)
      printf("%s\n", name[i]);
}
```

程序运行结果如下：

```
BASIC
C
C++
FORTRAN
Java
VB
```

程序分析：在主函数中定义的指针数组 name 的存储结构如图 10-27（a）所示。可以看出，每个字符串占用内存空间不相等，没有浪费内存空间。字符串排序后的指针数组指向情况如图 10-27（b）所示。排序时只改变了指针数组中指针的指向，而不需要移动字符串在内存中的位置，处理效率高。

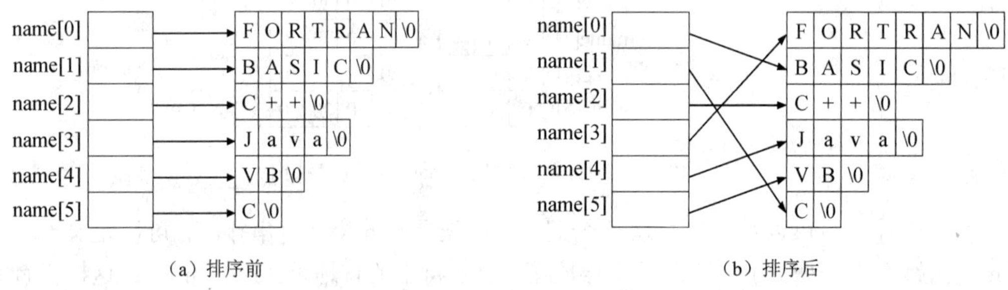

图 10-27　字符型指针数组 name 与字符串的指向关系

10.5.5　指针数组作 main( )函数的形参

通过前面各章的学习，我们知道，一个 C 程序不管多么简单或者复杂，都必须有且只有一个主函数 main( )，程序是从 main( )函数开始执行的，在 main( )函数中可以调用其他函数。在本节之前使用的主函数 main( )都是无参函数，即主函数名 main 后面的圆括号里是空的。事实上，main( )函数既可以是无参函数，也可以是有参函数。带参数的 main( )函数的定义形式如下：

```
void main(int argc,char *argv[ ])
{
…
}
```

其中：argc 和 argv 是 main( )函数的两个形参。这两个形参名不是固定的，用户可以自己命名，习惯上使用 argc 和 argv 作为 main( )函数的形参名。但是，这两个形参的类型是系统规定的，第 1 个参数是整型 int，第 2 个参数是字符型指针数组。

由于 main( )函数不能被其他函数调用，因此形参 argc 和 argv 不可能在程序内部取得实际值。那么，在何处把实参值赋值给 main( )函数的形参呢？实际上，main( )函数的形参值是从操作系统命令行上获得的。

在操作系统环境下，命令行一般包括两部分：命令和相应的参数。命令行一般以回车作为结束符。其格式为：

```
命令 参数1 参数2 …… 参数n
```

在命令行中“命令”与各个参数及各参数之间用空格分隔。“命令”是可执行文件名。main( )函数中的形参 argc 的值是命令行中可执行文件名和所有参数的个数之和；指针数组 argv 的各个数组元素分别指向命令行中可执行文件名和所有参数的字符串，其中 argv[0]指向可执行文件名字符串，从 argv[1]开始依次指向命令行参数的各个字符串。

例如，一个 C 源程序文件名为 FILE1.C，该源程序内容如下：

```
#include <stdio.h>
void main(int argc,char *argv[ ])
{
    ……
}
```

在 Visual C++ 6.0 系统中，经过编译、链接（连接）后，该源程序文件 FILE1.C 会生成可执行文件 FILE1.EXE。假设 FILE1.C 和 FILE1.EXE 都在 D 盘的根目录下，在 DOS 环境下键入如下命令行：

```
D:\> FILE1  China  Jilin(回车)
```

其中：“D:\>”为 DOS 提示符；“FILE1 China　Jilin（回车）”为命令行。“FILE1”指的是可执行文件 FILE1.EXE。以上命令行执行了 FILE1.EXE 文件，相当于 DOS 操作系统调用了 main( )函数，main( )函数中的形参 argc 和 argv 通过此命令行获得了实参值。在该命令行中有一个可执行文件名和 2 个参数，所以 argc 的值为 3；指针数组 argv 的大小由参数 argc 的值决定，由于 argc=3，所以指针数组 argv 的长度为 3，有 3 个元素 argv[0]、argv[1]、argv[2]。argv[0]指向可执行文件名字符串“FILE1”、argv[1]指向字符串“China”、argv[2]指向字符串“Jilin”，如图 10-28 所示。

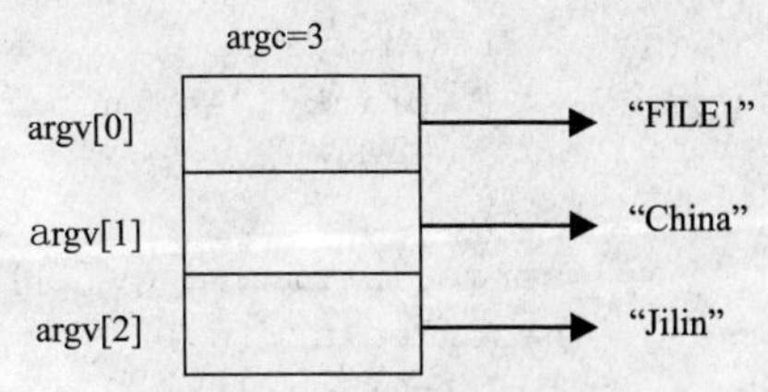

图 10-28　argc 和数组 argv 的值

假设在 DOS 环境下又键入如下命令行：

```
D:\> FILE1  China  Jilin Shenyang(回车)
```

此时 argc=4，argv 有 4 个指针数组元素，argv[0]指向可执行文件名字符串“FILE1”、argv[1]指向字符串“China”、argv[2]指向字符串“Jilin”、argv[3]指向字符串“Shenyang”。

【例 10.31】　输出 main( )函数的参数。

程序如下：

```
#include "stdio.h"
void main(int argc,char *argv[ ])
{ int i;
```

```
    printf("argc=%d\n",argc);
    printf("command name:%s\n",argv[0]);
    for(i=1;i<argc;i++)
        printf("Argument %d:%s\n",i,argv[i]);
}
```

假设本源程序的文件名为 D:\file.c，经编译、连接后得到的可执行文件名为 D:\file.exe，则在 DOS 环境下，输入以下命令行：

```
file how are you(回车)
```

程序运行结果如下：

```
argc=4
command name:file
Argument 1:how
Argument 2:are
Argument 3:you
```

【例 10.32】 判断命令行参数字符串是否是回文字符串。所谓回文即正向与反向的拼写都一样，例如：字符串“adgda”是回文字符串。

程序如下：

```
#include "stdio.h"
#include "string.h"
void main(int argc,char *argv[ ])
{  int i=0,n,flag=1;
   char string[80];
   if(argc!=2)                          /*--①--*/
   {  printf("An incorrect number of arguments was supplied!\n");
      return;
   }
strcpy(string,argv[1]);                 /*--②--*/
n=strlen(string);
for(i=0;i<n/2;i++)
   if(string[i]!=string[n-1-i])
   {  flag=0;                           /* 不是回文字符串 */
      break;
   }

if(flag==1)                             /*--③--*/
   printf("%s is a palindrome.\n",argv[1]);
else
   printf("%s is not a palindrome.\n" ,argv[1]);
}
```

假设本源程序的文件名为 D:\huiwen.c，经编译、连接后得到的可执行文件名为 D:\huiwen.exe，则在 DOS 环境下，输入以下命令行：

```
huiwen  123 456(回车)
```

程序运行结果如下：

```
An incorrect number of arguments was supplied!
```

若第 2 次输入以下命令行：

```
Huiwen adgda(回车)
```

程序运行结果如下：

```
adgda is a palindrome.
```

若第 3 次输入以下命令行：

```
Huiwen pretty(回车)
```

程序运行结果如下：

```
pretty is not a palindrome.
```

程序分析：本程序执行时只需要在命令行中输入可执行文件名“huiwen”和要判断是否是回文的字符串。如果命令行参数过多或过少则不进行判断，结束程序的执行；如果输入的命令行参数个数正确才判断命令行参数是否是回文字符串。语句行①的 if 语句用于判断命令行参数的个数是否正确，若关系表达式“argc!=2”成立，则输出命令行参数个数不正确，结束程序执行；否则，继续执行下面的语句，语句行②用字符串拷贝函数 strcpy( )将 argv[1]所指向的命令行参数字符串复制到字符数组 string 中。如果命令行参数字符串不是回文字符串变量 flag=0，如果是回文字符串 flag=1（定义时为其赋值 1）。语句行③中的 if 语句根据变量 flag 的值来判断命令行参数字符串是否是回文字符串并输出相应的判断结果。

10.6 指向指针的指针变量

如果一个变量的值是另外一个指针变量的地址，该变量称为指向指针的指针变量。指针变量指向的是整型、实型、字符型、结构体类型等数据时，该指针变量称为一级指针变量；指针变量指向的是一级指针变量，该变量称为二级指针变量；指针变量指向的是二级指针变量，该变量称为三级指针变量……二级及二级以上的指针变量称为多级指针变量。在实际应用中，一般很少使用二级以上的指针变量。所以，这里以二级指针变量为例讲述指向指针的指针变量的定义、引用、初始化及应用举例。请读者注意，下面提到的“指向指针的指针变量”指的是二级指针变量。

10.6.1 指向指针的指针变量的定义

指向指针的指针变量定义的一般形式为：

```
[存储类型] 类型说明符 **变量名;
```

说明如下。

1）变量名前面的“**”表示该变量是二级指针，即定义的变量是指针变量，而该指针变量指向的又是一个指针变量。

2）“类型说明符”表示定义的二级指针变量指向的一级指针变量所指向的数据的数据类型。

3）“存储类型”表示定义的二级指针变量本身的存储类型。

例如：

```
auto int **pp;
```

pp 为定义的指向指针的指针变量名，**pp 相当于*(*pp)，*pp 表明 pp 是指针类型的变量，而（*pp）的前面还有一个*，表示 pp 指向的目标量也是指针类型的；类型说明符“int”表示 pp 指向的目标量所指向的数据的数据类型是 int；“auto”表示指针变量 pp 是自动变量。

10.6.2 指向指针的指针变量的引用

通过定义，系统为指向指针的指针变量分配了指针变量所需字节的内存单元，并没有指向具体的指针变量，通过为指向指针的指针变量赋值才能确定其指向关系。例如，指向指针的指针变量 pp、指向整型变量的指针变量 p、整型变量 a 具有如图 10-29 所示关系。从图中可知，p 指向 a，pp 指向 p，实现这种关系的变量定义及赋值语句如下：

```
int a,*p,**pp;
a=900; p=&a; pp=&p;
```

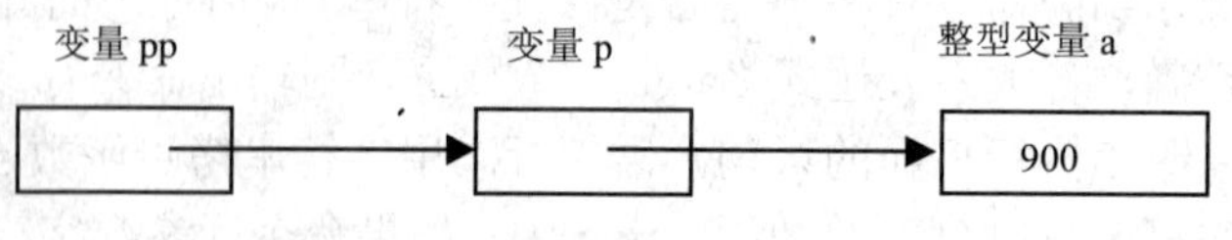

图 10-29　变量 pp、p、a 之间的关系

通过变量 pp 访问指针变量 p 的指针表达式为“*pp”，因为表达式“*pp=*&p=p;”通过变量 p 访问 a 的表达式为“*p”，因为表达式“*p=*&a=a;”所以，通过变量 pp 访问 a 的指针表达式为“**pp”，因为指针运算符“*”具有右结合性，因此表达式“**pp=*(*pp)=*(*&p)=*p=*&a=a”。要输出 a 的值 900，可以写成下面的语句：

```
printf("%d,%d,%d\n",a,*p,**pp);
```

该语句输出结果为：

```
900,900,900
```

指向指针的指针变量不仅可以作赋值运算、指针运算，也可以作指针的其他运算。

10.6.3 指向指针的指针变量的初始化

指向指针的指针变量初始化的一般形式为：

```
[存储类型] 类型说明符 **变量名=一级指针变量的地址;
```

注意

初始化时是将“一级指针变量的地址”赋值给“变量名”即变量名=一级指针变量的地址，而不是将“一级指针变量的地址”赋值给“**变量名”。

例如：

```
int a=900,*p=&a,**pp=&p;
```

即建立起如图10-29所示的关系。

10.6.4 指向指针的指针变量的应用举例

【例10.33】 指向指针的指针变量应用举例。

程序如下：

```
#include "stdio.h"
void main( )
{ int *p,i;
  int **pp;
  i=800;
  p=&i;
  pp=&p;
  printf("%u\t%u\n",&i,i);
  printf("%u\t%u\t%u\n",p,*p,&p);
  printf("%u\t%u\t%u\t%u\n",pp,*pp,**pp,&pp);
}
```

程序运行结果如下：

```
1310584 800
1310584 800     1310588
1310588 1310584 800     1310580
```

程序分析：程序运行时，变量p、i、pp的内存单元是由系统分配的。通过运行结果可见，地址值1310584为i的内存单元地址；地址值1310588为p的内存单元地址，p的内存单元中存放的是i的地址1310584；地址值1310580是pp的内存单元地址，pp的内存单元中存放的是p的地址1310588。

【例10.34】 指向指针的指针变量指向指针数组。

程序如下：

```
#include "stdio.h"
void main( )
{ int a[5]={2,4,6,8,9};
  int *num[5]={&a[0],&a[1],&a[2],&a[3],&a[4]};
  int **p,i;
  p=num;
  for(i=0;i<5;i++)
   {
     printf("%d\t",**p);
     p++;
   }
}
```

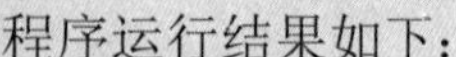

程序运行结果如下：

```
    2       4       6       8       9
```

程序分析如下。

1）程序中定义了整型数组 a、整型指针数组 num 和指向指针的指针变量 p。通过初始化，num 数组元素指向 a 数组元素。指针数组名 num 等价于&num[0]，&num[0]指向的 num[0]是整型指针即&a[0]，**&num[0]等价于 a[0]即 2。可见 num 即&num[0]是指向指针的指针，p 是指向指针的指针变量，num 和 p 基类型相同，可以互相赋值，在程序中将 num 赋值给 p。p、指针数组 num 和整型数组 a 建立如图 10-30 所示的关系。

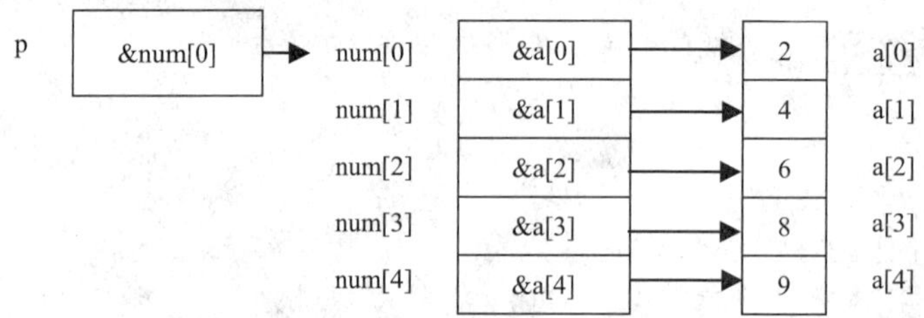

图 10-30　p、数组 num、数组 a 三者之间的关系

2）执行 for 循环语句，i=0，关系表达式 i<5 为真，执行第 1 次循环，循环体中表达式**p=*(*p)=*(*&num[0])=*(num[0])=*(&a[0])=a[0]，因此输出 a[0]的值为 2，执行表达式 p++，p 的值为 p 加 1 以后的值，表达式 p+1 的值为&num[0]+1*sizeof(p 的基类型)，p 的基类型是指针，num 数组元素的类型也是指针，所以，&num[0]+1*sizeof(p 的基类型)= &num[0]+1*sizeof(num[0])=&num[1]，即 p 指向 num[1]。i=1，关系表达式 i<5 为真，执行第 2 次循环，表达式**p=*(*&num[1])=*(num[1])=*(&a[1])=a[1]，因此输出 a[1]的值为 4，执行 p++后，p 指向 num[2]。i=2，关系表达式 i<5 为真，执行第 3 次循环，……直到 p 指向 num[4]的其后内存单元。i=5，关系表达式 i<5 为假退出循环。至此，依次输出了 a[0]～a[4]的值。

前面介绍过，对指针数组元素的引用可以采用下标法、*(数组名+i)(i=0,1,2,…数组长度−1)，讲过指向指针的指针变量以后，利用指向指针数组的指针变量也可以引用指针数组元素。在本例中，可以使用表达式“*(p++)”的方法引用 num 指针数组元素。若有赋值语句“p=num;”在不改变 p 值的情况下，也可以使用表达式“*(p+i)”(i=0,1,2,3,4)来引用 num[i]。

10.7　用指针处理链表

数组作为存放同类数据的集合，给程序设计带来很多方便，但是由于数组的大小在定义时要事先规定，不能在程序中动态进行调整，这样一来，在程序设计中针对不同的问题需要，常常会造成一定存储空间的浪费。比如有时需要 20 个元素的数组，而有时需要 100 个元素的数组，在这种情况下只能根据最大需求来定义数组的大小。如果能根据需要动态开辟存储空间，以满足不同问题的需要，就会避免存储空间的浪费。链表这种数据结构就是在程序的执行过程中根据需要向系统申请存储空间来存放所需的数据，避免了对存储空间的浪费。

10.7.1 链表概述

链表是一种非固定长度的数据结构，它能够根据数据的结构特点和数量使用内存，尤其适用于数据个数可变的数据存储。使用链表存储数据的原理与数组不同，它不需要事先说明要存储的数据数量，系统也不会提前为其准备大的存储空间，而是当需要存储数据时，才向系统申请开辟内存单元，系统根据申请的内存单元大小为其分配所需字节的内存单元来存储数据。

链表中的每一个数据元素称之为结点，链表作为一种动态的数据结构，具有如下特点。

1）链表中的结点具有完全相同的结构。为了存储链表中的每一个元素，一方面要存储数据元素的值，另一方面要存储数据元素之间的链接关系。为此，每一个存储结点分为两部分：一部分用于存储数据元素的值，称为数据域；另一部分用于存放逻辑上相邻的数据元素的存储地址，称为指针域。

2）链表中的结点所占的内存单元是由系统分配的，它们在内存中的位置可能是相邻的，也可能是不相邻的，结点之间的联系是通过指针域实现的。

3）链表中的结点是在需要时申请内存空间，当不再需要时，应释放所占用的内存空间。

4）一个链表不需要事先说明它要包括的结点数目，在需要存储新的数据时，可增加结点，需要删除数据时，可减少结点，链表结点是动态变化的。

根据链表中结点的指针域的数目和链接方式，链表分为以下三种。

1）单链表（又称单向链表）：结点数据由两部分组成，一部分存放有用的数据，另一部分存放逻辑上相邻的下一个结点（也叫后继、后件结点）的指针。

2）双链表（又称双向链表）：在单链表的基础上，为每个结点增加一个指向逻辑上的前一个结点（也叫前驱、前件结点）的指针。

3）循环链表：改变单链表和双链表的最后一个结点和第一个结点的指针域的值，使之分别指向第一个结点和最后一个结点，形成一个循环链。在不增加额外开销的情况下，给某些操作带来方便。其主要优点是从循环链表的任一结点出发就能访问到表中其他结点。

10.7.2 单链表

在单链表中，每个结点只有一个指向后继结点的指针域。我们来思考这样一个问题：要处理 5 名学生的数据，学生数据包括学号和成绩。这 5 名学生的数据如表 10-4 所示。

表 10-4 学生数据

学 号	成 绩
110101	85.5
110208	90.5
110309	78.5
110614	80.5
110711	95.5

在内存中存储这 5 名学生的数据可以使用两种方法：数组方法和单链表方法。如果使用数组方法存储学生数据，则只需存储学号和成绩，5 名学生之间的逻辑关系可以用数组下标来标识，下标为 1 的数组元素是下标为 2 的数组元素的前驱（也称为前件）元素，而下标为 2 的数组元素是下标为 1 的数组元素的后继（也称为后件）元素；如果使用单链表方法存储学生数据，由于存储学生数据的内存单元地址可能是不连续的，为了体现学生之间的逻辑关系，不仅要存储学生的学号和成绩，还需要存储其后继学生的数据所占内存单元的地址即指针。用单链表来存储数据是本节要讨论的问题。存储这 5 名学生数据的单链表有两种，如图 10-31 和图 10-32 所示。

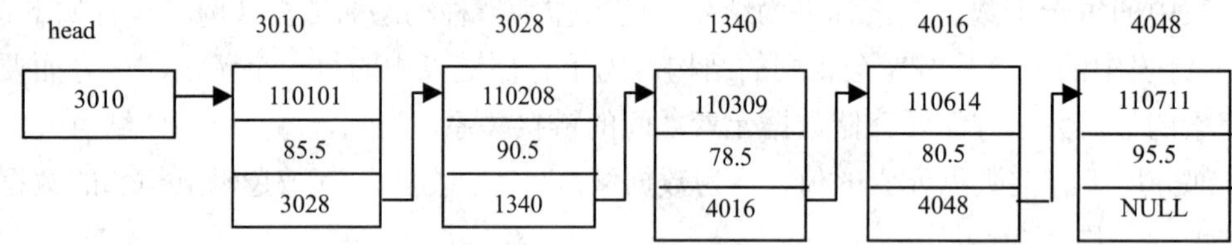

图 10-31　存储学生数据的单链表

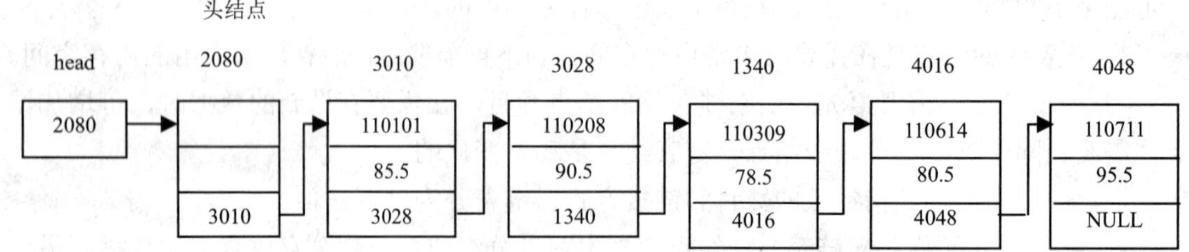

图 10-32　带头结点的单链表存储学生数据

在图 10-31 和图 10-32 中，变量 head 称为“头指针”，该变量用来存放第一个结点的地址，它的结构和一般结点不同，它不包含地址以外的数据。最后一个结点不指向任何结点，故赋以值 NULL。NULL 是一个符号常量，被定义为 0，也就是将 0 地址赋给最后一个结点中的地址项。0 地址是不放任何数据的，这就使最后一个结点不指向任何数据。在图 10-32 中地址为 2080 的结点称为头结点，该结点不存储学生数据，表面看头结点浪费了存储单元，但是增加头结点可以简化单链表的相关操作。空的带头结点的单链表如图 10-33 所示。

用 C 语言可以很方便地实现链表这种数据结构。对于图 10-31 和图 10-32 中的结点，都是由学号、成绩和指针域组成，而指针域指向的又是由学号、成绩和指针域组成的结点。可见，结点数据可以用结构体类型变量来存储。结点类型可以定义为下面的结构体类型：

```
struct stud_score
{
    long num;
    float score;
    struct stud_score *next;
};
```

其中，“stud_score”是结构体类型名，“num”和“score”是结构体类型的成员项，这三个名字是用户自定义标识符；“num”和“score”成员项用来存放学号和成绩；next 是指针变量，指向 struct stud_score 结构体类型的变量。结点结构如图 10-34 所示。

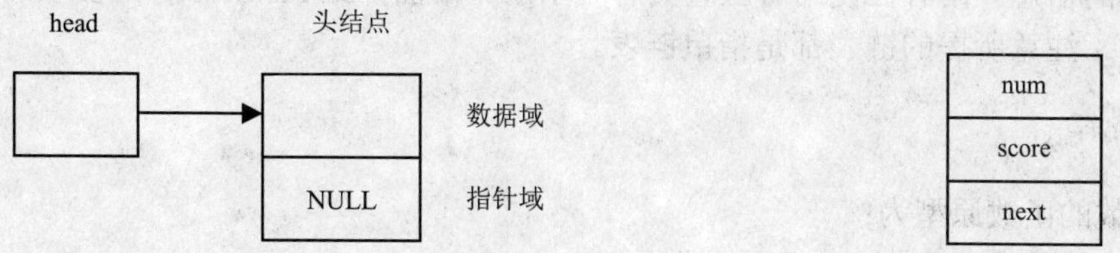

图 10-33 空的带头结点的单链表

图 10-34 结点结构

现在，用上面定义的 struct stud_score 类型来举例说明如何把三个结构体变量用指针域建立起链接关系，以理解 next 域的赋值。程序段如下：

```
struct stud_score stud1,stud2,stud3,*head;
stud1.num=110130; stud1.score=89.5;
stud2.num=110124; stud2.score=90.5;
stud3.num=110115; stud3.score=94.5;
head =&stud1;
stud1.next=&stud2;
stud2.next=&stud3;
stud3.next=NULL;
```

把&stud2 赋值给 stud1.next 就是将 stud2 结点链接到 stud1 后面。注意 head 不是一个结构体变量而是一个指向结构体变量的指针变量，它不包括有用数据。此链式结构如图 10-35 所示。

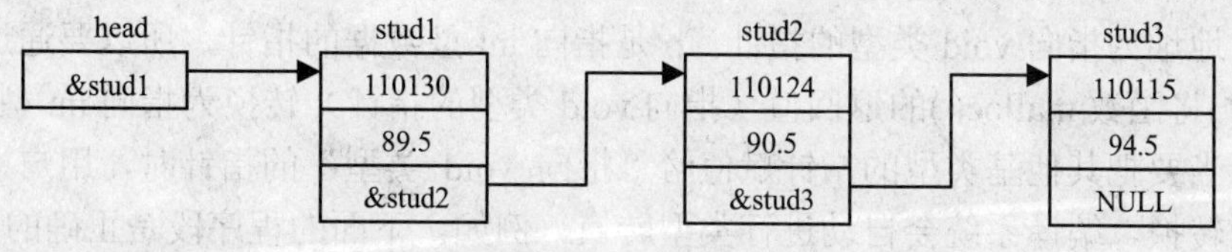

图 10-35 链式结构

如果想引用第一个结点 stud1 中的学号和分数，可以直接用 stud1.num 和 stud1.score,也可以间接地通过 head 来引用，即 head->num、head->score。要引用 stud2 中的数据，可以用 stud1.next->num 和 stud1.next->score。由于圆点运算符和“->”运算符优先级别相同，结合方向均为由左向右，因此它们相当于（stud1.next）->num 和（stud1.next）->score。stud1.next 是结点 stud1 中的 next 成员项，它是一个指针项，存放了&stud2。

以上的方法虽然也能实现简单的链表结构，但必须在程序中事先定义确定个数的结构体变量（结点），缺乏灵活性，想再增加一个结点就要修改程序，而且所有结点都自始至终占据内存单元，而不是动态地进行存储分配。因此，在实际应用中很少使用这种方法来构造链表。

10.7.3 动态内存分配函数

ANSI C 标准建议设 4 个有关的动态存储分配的函数，即 malloc( )、calloc( )、free( )、

realloc( )。实际上，许多 C 编译系统实现时，往往增加了一些其他函数。ANSI C 标准建议在“stdlib.h”头文件中包含有关的信息，但许多 C 编译系统要求用“malloc.h”而不是“stdlib.h”头文件包含有关的信息。读者在使用时应查阅有关手册。下面介绍 ANSI C 标准要求的动态内存分配库函数。注意所提的链表都是指单链表。

1. malloc( )函数

malloc( )函数的函数原型为：

```
void *malloc(unsigned int size);
```

该函数的作用是在内存的动态存储区中分配一个长度为 size 字节的连续空间。

其参数是一个无符号整型量，malloc( )函数的返回值是一个指向所分配的连续存储空间的起始地址的 void 指针；当函数未能成功分配存储空间（如内存不足）时，就会返回一个 NULL 指针。所以在调用该函数时应该检测返回值是否为 NULL，并执行相应的操作。

注意

要正确理解“void”类型指针的含义。“void”类型指针表示不指向任何类型的数据，不要把“指向 void 类型”(即 void *)理解为能指向“任何类型”的数据，而应理解为“指向空类型”或“指向不确定的类型”的数据。在将它的值赋值给另一其他基类型的指针变量时，应当进行显式的类型转换（强制类型转换）。例如:

```
int *p;
p=(int *)malloc(sizeof(int));
```

通过调用 malloc(sizeof(int))，使系统在内存动态存储区分配 int 型数据所需字节的存储单元，其首地址为指向 void 类型的指针，p 是指向 int 型数据的指针，所以要通过强制类型转换符(int *)将函数 malloc( )的返回值（指向 void 类型的指针）转换为指向 int 型指针。

反之，当要把其他基类型的指针赋值给“指向 void 类型”的指针时，用户不必自己进行强制类型转换，编译系统会自动进行类型转换。例如，下面的程序段是正确的：

```
int a=10;
void *p
p=&a;  /* 相当于"p=(void *)&a;"*/
```

2. calloc( )函数

calloc( )函数的函数原型为：

```
void * calloc(unsigned n,int n,unsigned int size);
```

该函数的作用是在内存动态存储区中分配 n 块长度为“size”字节的连续区域。函数的返回值为该区域的首地址；如果系统分配不成功则返回空指针 NULL。

例如：

```
int *p;
p=(int *)calloc(10,sizeof(int));
```

通过调用 calloc(10,sizeof(int))，系统开辟 10 个整型数据所占的内存单元，首地址赋值给指针变量 p。

3. realloc( )函数

realloc( )函数的函数原型为：

```
void *realloc(void *p,unsigned int size);
```

第 1 个参数 p 是已经由 malloc( )或 calloc( )函数分配的存储区的指针，而 realloc( )函数的作用是对 p 所指向的存储区进行重新分配即改变大小；第 2 个参数 size 是重新分配的存储区的大小（字节数）。可以使原先分配的内存区扩大或缩小。该函数的返回值是所分配的存储区的首地址；如果重新分配不成功则返回 NULL。

4. free( )函数

由于内存区域总是有限的，不能无限制地分配下去，而且程序要尽量节省资源，所以当所分配的内存区域不用时就要释放，以便被其他的变量使用。这时就要用到 free( )函数。

free( )函数的函数原型为：

```
void free(void *p);
```

该函数的作用是释放指针 p 所指向的内存区。其参数 p 是先前调用 malloc( )函数或 calloc( )函数时返回的指针，该函数无返回值。

例如，有以下程序段：

```
int *p1,*p2;
p1=(int *)malloc(10*sizeof(int));
p2=p1;
…
free(p2);    /*或者 free(p1);*/
```

将函数 malloc( )的返回值赋值给整型指针变量 p1，又把 p1 的值赋给 p2，所以此时 p1、p2 都可作为 free( )函数的参数，表示释放通过 malloc( )函数调用所开辟的 10 个整型数据所占的连续内存单元，而指针变量 p1 和 p2 所占的内存单元没有被释放。

【例 10.35】　动态内存分配举例。

程序如下：

```
#include <stdio.h>
#include <string.h>
#include <stdlib.h>
int main()
{   char *p;                            /*定义字符指针*/
    p=(char *)malloc(19);               /*申请 19 个字节的存储区*/
    if(!p)                              /*检查是否成功分配内存空间*/
    {
        printf("Allocation error\n");
        exit(1);                        /*未成功分配内存空间，终止程序运行*/
```

```
    }
    strcpy(p,"this is an example");/*给字符串赋值*/
    printf("%x,%s\n",p,p);          /*输出字符串首地址和内容*/
    p=realloc(p,20);                /*申请重新分配存储空间*/
    if(!p)                          /*检查是否成功重新分配内存空间*/
    {   printf("Allocation error\n");
        exit(1);                    /*未成功重新分配内存空间，终止程序运行*/
    }
    strcat(p,".");
    printf("%x,%s\n",p,p);          /*输出字符串首地址和内容*/
    free(p);                        /*释放被分配的存储空间*/
    return 0;
}
```

程序运行结果如下：

```
30fe0,this is an example
30fe0,this is an example.
```

程序分析：这是一个使用 malloc( )、realloc( )和 free( )函数的实例。程序中定义字符指针 p 指向字符串，所以必须使 p 有明确的指向对象。由于准备赋给 p 的字符串为“this is an example”，加上字符串结束标志长度为 19，所以使用函数 malloc( )申请 19 个字节的存储空间。当需要在该字符串后面连接字符‘.’时，原有的 19 个字节不够用，所以使用 realloc( )重新分配 20 个字节的存储区，其首地址赋值给 p。程序中使用了函数 exit( )，一般情况下，exit( )函数带参数，参数值为 0 表示正常结束，参数值为非 0 值表示出错后结束，操作系统可以接收返回的参数值。使用 exit( )函数时，在源程序文件中将头文件 stdlib.h 包含进来。

通过程序运行结果可以看到，使用 realloc( )函数重新分配的新存储区首地址和旧存储区首地址取值相同。实际上，由 realloc( )重新分配后，新存储区首地址和旧存储区首地址也可以不相同。

学习了动态内存分配函数，就可以对链表进行建立、输出、插入、删除等操作。下面以带头结点的单链表为例介绍相关操作。

10.7.4 建立链表

所谓建立链表是指在程序执行过程中从无到有地建立起一个链表，即一个一个地开辟结点空间和输入各结点数据，为指针域正确赋值从而建立起各结点之间的前后相链接的关系。

【例 10.36】 建立包含 n 个学生数据的带头结点的单链表。结点的数据域包括学号、成绩，共有 n+1 个结点（头结点不存储学生数据）。

程序如下：

```
#include <stdio.h>
#include <stdlib.h>
#include <malloc.h>            /*包含动态内存分配函数的头文件*/
#define N 5                    /*N 为学生人数*/
typedef struct node
{ long num;
```

```
    float score;
    struct node *next;
  }STUD;
  STUD *creat(int n)
  {  STUD  *p,*h,*s;
     int i;
     if((h=(STUD *)malloc(sizeof(STUD)))==NULL)
     { printf("不能分配内存空间!");
       exit(0);
     }
     h->next=NULL;                    /*把头结点的指针域置空*/
     p=h;                             /*p 指向头结点*/
     for(i=0;i<n;i++)
       { if((s=(STUD *)malloc(sizeof(STUD)))==NULL)
          {  printf("不能分配内存空间!");
             exit(0);
          }
          p->next=s;
          printf("请输入第%d 个学生的学号、成绩: ",i+1);
          scanf("%ld%f",&s->num,&s->score);
          s->next=NULL;
          p=s;
       }
     return(h);
  }
  void main( )
  {  STUD *head;                      /*head 是头指针*/
     head=creat(N);                   /*将新建的链表头指针赋给 head*/
  }
```

程序运行情况如下：

```
请输入第 1 个学生的学号、成绩：110101 85.5
请输入第 2 个学生的学号、成绩：110108 90.5
请输入第 3 个学生的学号、成绩：110109 78.5
请输入第 4 个学生的学号、成绩：110114 80.5
请输入第 5 个学生的学号、成绩：110130 95.5
```

程序分析如下。

1）creat( )函数中定义了三个指针变量：p、h、s。执行 if 语句将函数 malloc( )的函数值赋值给 h。若 h 的值为 NULL，表示分配内存空间失败无法建立结点空间，程序退出，否则，为新开辟的内存空间的 next 指针域赋值为 NULL，因为当前只有头结点，而头结点不存储实际数据。因为 h 指向头结点，所以 h 为链表中的头指针。然后执行赋值语句“p=h”；使 p 也指向头结点。

2）执行 for 语句。先执行“i=0”，然后判断关系表达式“i<n”，表达式成立则执行循环体语句，否则退出 for 循环，执行 for 语句的下一条语句。在循环体中 i 每次增加 1，可见，for 语句的循环体一共执行 n 次。

3）循环体中一共有 6 条语句。先执行 if 语句，通过调用函数 malloc( )系统为新结点开辟内存空间，其函数值赋值给 s，即 s 指向新开辟空间，也就是 s 指向了当前结点即第 1 个存放实际数据的结点。若开辟空间不成功则退出程序，否则继续执行下一条语句。当前 p 指向头结点，头结点的数据域不需要被赋值，由于有了当前结点，所以头结点的指针域的值就确定为当前结点所占内存空间的首地址，执行赋值语句“p->next=s;”实现之。接着执行 scanf( )函数输入整数和实数为当前结点的学号数据域 num 和成绩数据域 score 赋值，当前结点的指针域 next 赋值为 NULL，不指向任何结点，当前结点为尾结点。因为当前第 1 个实际结点的前一个结点的指针域 next 已经赋值完毕。执行赋值语句“p=s;”使 p 也指向第 1 个实际结点。同上一次 for 循环体的执行过程一样，系统为第 2 个实际结点开辟空间，s 指向第 2 个实际结点，若开辟空间不成功则退出程序，否则使第 1 个实际结点的指针域赋值为当前第 2 个实际结点内存空间的首地址，即第 1 个实际结点指向第 2 个实际结点，输入整数和实数为第 2 个实际结点的学号数据域 num 和分数数据域 score 赋值，第 2 个实际结点的指针域 next 赋值为 NULL，当前结点为尾结点。p 指向第 2 个实际结点，再执行第 3 次循环，直到执行完第 n 次循环，即建立了实际结点数为 n 的单链表。假设系统为包括头结点在内的 6 个结点分配的内存空间的指针为 1000、2000、3000、4000、5000、6000，则该程序建立的链表如图 10-36 所示。

4）当执行到语句“return(h);”，将指针变量 h 的值返回给 main( )函数。creat( )函数执行结束。

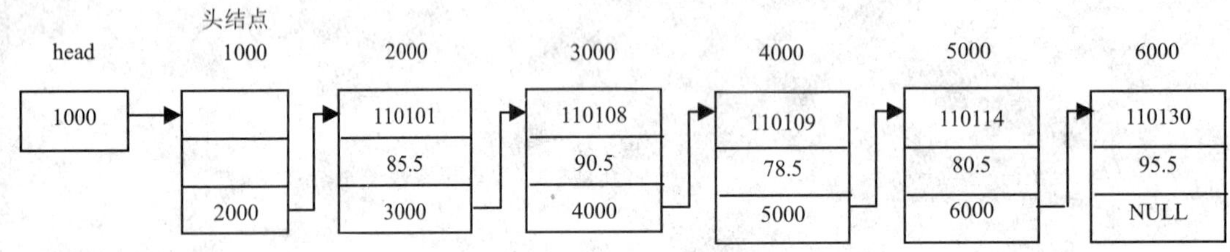

图 10-36　带头结点的存储学生数据的链表

10.7.5　输出链表

将链表中各结点的数据依次输出，这个问题比较容易处理。只要知道链表的第 1 个结点的地址，也就是要知道头指针 head 的值。设一个指针变量 p，先指向第一个头结点，将头结点的指针域赋值给 p，如果 p 的值为 NULL，说明该链表为空，结束链表的输出；否则，p 指向第 1 个实际存放数据的结点，输出 p 指向的第 1 个实际存放数据结点的数据域的值，通过将 p 所指向的结点的指针域赋值给 p，使 p 后移一个结点，再输出 p 指向结点的数据域的值……，直到输出链表的尾结点数据。结束输出链表的条件是：p 的值为 NULL。

【例 10.37】　把上例中建立的单链表的各结点输出出来。

程序如下：

```
#include <stdio.h>
#include <stdlib.h>
#include <malloc.h>             /*包含动态内存分配函数的头文件*/
#define N 5                     /*N 为学生人数*/
```

```
typedef struct node
{ long num;
  float score;
  struct node *next;
}STUD;
STUD *creat(int n)
{  STUD  *p,*h,*s;
   int i;
   if((h=(STUD *)malloc(sizeof(STUD)))==NULL)
   { printf("不能分配内存空间!");
     exit(0);
   }
   h->next=NULL;                      /*把头结点的指针域置空*/
   p=h;                               /*p 指向头结点*/
   for(i=0;i<n;i++)
   { if((s=(STUD *) malloc(sizeof(STUD)))==NULL)
      {  printf("不能分配内存空间!");
         exit(0);
      }
      p->next=s;
      printf("请输入第%d 个学生的学号、成绩：",i+1);
      scanf("%ld%f",&s->num,&s->score);
      s->next=NULL;
      p=s;
   }
   return(h);
}
void print(STUD *head)
{  int i=1;
   STUD  *p,*h,*s;
   p=head->next;
   if(p==NULL)
   { printf("链表为空!\n");
     exit(0);
   }
   do
    {   printf("输出第%d 个学生的学号、成绩：",i);
        printf("%ld %.1f\n",p->num,p->score);
        p=p->next;                    /*p 指向下一个结点*/
        i++;
    }while(p!=NULL);                  /*p 的值为 NULL，表示已经到表尾结点*/
}
void main( )
{  STUD *head;                        /*head 是头指针*/
   head=creat(N);                     /*将新建的链表头指针赋给 head*/
   print(head);
}
```

程序运行时，输入的 5 个学生数据同上例，则程序输出结果如下：

```
输出第 1 个学生的学号、成绩：110101 85.5
输出第 2 个学生的学号、成绩：110108 90.5
输出第 3 个学生的学号、成绩：110109 78.5
输出第 4 个学生的学号、成绩：110114 80.5
输出第 5 个学生的学号、成绩：110130 95.5
```

10.7.6 对链表的删除操作

从一个链表中删除一个结点，并不是真正从内存中把它抹掉，而是把它从链表中分离开来，只要撤消原来的链接关系即可。例如，在图 10-36 中，要删除存放在内存地址为 3000 的结点，只需要将内存地址为 2000 的结点的 next 域赋值为地址 4000 即可。

要删除链表中某个结点的基本方法如下。

1）在链表中查找要删除的结点。

2）把要删除结点的前继结点的指针域的值更改为要删除结点的指针域的值，即使要删除结点的前继结点指向要删除结点的后继结点。

3）释放要删除的结点。

【例 10.38】 在例 10.36 建立的单链表中，将学号为 x 的结点从链表中删除。如果学号为 x 的结点是链表中的结点，把该结点删除并将删除后的链表中的各结点输出出来；否则，输出字符串“没有查找到该学号的学生!”。

程序如下：

```
#include <stdio.h>
#include <stdlib.h>
#include <malloc.h>                /*包含动态内存分配函数的头文件*/
#define N 5                        /*N 为学生人数*/
typedef struct node
{ long num;
  float score;
  struct node *next;
}STUD;
STUD *creat(int n)
{  STUD  *p,*h,*s;
   int i;
   if((h=(STUD *)malloc(sizeof(STUD)))==NULL)
   { printf("不能分配内存空间!");
     exit(0);
   }
  h->next=NULL;                    /*把头结点的指针域置空*/
  p=h;                             /*p 指向头结点*/
  for(i=0;i<n;i++)
  { if((s=(STUD *) malloc(sizeof(STUD)))==NULL)
    {  printf("不能分配内存空间!");
       exit(0);
    }
    p->next=s;
```

```
        printf("请输入第%d 个学生的学号、成绩: ",i+1);
        scanf("%ld%f",&s->num,&s->score);
        s->next=NULL;
        p=s;
      }
     return(h);
   }
   void print(STUD *head)
   {  int i=1;
      STUD  *p,*h,*s;
      p=head->next;
      if(p==NULL)
      { printf("链表为空!\n");
        exit(0);
      }
      do
      {  printf("输出第%d 个学生的学号、成绩: ",i);
         printf("%ld %.1f\n",p->num,p->score);
         p=p->next;                      /*p 指向下一个结点*/
         i++;
      }while(p!=NULL);                   /*p 的值为 NULL,表示已经到表尾结点*/
   }
   STUD * search(STUD *h,long x)   /*查找函数*/
   {    STUD *p,*pb;
        long  y;
        pb=h;
        p=h->next;
        while(p!=NULL)
        {  y=p->num;
           if(y==x)  return(pb);
           else
             {  pb=p;
                p=p->next;
             }
        }
        if(p==NULL)
          { printf("没有查找到该学号的学生!\n");
            return(NULL);
          }
   }
   void del(STUD *x,STUD *y)   /*删除函数,其中 y 为要删除的结点的指针,x 为要删除
                                  的结点的前一个结点的指针*/
   {    STUD *s;
        s=y;
        x->next=y->next;
        free(s);
     }
     void main( )
     {long x;
      STUD *head,*searchpoint,*forepoint;
      head=creat(N);                /*将新建的链表头指针赋给 head*/
```

```
    printf("请输入你要删除学生的学号:");
    scanf("%ld",&x);
    forepoint =search(head,x);
    if(forepoint!=NULL)
    {  searchpoint = forepoint->next;
       del(forepoint,searchpoint);
       print(head);
    }
}
```

程序运行情况如下：

```
请输入第 1 个学生的学号、成绩：110101 85.5
请输入第 2 个学生的学号、成绩：110108 90.5
请输入第 3 个学生的学号、成绩：110109 78.5
请输入第 4 个学生的学号、成绩：110114 80.5
请输入第 5 个学生的学号、成绩：110130 95.5
请输入你要删除学生的学号:110108
输出第 1 个学生的学号、成绩：110101 85.5
输出第 2 个学生的学号、成绩：110109 78.5
输出第 3 个学生的学号、成绩：110114 80.5
输出第 4 个学生的学号、成绩：110130 95.5
```

10.7.7 对链表的插入操作

在链表中插入一个新结点 x 的基本方法如下。

1）在链表中查找到要插入的位置。

2）生成一个新结点存储新结点 x。

3）更改相应结点的指针域将新结点插入到指定位置。

例如，在图 10-36 所示的单链表中，实现在学号为 110114 的结点后面插入新结点。新结点的学号为 110128，成绩为 88.5。插入算法为：

① 在链表中查找到要插入的位置。根据头指针 head 找到头结点，然后利用头结点的 next 域找到链表中的第一个实际结点，判断第一个实际结点的学号域是否为 110114，如果不是，再利用第一个实际结点的 next 域找到链表中的第二个实际结点，再判断第二个实际结点的学号域是否为 110114，如果不是，再利用第二个实际结点的 next 域找到下一个结点，直到找到学号域为 110114 的结点为止，并将学号为 110114 结点的指针赋值给指针变量 searchpoint。此时 searchpoint 的值为 5000。

② 生成一个新结点。调用 malloc( )函数开辟新结点所需的内存单元并将首地址赋值给指针变量 s，将新结点的学号和成绩存入学号域和成绩域。假设新开辟结点的指针为 7000。

③ 更改相应结点的指针域将新结点插入到指定位置。执行赋值语句：

```
s->next= searchpoint->next;
searchpoint->next=s;
```

新结点便插入到该链表中，插入后的链表如图 10-37 所示。

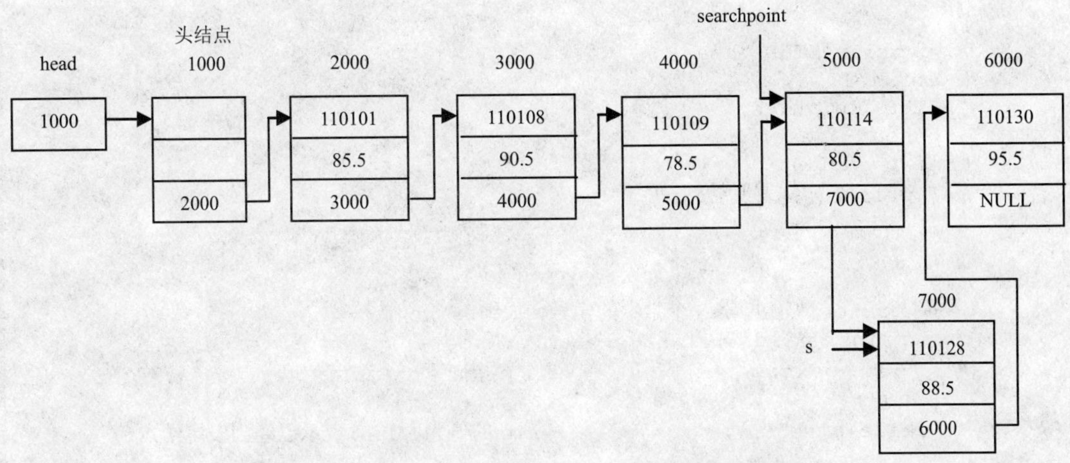

图 10-37　插入新结点后的带头结点的单链表

【例 10.39】　在例 10.36 建立的单链表中，将新结点插入到学号为 x 的结点的后面。如果学号为 x 的结点是链表中的结点，插入新结点并将插入新结点后的链表中的各结点输出出来；否则，输出字符串“没有查找到该学号的学生!”。

程序如下：

```
#include <stdio.h>
#include <stdlib.h>
#include <malloc.h>            /*包含动态内存分配函数的头文件*/
#define N 5                    /*N 为学生人数*/
typedef struct node
{ long num;
  float score;
  struct node *next;
  }STUD;
STUD *creat(int n)
{  STUD  *p,*h,*s;
   int i;
   if((h=(STUD *)malloc(sizeof(STUD)))==NULL)
   { printf("不能分配内存空间!");
     exit(0);
   }
   h->next=NULL;               /*把头结点的指针域置空*/
   p=h;                        /*p 指向头结点*/
   for(i=0;i<n;i++)
   { if((s=(STUD *) malloc(sizeof(STUD)))==NULL)
     {  printf("不能分配内存空间!");
        exit(0);
     }
     p->next=s;
     printf("请输入第%d 个学生的学号、成绩: ",i+1);
     scanf("%ld%f",&s->num,&s->score);
     s->next=NULL;
     p=s;
   }
   return(h);
```

```
}
void print(STUD *head)
{ int i=1;
   STUD  *p,*h,*s;
   p=head->next;
   if(p==NULL)
   { printf("链表为空!\n");
     exit(0);
   }
   do
   {  printf("输出第%d 个学生的学号、成绩: ",i);
      printf("%ld %.1f\n",p->num,p->score);
      p=p->next;                          /*p 指向下一个结点*/
      i++;
   }while(p!=NULL);                      /*p 的值为 NULL,表示已经到表尾结点*/
}
STUD *search(STUD *h,long x)           /*查找函数*/
{   STUD *p,*pb;
    long  y;
    pb=h;
    p=h->next;
    while(p!=NULL)
    {  y=p->num;
       if(y==x)
        return(pb);
       else
         {  pb=p;   p=p->next; }
    }
    if(p==NULL)
    {   printf("没有查找到该学号的学生!\n ");
        return(NULL);
    }
}
void insert(STUD *p)                    /*插入函数,在指针 p 后插入*/
{  STUD *s;                             /*指针 s 是保存新结点地址的*/
   s=(STUD *) malloc(sizeof(STUD));
   if(s==NULL)
   {  printf("不能分配内存空间,无法插入新结点!\n");
      exit(0);
   }
   printf("请输入你要插入学生的学号、成绩:");
   scanf("%ld%f",&s->num,&s->score);
   s->next=p->next;                    /*把新结点的指针域指向原来 p 结点的后继结点*/
   p->next=s;                          /*p 结点的指针域指向新结点*/
}
void main( )
{   long x;
    STUD *head,*searchpoint,*forepoint;
    head=creat(N);                      /*将新建的链表头指针赋给 head*/
    printf("新结点插入在指定结点的后面，请输入指定结点学生的学号:");
    scanf("%ld",&x);
    forepoint=search(head,x);
    if(forepoint!=NULL)
    {  searchpoint=forepoint->next;
```

```
        insert(searchpoint);        /*调用插入函数*/
        print(head);
    }
}
```

程序运行情况如下：

```
请输入第 1 个学生的学号、成绩：110101 85.5
请输入第 2 个学生的学号、成绩：110108 90.5
请输入第 3 个学生的学号、成绩：110109 78.5
请输入第 4 个学生的学号、成绩：110114 80.5
请输入第 5 个学生的学号、成绩：110130 95.5
新结点插入在指定结点的后面，请输入指定结点学生的学号:110114
请输入你要插入学生的学号、成绩:110128 88.5
输出第 1 个学生的学号、成绩：110101 85.5
输出第 2 个学生的学号、成绩：110108 90.5
输出第 3 个学生的学号、成绩：110109 78.5
输出第 4 个学生的学号、成绩：110114 80.5
输出第 5 个学生的学号、成绩：110128 88.5
输出第 6 个学生的学号、成绩：110130 95.5
```

习 题 10

一、选择题

1．两个指针变量不可以（　　）。

A．比较　　B．相加　　C．相减　　D．指向同一地址

2．若有定义“int *p, m=5, n;”，则以下程序段正确的是（　　）。

A．p=&n;
　scanf(“%d”,&p);

B．p=&n;
　scanf(“%d”,*p);

C．scanf(“%d”,&p) ;
　*p=n;

D．p=&n;
　*p=m;

3．设有定义“int a=3,b,*p=&a;”，则下列语句中使 b 不为 3 的是（　　）。

A．b=*&a;　　B．b=*p;　　C．b=a;　　D．b=*a;

4．执行下面程序段后的结果为（　　）。

```
int x=3,y;
int *px=&x;
y=*(++px);
```

A．x=3,y=4　　B．x=3,y=3　　C．x=4,y=4　　D．x=3,y 的值不确定

5．关于指针的概念，以下说法不正确的是（　　）。

A．只有同一类型变量的地址才能放到指向该类型变量的指针变量之中

B．一个指针变量只能指向同一类型的变量

C．指针变量可以用整数赋值，不可以用浮点数赋值

D．一个变量的地址称为该变量的指针

6．设有定义“char p[ ]={ ‘1’, ‘2’, ‘3’},*q=p;”，则以下不能计算出一个 char 型数据所占字节数的表达式是（　　）。

A．sizeof(p)　　B．sizeof(char)　　C．sizeof(*q)　　D．sizeof(p[0])

7．设有说明“int (*ptr)[M];”，其中标识符 ptr 是（　　）。

A．一个指向具有 M 个整型元素的一维数组的指针

B．M 个指向整型变量的指针

C．具有 M 个指针元素的一维指针数组，每个元素都只能指向整型变量

D．指向 M 个整型变量的函数指针

8．执行下面的程序段后，变量 x、y 的值为（　　）。

```
int x=3,y;
int *px=&x;
y=*px++;
```

A．x=3,y=4　　B．x=3,y=3　　C．x=4,y=4　　D．x=3,y 的值不确定

9．假设有以下定义语句，则错误的表达式是（　　）。

```
struct
{  int a; char b; } q,*p=&q;
```

A．q.a　　B．(*p).b　　C．p->a　　D．*p.b

10．假设有以下定义语句，则下面选项中正确的赋值语句是（　　）。

```
char a[5],*p=a;
```

A．p="abcd";　　B．a="abcd";　　C．*p="abcd";　　D．*a="abcd";

11．若有如下定义，则不能表示字符‘o’的表达式是（　　）。

```
char s[20]="programming",*ps=s;
```

A．ps+2　　B．s[2]　　C．ps[2]　　D．ps+=2,*ps

12．设有以下程序段，则值为 6 的表达式是（　　）。

```
struct st { int n; struct st *next;};
struct st a[3]={5,&a[1],7,&a[2],9,0},*p;
p=&a[0];
```

A．p++->n　　B．++p->n　　C．p->n++　　D．(*p).n++

13．以下函数 fun( )的功能是（　　）。

```
int fun(char *s)
{ char *t=s;
  while(*t++);
  return(t-s);
}
```

A．比较两个字符的大小　　B．计算 s 所指字符串占用内存字节的个数

C．计算 s 所指字符串的长度　　D．将 s 所指字符串复制到字符串 t 中

14．假设以下程序经编译、连接后生成可执行文件 exam.exe，若键入命令行：exam 123(回车)，则程序的运行结果为（　　）。

```
#include <stdio.h>
int fun( )
```

```
{  static int s=0;
   s+=1;
   return s;
}
void main(int argc,char  *argv[  ])
{  int n,i=0;
   while(argv[1][i]!='\0')
   { n=fun( ); i++;}
     printf("%d\n",n*argc);
}
```

A. 6　　B. 8　　C. 3　　D. 4

15. 执行以下程序，则输出结果是（　　）。

```
#include <stdio.h>
void main()
{ char   *s[ ]={"one","two","three"},*p;
  p=s[1];
  printf("%c,%s\n",*(p+1),s[0]);
}
```

A. n,two　　B. t,one　　C. w,one　　D. o,two

二、写出下列程序的运行结果

1.

```
#include <stdio.h>
fun(int *x,int *y)
{  printf("%d\t%d\n",*x,*y);
   *x=3;  *y=4;
}
 void main( )
{  int x=1,y=2;
   fun(&y,&x);
   printf("%d\t%d\n",x,y);
}
```

2.

```
#include "stdio.h"
void main( )
{  int a[10]={1,4,23,89,34,-9,34,90,100,0};
   int *p=a;
   for(p=a+9;p>a;p=p-3)   printf("%d\t",*p);
   printf("\n");
}
```

3.

```
#include "stdio.h"
void main( )
{  int a[ ]={30,25,20,15,10,5},*p=a;
   p++;
   printf("%d\n",*(p+3));
}
```

4.

```
#include "stdio.h"
void main( )
{  static int a[5]={2,4,6,8,9},s=1,**p,i;
   int *num[5]={&a[0],&a[1],&a[2],&a[3],&a[4]};
   p=num;
   for(i=0;i<5;i+=2)  s=s*(**p);
   printf("%d\n",s);
}
```

5.

```
#include "stdio.h"
fun(char *s,int p1,int p2)
{  char c;
   while(p1<p2)
   { c=s[p1];  s[p1]=s[p2];   s[p2]=c;  p1++;  p2--;}
}
void main( )
{  char a[ ]="ABCDEFG";
   fun(a,0,2);
   fun(a,4,6);
   printf("%s\n",a);
}
```

6.

```
#include "stdio.h"
void main( )
{  int **pp,*p,x=20,y=30;
   pp=&p;p=&x;p=&y;
   printf("%d,%d\n",*p,**pp);
}
```

7.

```
#include "malloc.h"
#include "stdio.h"
struct s
{ int i;
  char c;
}*sp;
void main( )
{ struct s *sub( );
  sp=sub( );
  printf("The data:\n");
  printf("i=%d\tc=%c\n",sp->i,(*sp).c);
}
struct s *sub( )
{ struct s *sv;
  sv=(struct s *)malloc(sizeof(struct s));
  sv->i=5;
  sv->c='B';
  return(sv);
}
```

8.

```
#include "stdio.h"
void sum(int *a)
```

```
{  a[0]=a[1];  }
void main( )
{  int a[10]={1,2,3,4,5,6,7,8,9,10},i;
   for(i=2;i>=0;i--)
     sum(&a[i]);
   printf("array a:\n");
   for(i=0;i<10;i++)
     printf("%d ",a[i]);
   printf("\n");
}
```

三、编程题

1．在以下给定的程序中，编写函数 fun( )，其功能：分别统计字符串中大写字母和小写字母的个数。例如：输入字符串“AABBddddd12aa”，则输出大写字母个数“upper=4”，小写字母个数“lower=7”。

程序如下：

```
#include <stdio.h>
#include <string.h>
void fun(char *s,int *a,int *b)
{
   ......
}
void  main(  )
{  char s[100];
   int upper=0,lower=0;
   printf("请输入一串字符：\n");
   gets(s);
   fun(s,&upper,&lower);
   printf("upper=%d,lower=%d",upper,lower);
}
```

2．在以下给定的程序中，编写函数 fun( )，其功能：对输入的两个整数按从大到小顺序输出。例如：输入 5，7，输出 7，5。

程序如下：

```
#include <stdio.h>
void  fun(int *p1,int *p2)
{  int p;
   ......
}
void  main( )
{  int a,b,*p11,*p22;
   scanf("%d,%d",&a,&b);
   p11=&a;   p22=&b;
   if(a<b)   fun(p11,p22);
   printf("%d,%d",a,b);
}
```

第11章

文　件

程序运行时，程序本身和数据一般都存放在内存中。当程序运行结束后，存放在内存中的数据被释放。如果需要长期保存程序运行所需的原始数据，或程序运行产生的结果，就必须以文件的形式存储到外部介质上。文件在实际应用中是很重要的，许多可供实际使用的C程序，尤其是有关事务管理的C程序都包含了文件处理。本章介绍C文件的基本知识及文件的相关操作。对文件的打开、关闭、读写等相关操作是通过调用标准输入输出函数来实现的，使用这些函数时要将头文件“stdio.h”包含到源程序文件中。

11.1 C文件概述

所谓“文件”是指存储在外部介质上数据的集合。这个数据集有一个名称，叫做文件名。实际上在前面的各章中已经多次使用过文件，例如，源程序文件、目标文件、可执行文件、头文件等。操作系统以文件为单位对数据进行管理，也就是说，如果想寻找保存在外部介质上的数据，必须先按文件名找到指定的文件，然后再从该文件中读取数据。要向外部介质上存储数据也必须以文件名标识，先建立一个文件，才能向它输出数据。

从不同的角度可对文件作不同的分类。从用户的角度看，文件可分为普通文件和设备文件两种。

1）普通文件。普通文件是指存储在计算机外部存储器上的数据集合。在程序设计中，主要用到程序文件和数据文件。程序文件的内容是程序代码，包括源程序文件、目标文件、可执行文件等；数据文件的内容不是程序，而是供程序运行时读写的数据，如在程序运行过程中输出到磁盘的数据，或在程序运行过程中供读入的数据。如为了对学生成绩排名而用到的一批存储在磁盘上的学生成绩数据。

2）设备文件。为了简化用户对输入输出设备的操作，使用户不必去区分各种输入输出设备之间的区别，操作系统把各种设备都统一作为文件来处理。从操作系统的角度看，每一个与主机相连的输入输出设备都看作一个文件，叫作设备文件。例如，显示器和打印机是输出文件，终端键盘是输入文件。

C语言把文件看作一个字节序列，即由一连串的字节组成，称为“流（stream）”，以字节为单位访问文件，输入输出的数据流的开始和结束仅受程序控制而不受物理符号（如回车换行符）控制，把这种文件称为流式文件。根据数据的组织形式，文件可分为ASCII文件和二进制文件。

1）ASCII 文件又称为文本（text）文件，该文件中的数据看成是字符的序列，它的每一个字节存放一个 ASCII 代码，代表一个字符。例如，整数 10000，一共有 5 位数字，把每位上的数字看作对应的数字字符，数字 0 作为字符‘0’时，其 ASCII 码值是 48，数字 1 作为字符‘1’时，其 ASCII 码值是 49，将 10 000 按 ASCII 形式输出到文件，则占 5 个字节，每个字节存放的是对应数位上的数字字符的 ASCII 码值，如图 11-1 所示。在 ASCII 文件中，一个字节代表一个字符，便于对字符进行逐个处理，也便于输出字符。但一般占用存储空间较多，而且要花费转换时间（二进制与 ASCII 码间的转换），因为数据在内存中是以二进制形式存储的。

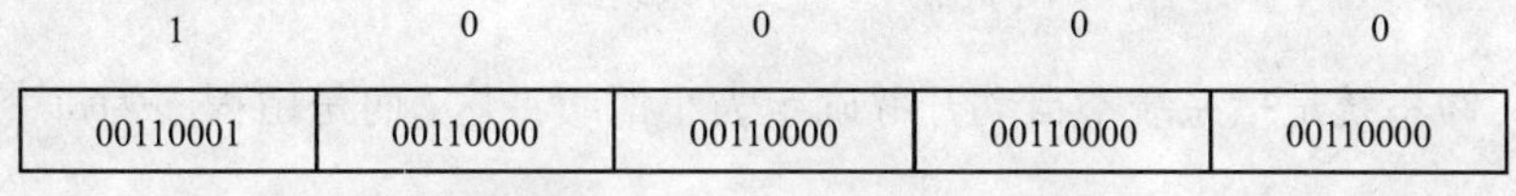

图 11-1　整数 10000 的 ASCII 形式存储

2）二进制文件。二进制文件中的数据编码与其在内存中的存储形式相同。例如，在 Visual C++ 6.0 编译系统中，整数 10000 在内存中占 4 个字节，如果将其以二进制形式输出到文件中，10000 在文件中也占 4 个字节，如图 11-2 所示。用二进制形式输出数值，可以节省外存空间和转换时间，但一个字节并不对应一个字符，不能直接输出字符形式。通常，一般中间结果数据需要暂时保存在外存上以后再需要输入到内存，使用二进制文件保存该中间结果数据比较方便。

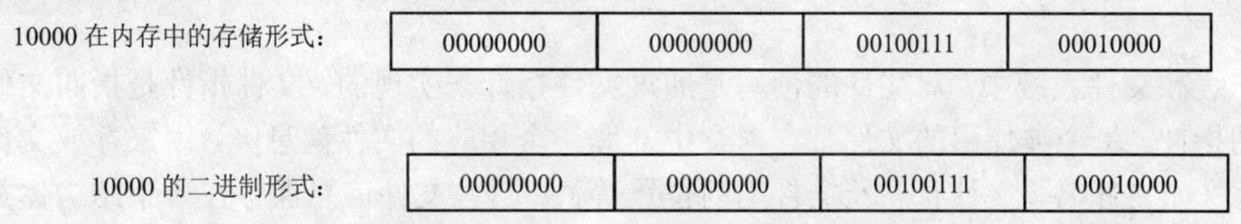

图 11-2　整数 10000 的二进制形式存储

在过去使用的 C 语言版本（如 UNIX 系统下使用的 C 语言）中有两种对文件的处理方法，一种叫做缓冲文件系统（buffered file system），也称为高级文件系统（high level file system）；一种叫做非缓冲文件系统（unbuffered file system），又称为低级文件系统（low level file system）。

缓冲文件系统是指系统自动在内存区为每个正在使用的文件开辟一个缓冲区，从内存向磁盘输出数据（也称为写数据）时，必须先将数据送到内存的缓冲区，缓冲区被装满后才将缓存区中的数据一起送到磁盘上。如果要从磁盘向内存输入数据（也称为读数据），则从磁盘文件中将一批数据输入到内存缓冲区，待内存缓冲区被装满后，再从缓冲区将数据逐个送到程序数据区（给程序变量）。使用缓冲区可以一次读入一批数据，或输出一批数据，而不是执行一次输入或输出函数就去访问一次磁盘，这样做的目的是减少对磁盘的实际读写次数，因为每一次读写都要移动磁头并寻找磁道扇区，花费一定的时间。缓冲区的大小由各个具体的 C 版本确定。缓冲文件系统的读写如图 11-3 所示。

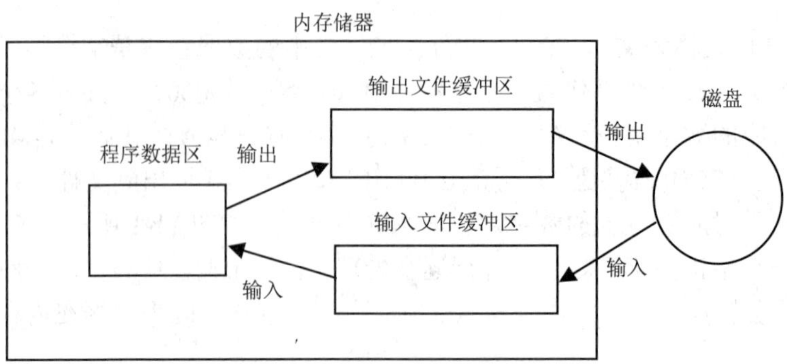

图 11-3　缓冲文件系统的读写

非缓冲文件系统是指系统不自动开辟确定大小的缓冲区，而是由程序为每个文件自行设定缓冲区。

在 UNIX 系统中，用缓冲文件系统来处理文本文件，用非缓冲文件系统来处理二进制文件。1983 年，ANSI C 标准决定不采用非缓冲文件系统，而只采用缓冲文件系统，也就是用缓冲文件系统既可以处理文本文件，也可以处理二进制文件。

C 语言本身并不提供文件的输入、输出语句，ANSI C 标准规定了标准输入、输出函数，用标准库函数来实现文件的输入、输出操作。

11.2 文件类型指针

在缓冲文件系统中，对文件的读写是通过文件指针来实现的，文件指针是指向文件有关信息的指针。每个被使用的文件都在内存中开辟一个相应的文件信息区，用来存放文件的有关信息（如文件名、文件状态及文件当前位置等）。这些文件信息保存在一个结构体类型变量中，该结构体类型是由系统声明的，取名为 FILE 即文件类型。不同的 C 编译系统的 FILE 类型包含的内容不完全相同。例如，有一种 C 编译环境提供的“stdio.h”头文件中有以下的文件类型声明：

```
typedef struct
{
  short level;                /* 缓冲区满或空的程度 */
  unsigned flags;             /* 文件状态标志 */
  char fd;                    /* 文件描述符 */
  unsigned char hold;         /* 如缓冲区无内容不读取字符 */
  short bsize;                /* 缓冲区的大小 */
  unsigned char*buffer;       /* 数据缓冲区的位置 */
  unsigned char*curp;         /* 指针当前的指向 */
  unsigned istemp;            /* 临时文件指示器 */
  short token;                /* 用于有效性检查 */
}FILE ;
```

可以看到：FILE 是用 typedef 将以上结构体类型命名的新名字，对以上结构体中的成员及其含义不用深究，只需知道其中存放文件的有关信息即可。在程序中可以直接用 FILE 类型名定义变量。每一个 FILE 类型变量对应一个文件的信息区，在其中存放该文件的有关信息，该文件的有关信息是在文件操作时由系统根据文件的情况自动放入的。例如：

```
FILE f;
```

定义了文件类型（FILE）变量 f，f 为结构体变量名，它由多个成员项组成，每个成员项用来存放文件的信息，由于此处只是定义了变量 f 而没有为 f 赋值，所以 f 并没有与一个确定的文件相对应。系统为 f 变量分配的内存单元如图 11-4 所示。

在 C 语言中，对普通文件的操作，都是通过文件指针来进行的。因此，在对文件进行打开、关闭及读写操作前，用户必须先定义文件指针变量。文件指针变量定义的一般形式为：

```
FILE  *文件指针变量;
```

例如：

```
FILE  f,*fp;
fp=&f;
```

通过上面的定义和赋值语句，定义了 FILE 类型变量 f 和指向 FILE 类型数据的指针变量 fp。系统为 f 分配字节数为 sizeof(FILE)的存储单元，为 fp 分配指针类型变量所需字节的内存单元，文件类型变量 f 的地址赋值给文件指针变量 fp，此时，f 和 fp 建立起了指向关系，即 fp 指向 f，若 f 对应的内存单元中存放了一文件的相关信息，通过 fp 可以间接访问 f，即称 fp 与该文件建立起了联系。文件类型变量 f 和文件指针变量 fp 的关系如图 11-5 所示。

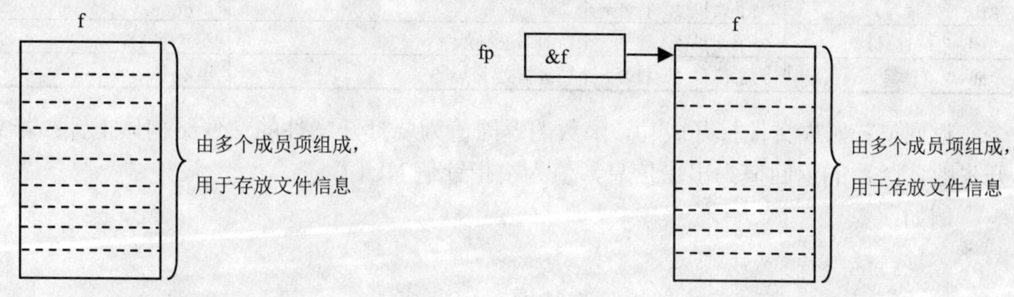

图 11-4　文件类型变量 f 的存储单元　　　图 11-5　fp 指向 f

在实际文件操作中，一般不对 FILE 类型变量命名，一个文件的文件类型变量是在执行文件打开函数 fopen( )时系统自动建立的。文件指针变量的值也是通过文件打开函数 fopen( )得到的。

11.3 文件的打开与关闭

文件在进行读写操作之前要先打开文件，使用完毕要关闭文件。打开文件是指为文件建立相应的信息区和文件缓冲区，并使文件指针指向该文件。文件的相应信息区就是文件类型结构体变量的存储区；文件缓冲区用来暂时存放文件的读写数据。关闭文件是指撤销文件信

息区和文件缓冲区，使文件指针不再指向该文件，从而禁止再对该文件进行操作。

11.3.1 文件的打开（fopen( )函数）

文件的打开操作是通过调用标准输入输出函数 fopen( )实现的。

fopen( )函数的函数原型为：

```
FILE *fopen(char *filename,char *mode);
```

功能：按 mode 指向的使用文件方式打开由 filename 指向的文件。

说明：filename 是文件名字符串的指针，文件名允许带有路径名；mode 是使用文件方式字符串的指针。使用文件方式如表 11-1 所示。

表 11-1 使用文件方式

文件使用方式	含义	如果指定的文件不存在
“r”（只读）	为了输入数据，打开一个文本文件	出错
“w”（只写）	为了输出数据，打开一个文本文件	建立新文件
“a”（追加）	向文本文件尾部添加数据	出错
“rb”（只读）	为了输入数据，打开一个二进制文件	出错
“wb”（只写）	为了输出数据，打开一个二进制文件	建立新文件
“ab”（追加）	向二进制文件尾部添加数据	出错
“r+”（读写）	为了读和写，打开一个文本文件	出错
“w+”（读写）	为了读和写，建立一个新的文本文件	建立新文件
“a+”（读写）	为了读和写，打开一个文本文件	出错
“rb+”（读写）	为了读和写，打开一个二进制文件	出错
“wb+”（读写）	为了读和写，建立一个新的二进制文件	建立新文件
“ab+”（读写）	为了读和写，打开一个二进制文件	出错

返回值：如果文件打开成功，函数的返回值为要打开文件的文件结构体指针；若文件打开失败，函数的返回值为出错信息，值为空指针值 NULL。

例如：

```
FILE *fp;
fp=fopen("D:\\a1.txt","r");
```

表示打开 D 盘根目录下文件名为 a1.txt 的文本文件，使用文件方式为“只读”。fopen( )函数带回指向 a1.txt 文件结构体变量的指针并赋值给 fp，这样 fp 就和文件 a1.txt 建立了联系，或者说，fp 指向 a1.txt 文件。

在打开一个文件时，通常要通知给编译系统以下三个信息。

1）需要打开的文件名，也就是准备访问的文件的名字。

2）使用文件的方式。

3）让哪一个指针变量指向被打开的文件。

fopen( )函数的说明如下。

1）以“r”打开的文件只能用于从该文件中读取数据。为读而打开的文件必须存在，否则出错。

2）以“w”打开的文件只能用于向该文件写入数据。如果这个文件不存在，则在打开文件前新建立一个以指定名字命名的文件；如果文件已经存在，则在打开文件前先将该文件删除，然后重新建立一个新文件。

3）以“a”打开的文件只能用于向该文件末尾添加数据。如果这个文件不存在将得到出错信息，即 fopen( )函数值为 NULL。

4）以“r+”、“w+”、“a+”打开的文件既可以用来输入数据，也可以用来输出数据。以“r+”打开一个已存在的文件时，可从文件中读取数据；以“w+”打开一个文件时，则创建一个新文件，可先向此文件中写数据，然后可以读此文件中的数据；以“a+”打开一个文件时，原来的文件不被删除，可以在文件末尾添加数据也可以读数据。

5）调用 fopen( )函数实现打开文件操作时，通常要检查是否正确打开，即判断 fopen( )的函数值是否为空指针 NULL。

常用以下方法打开一个文件：

```
if((fp=fopen("filename","rb+"))==NULL)
  { printf("Cannot open this file!\n");
    exit(0);
  }
```

先检查打开文件的操作是否出错，如果出错，fopen( )函数的返回值是空指针 NULL，表示文件打开失败，在终端上显示“Cannot open this file!”。这里 exit( )函数的功能是关闭所有打开的文件，终止正在执行的程序，待用户检查出错误，修改后重新运行该程序。

6）在用文本文件向内存输入时，将回车换行符转换为一个换行符，而在输出时把换行符转换成回车和换行两个字符。在用二进制文件时，不进行这种转换，在内存中的数据形式与输出到外部文件中的数据形式完全一致。

7）对于标准设备文件不需要调用 fopen( )函数打开。一个程序运行时，系统首先自动打开 5 个标准设备文件，并定义了相应的文件指针变量；当程序运行结束时，系统又自动关闭这些标准设备文件，用户不能控制它们的打开与关闭。5 个标准设备文件及对应的文件指针变量如表 11-2 所示。例如，程序中指定要从 stdin 所指的文件输入数据，就是指从终端键盘输入数据；而程序中指定要从 stdout 所指的文件输出数据，就是指从终端显示器输出数据。

表 11-2 标准设备文件及标准设备文件指针

文件指针	标准设备文件
stdin	标准输入（一般指终端键盘）文件
stdout	标准输出（一般指终端显示器）文件
stderr	标准错误（一般指终端显示器）文件
stdaux	标准辅助（辅助设备端口）文件
stdprn	标准打印（一般指打印机）文件

11.3.2 文件的关闭（fclose( )函数）

文件的关闭操作是通过调用标准输入输出函数 fclose( )实现的。

fclose( )函数的函数原型为：

```
int fclose(FILE *fp);
```

功能：关闭与 fp 相关联的文件。

说明：fp 是文件指针变量，其值是一个调用 fopen( )函数时所返回的文件指针。

返回值：如果文件的关闭操作成功，返回值为 0；否则返回非 0 值。

例如，以只读方式打开 D 盘根目录下文件名为 a1.txt 的文本文件，当文件不再使用时，关闭该文件，程序段如下：

```
FILE *fp;
if((fp=fopen("D:\\a1.txt","r"))==NULL)
  { printf("Cannot open this file!\n");
    exit(0);
  }
…
fclose(fp);
```

关闭文件的过程是先将缓冲区中未充满缓冲区的数据输出给文件，然后撤销存放该文件信息的结构体变量内存空间，使文件指针变量不再指向该文件。此后，如果再想使用该文件，则必须调用 fopen( )函数重新打开。

应该养成在程序终止之前关闭所有打开的文件的习惯，这样做一方面是避免数据丢失；另一方面是及时释放文件类型变量所占的内存空间，从而减少占用系统资源。

11.4 文件的读写

所谓读文件，是指将文件中的数据传送到计算机内存的操作；所谓写文件，是指从计算机内存向文件传送数据的操作。文件的读写操作是通过调用标准输入输出库函数实现的。

11.4.1 字符读写函数

字符读写函数实现了将数据按字符形式逐个读写到文件中。

1. fputc( )函数

fputc( )函数的函数原型为：

```
int fputc(char ch,FILE *fp);
```

功能：将字符 ch 写到 fp 所指向的文件中去。

说明：fp 是文件指针变量，其值是调用 fopen( )函数时所返回的文件指针。

返回值：如果操作成功，就返回所写入的字符；否则返回 EOF（文件结束标志）。EOF 是在头文件“stdio.h”中定义的一个宏名，值为-1。

本节介绍的其他文件读写函数原型中的文件指针 fp 的含义同此处 fp 的含义相同，以下不再赘述。

【例 11.1】 从键盘输入以“#”为结束标志的若干字符，将“#”之前的字符逐个存到磁盘文件中。

程序如下：

```
#include "stdlib.h"
#include "stdio.h"
void main( )
{ char ch,filename[20];
  FILE *fp;
  printf("请输入文件名:\n");
  gets(filename);
  if((fp=fopen(filename,"w"))==NULL)          /* 判断打开文件是否成功 */
  { printf("Cannot open this file!\n");
    exit(0);
  }
  printf("请输入字符，直到输入#结束输入:\n");
  while((ch=getchar( ))!= '#')
   { fputc(ch,fp);
     putchar(ch);
   }
  printf("\n");
  fclose(fp);              /* 程序结束前关闭文件 */
}
```

若成功打开文件，程序运行情况如下：

```
请输入文件名:
letter.txt
请输入字符，直到输入#结束输入:
Confidence is power-the power to attract.#
Confidence is power-the power to attract.
```

若打开文件失败，程序运行结果如下：

```
Cannot open this file!
```

程序分析：要写入字符的文件名在函数 fopen( )中没有直接给定，文件名存放在字符数组 filename 中，具体的文件名是通过调用函数 gets( )确定的。函数 gets( )要求用户从终端输入设备键盘输入以回车为结束标志的字符串，将该字符串存放到字符数组 filename 中。若成功打开文件，则实现了文件写操作，否则，在屏幕上输出文件打开失败的提示字符串“Cannot open this file!”，然后退出程序。下面来分析文件成功打开的情况。本例中，输入了字符串“letter.txt”，此时便确定了要写入字符的文件名为“letter.txt”，然后输入要写入该磁盘文件的一串字符“Confidence is power-the power to attract.#”，循环语句 while 的循环判断条件表达式为“(ch=getchar( ))!= ‘#’”，先把从终端输入设备键盘输入的字符赋值给字符变量 ch，再判断 ch 是否等于字符“#”，不是#字符则执行循环体语句，将该字符写到文件“letter.txt”中，并在标准输出设备显示器上输出；否则，当输入的是#字符时，变量 ch 的值为#，结束 while 循环语句。#字符没有写入到磁盘文件中。由于函数 fputc( )只是将字符存放到磁盘文件，不会在标准输出设备显示器上显示字符，为了让用户看到写到文件中的字符，该程序设计了语句“putchar(ch);”，使写到文件中的字符也同时显示在屏幕上。

用户如果想要查看磁盘文件“letter.txt”的内容，可通过“我的电脑”或者“资源管理器”找到该文件后，用鼠标双击该文件名打开文件查看其内容（这种方法只适用于文本文件）；也可以在程序中通过调用下面要介绍的文件读函数 fgetc( )，从该磁盘文件输入字符到内存，通过调用标准终端输出函数将字符逐个显示在屏幕上。

说明：以下程序举例中，程序的运行情况都是以成功调用文件的打开函数 fopen( )为例。

2. fgetc( )函数

fgetc( )函数的函数原型为：

```
int fgetc(FILE *fp);
```

功能：从 fp 所指向的文件中读取一个字符。

说明：在读文件时，遇到文件结束标志 EOF 时，结束文件操作。

返回值：如果操作成功，返回读取的字符，否则当读到文件末尾或出错时，返回 EOF。由于调用 fgetc( )函数读字符时遇到文件结束符，函数返回文件结束标志 EOF（即-1）。如果想从一个磁盘文件顺序读入字符并在屏幕上显示出来，可以使用以下程序段：

```
…
while((ch=fgetc(fp))!=EOF)
    putchar(ch);
…
```

注意

EOF 不是可输出字符，因此不能在屏幕上显示。由于字符的 ASCII 码不可能出现-1。所以，用 EOF 判断是否读到文件末尾适用于文本文件。而缓冲文件系统处理二进制文件时，读入某一个字节中的二进制数据的值有可能是-1，而这又恰好是 EOF 的值。这就出现了需要读入有用数据而却被处理为“文件结束”的情况。为了解决这个问题，ANSI C 提供一个 feof( )函数来判断文件是否真的结束。

函数 feof( )的函数原型为：

```
int feof(FILE *fp);
```

功能：检查 fp 所指向的文件是否结束。

返回值：文件结束返回非 0 值，否则返回 0。

如果想顺序读入一个二进制文件中的数据，可以使用以下 while 语句：

```
while(!feof(fp))
{  c=fgetc(fp);
   …
}
```

当未遇文件结束，feof(fp)的值为 0，逻辑非表达式“!feof(fp)”的值为 1，读入一个字节的数据赋给变量 c，并接着对其进行所需的处理。直到遇文件结束，feof(fp)值为非 0 值即为逻辑值 1，逻辑非表达式“!feof(fp)”的值为 0，不再执行 while 循环。这种方法也适用于文本文件。

【例 11.2】 将在上例中建立的“letter.txt”文件内容显示在屏幕上，并统计该文件中的字符个数。

程序如下：

```
#include "stdlib.h"
#include "stdio.h"
void main( )
{  long count=0;
   char ch;
   FILE *fp;
   if((fp=fopen("letter.txt","r"))==NULL)
    { printf("Cannot open this file!\n");
      exit(0);
    }
    printf("显示 letter.txt 文件内容及字符数:\n");
    while((ch=fgetc(fp))!=EOF )
    {
      putchar(ch);
      count++;                  /* 变量 count 存放统计的文件字符个数 */
    }
   printf("\ncount=%ld\n",count);
   fclose(fp);
}
```

程序运行结果如下：

```
显示 letter.txt 文件内容及字符数:
Confidence is power-the power to attract.
count=41
```

3. getc( )和 putc( )函数

C 系统已经在头文件“stdio.h”中把 fgetc( )和 fputc( )函数定义为宏名 getc 和 putc。所以，在程序中使用函数 fgetc( )和使用函数 getc( )作用是一样的，使用函数 fputc( )和使用函数 putc( )作用也是一样的。

其宏定义如下：

```
#define putc(ch,fp) fputc(ch,fp)
#define getc(fp) fgetc(fp)
```

11.4.2 字符串读写函数

1. fputs( )函数

fputs( )函数的函数原型为：

```
int fputs(char *str,FILE *fp);
```

功能：把 str 所指向的字符串写入 fp 所指向的文件中。

说明：str 可以是字符串、字符型指针或字符数组名。

返回值：如果操作成功返回 0，否则返回 EOF。

【例 11.3】 新建磁盘文本文件 string.txt，将若干字符串写入该文件，每个字符串占一行，直到输入空串结束输入。

程序如下：

```
#include <stdio.h>
#include <stdlib.h>
#include <string.h>
void main( )
{   FILE *fp;
    char s[81];
    if((fp=fopen("string.txt","w"))==NULL)
    {   printf("Cannot open this file!");
        exit(0);
    }
    printf("请输入字符串，直到输入空行：\n");
    while(strlen(gets(s))>0)    /* ① */
    {   fputs(s,fp);            /* ② */
        fputc('\n',fp);         /* ③ */
    }
    fclose(fp);
}
```

程序运行情况如下：

```
请输入字符串，直到输入空行：
happy
sad
sunshine
lucky
（键入回车）
```

程序分析如下。

1）语句行①中的 while 语句的条件判断表达式“strlen(gets(s))>0”，当测定字符串长度函数 strlen(gets(s))的值大于 0，即当从标准输入设备键盘输入以回车为结束的字符串的长度大于 0 时，执行 while 循环体语句；否则当从标准输入设备键盘直接按回车键时，表示输入的字符串为空串即“”，函数 strlen( )的值为 0，结束 while 循环语句。

2）语句行②中的函数调用 fputs(s,fp)实现了将字符数组 s 中存放的字符串写入磁盘文件 string.txt，但是换行符‘\n’没有写入。

3）语句行③中的函数调用 fputc('\n',fp)实现了将换行符‘\n’写入磁盘文件 string.txt，在文件中每个字符串占一行。

执行该程序以后，磁盘文本文件 string.txt 的内容如下：

```
happy
```

```
sad
sunshine
lucky
```

2. fgets( )函数

fgets( )函数的函数原型为：

```
char *fgets(char *str,int length,FILE *fp);
```

功能：从 fp 所指向的文件中至多读取 length-1 个字符，并把它们放到以 str 为起始地址的连续存储单元中，如果在读入 length-1 个字符结束之前遇到换行符或 EOF，读入即结束，字符串读入后在最后加一个‘\0’字符。

返回值：如果操作成功，返回 str（str 所指向的字符串首地址），否则返回空指针 NULL。

【例 11.4】 在上例中已经建立文本文件 string.txt，编程实现读出第 1 个字符串并显示出来。

程序如下：

```
#include <stdio.h>
#include <stdlib.h>
void main( )
{   char s[81];
    FILE *fp;
    if((fp=fopen("string.txt","r"))==NULL)
    {   printf("Cannot open this file!");
        exit(0);
    }
    printf("显示 string.txt 中第一个字符串：\n");
    fgets(s,81,fp);
    printf("%s",s);
    fclose(fp);
}
```

程序运行结果如下：

```
显示 string.txt 中第一个字符串：
Happy
```

11.4.3 格式化读写函数

文件格式化读写函数 fscanf( )和 fprintf( )与格式化输入输出函数 scanf( )和 printf( )功能相似，只是文件格式化读写函数对文件进行格式化输入输出，而不是对标准设备进行格式化输入输出。

1. fprintf( )函数

函数 fprintf( )的函数原型为：

```
int fprintf(FILE *fp,char *format,art_list);
```

功能：将 art_list 内各参数值以 format 格式输出到 fp 所指向的文件中。

说明：format 指向格式控制字符串，art_list 表示参数表列，format 和 art_list 的使用与格式化输出函数 printf( )相同。

返回值：如果操作成功，返回实际被写的参数个数；否则返回一个负数。

例如：

```
int a=6,b=8.9;
fprintf(fp,"%d,%4.2f",a,b);
```

它的作用是将整型变量 a 和实型变量 b 的值按“%d”和“%4.2f”的格式输出到 fp 指向的文件中。输出到 fp 所指向的文件中的内容为：

```
6,8.90
```

【例 11.5】 从键盘输入 n 个学生的三门课程成绩，存放到文件 cj.dat 中。要求文件 cj.dat 中的数据每人一行，成绩间以逗号分隔。

程序如下：

```
#include "stdlib.h"
#include "stdio.h"
void main( )
{ FILE *fp;
  int i,n;
  float x,y,z;
  if((fp=fopen("cj.dat","w"))==NULL)
    {  printf("Cannot open this file!\n");
       exit(0);
    }
  printf("请输入学生人数：");
  scanf("%d",&n);
  for(i=0;i<n;i++)
  { printf("请输入第%d 个学生的三门课程成绩(以逗号分隔)：",i+1);
    scanf("%f,%f,%f",&x,&y,&z);
    fprintf(fp,"%f,%f,%f\n",x,y,z);
    }
  fclose(fp);
}
```

程序运行情况如下：

```
请输入学生人数：3
请输入第 1 个学生的三门课程成绩(以逗号分隔)：98.5,78,96.5
请输入第 2 个学生的三门课程成绩(以逗号分隔)：87,56,90.5
请输入第 3 个学生的三门课程成绩(以逗号分隔)：89.5,80.5,93.5
```

程序分析：该程序只是向磁盘文件 cj.dat 写入 n 个学生的三门课程成绩，程序运行后，在屏幕上没有输出内容，程序运行时，输入以上 3 个学生的成绩，并将成绩以“%f,%f,%f\n”格式写入磁盘文件 cj.dat，文件 cj.dat 的内容如下：

```
98.500000,78.000000,96.500000
```

```
87.000000,56.000000,90.500000
89.500000,80.500000,93.500000
```

2. fscanf( )函数

函数 fscanf( )的函数原型为：

```
int fscanf(FILE *fp,char *format,arg_list);
```

功能：从 fp 所指向的文件中按 format 格式读取数据赋值给 arg_list。

说明：format 指向格式控制字符串，arg_list 表示参数表列，format 和 arg_list 的使用与格式化输入函数 scanf( )相同。

返回值：如果操作成功，返回实际读取的参数个数，否则返回一个负数。

例如：

```
fscanf(fp,"%d%f",&i,&f);
```

表示从 fp 所指向的文件中读取一个整数和一个实数赋值给变量 i 和变量 f。假设 fp 所指向的磁盘文件中有以下数据：

```
7 8.9
```

则将磁盘文件中的数据 7 赋值给变量 i，8.9 赋值给变量 f。

【例 11.6】 编程计算每个学生的三门课平均成绩，统计个人平均成绩大于 80 分的学生人数。学生成绩存放在例 11.5 中建立的 cj.dat 文件中。

程序如下：

```
#include "stdlib.h"
#include "stdio.h"
void main( )
{ FILE *fp;
  int n=0,i=0;
  float x,y,z,ave;
  if((fp=fopen("cj.dat","r"))==NULL)
     { printf("Cannot open this file\n");
       exit(0);
     }
  while(!feof(fp))
  { fscanf(fp,"%f,%f,%f\n",&x,&y,&z);
    ave=(x+y+z)/3;
    i++;
    printf("第%d 个学生的平均分：%.1f\n",i,ave);
    if(ave>80)
       n++;
  }
 printf("平均分数高于 80 分的学生人数为：%d\n",n);
 fclose(fp);
}
```

程序运行结果如下：

```
第 1 个学生的平均分：91.0
第 2 个学生的平均分：77.8
第 3 个学生的平均分：87.8
平均分数高于 80 分的学生人数为：2
```

用 fprintf( )和 fscanf( )函数对文件读写，使用方便，容易理解，但由于在输入时要将 ASCII 码转换为二进制形式，在输出时又要将二进制形式转换成字符，花费时间比较多。因此，在内存与磁盘频繁交换数据的情况下，最好不用 fprintf( )和 fscanf( )函数，而使用数据块读写函数：fread( )和 fwrite( )函数。

11.4.4 数据块读写函数

函数 fgetc( )、fputc( )可以用来读写文件中的一个字符，函数 fgets( )、fputs( )可以用来读写文件中的字符串。但是常常要求一次读写一组数据（如一个数组的所有元素、一个结构体变量的值等）。这时就要使用 ANSI C 标准设置的数据块读写函数：fread( )函数和 fwrite( )函数。在读写时是以二进制形式进行的。在向文件写数据时，直接将内存中一组数据原封不动、不加转换地复制到文件中，在读入数据时，也是将文件中若干字节的一批内容读入内存。

1. fwrite( )函数

函数 fwrite( )的函数原型为：

```
int fwrite(void *buffer,int num_bytes,int count,FILE *fp);
```

功能：从 buffer 所指向的内存单元中，把 count 个字段写到 fp 所指向的文件中。

说明：num_bytes 表示每个字段的字节数，count 表示要输出到文件的字段个数，buffer 表示存放输出数据的起始地址。

返回值：如果操作成功，返回实际所写的字段的个数 count；如果文件结束或操作中有错，则返回 0。

例如，以下程序段：

```
float  f[2]={23.5,89.6};
FILE  *fp;
fp=fopen("aa.dat","wb");
fwrite(f,sizeof(float),2,fp);
```

执行以上程序段后，将 f 即&f[0]作为起始地址的两个单精度数据所占的连续内存单元中的数据存放到文件“aa.dat”中。由于基本字段是 sizeof(float)即 4 个字节，一共有两个基本字段，即 8 个字节，而这两个 4 字节的内存单元中存放的是单精度数组元素 f[0]和 f[1]的值，所以执行语句“fwrite(f,sizeof(float),2,fp);”后，把 23.5 和 89.6 存放到文件“aa.dat”中。

2. fread( )函数

函数 fread( )的函数原型为：

```
int fread(void *buffer,int num_bytes,int count,FILE *fp);
```

功能：从 fp 所指向的文件中读取 count 个字段，每个字段为 num_bytes 个字节，把它们送到 buffer 所指向的连续内存单元中。

说明：buffer 表示从文件中读取的数据在内存中存放的起始地址，num_bytes 表示读取每个字段的字节数，count 表示要读取多少个字段。

返回值：如果操作成功，返回实际读取的字段数 count；如果文件结束或操作中有错，则返回 0。

例如，在文件“aa.dat”中存放着一组单精度数据，以下程序段：

```
float  f[2];
FILE  *fp;
fp=fopen("aa.dat","rb");
fread(f,sizeof(float),2,fp);
```

执行以上程序段后，将文件“aa.dat”中两个基本字段为 4 个字节的单精度数据存放到单精度数组元素 f[0]和 f[1]中。

【例 11.7】 在 D 盘根目录下新建文件 student。从键盘输入 N 个学生的数据（包括姓名、学号），将这些数据写到磁盘文件 student，然后再从 student 文件中读出这 N 个学生的数据，并将这 N 个学生的数据在屏幕上显示。

程序如下：

```
#include "stdlib.h"
#include "stdio.h"
#define N 3
struct student
{ char name[20];
  int  num;
} stud[N];
void save( )
{ FILE *fp;
  int n;
  if((fp=fopen("D:\\student","wb"))==NULL)
  { printf("Cannot open this file!\n");
    exit(0);
  }
  n=fwrite(&stud[0],sizeof(struct student),N,fp);
  if(n!=N)
   { printf("File write error.\n");
     exit(0);                /* 向文件写入数据发生错误，退出程序 */
   }
  fclose(fp);
}
void print( )
{ FILE *fp;
  int i,n;
  if((fp=fopen("D:\\student","rb"))==NULL)
   { printf("Cannot open this file!\n");
     exit(0);
   }
```

```
    printf("输出 student 文件内容（姓名、学号）:\n");
    for(i=0;i<N;i++)
    { n=fread(&stud[i],sizeof(struct student),1,fp);
      if(n!=1)
      { printf("File read error.\n");
        exit(0);       /* 从文件读入数据发生错误，退出程序 */
      }
      else
        printf("%-10s %d\n",stud[i].name,stud[i].num);
    }
    fclose(fp);
}
void main( )
{ int i;
    printf("请输入学生数据（姓名、学号）:\n");
    for(i=0;i<N;i++)
    {  gets(stud[i].name);
       scanf("%d",&stud[i].num);
       getchar( );     /* ① */
    }
   save( );
   print( );
}
```

程序运行情况如下：

```
请输入学生数据（姓名、学号）：
Zhang li
110508
Tian liang
110509
Gao jun
110506
输出 student 文件内容（姓名、学号）：
Zhang li   110508
Tian liang 110509
Gao jun    110506
```

程序分析：gets( )函数的功能是接收以回车为结束标志的字符串。语句行①调用 getchar( )函数的作用是接收输入学号结束的回车符，如果没有该调用语句，则循环执行调用函数 gets( )时，会接收回车符，相当于学生姓名字符串为空串。

11.5 文件的定位

C 文件是一个流式文件，在该字节流上有一个隐含的暗标记，该标记总是指向文件中正要操作的字节，称该标记为文件读写位置指针。在顺序读写一个文件时，每次读写之后，位置指针自动向下移动一个位置。有时用户希望在文件的任意指定位置读写文件，这就需要使用定位函数。

11.5.1　rewind( )函数

函数 rewind( )的函数原型为：

```
void rewind(FILE *fp);
```

功能：使 fp 所指向的文件的位置指针重新返回到文件的开头。

返回值：此函数无返回值。

【例 11.8】　在 D 盘根目录下新建两个磁盘文件 zifu1.dat 和 zifu2.dat，将从键盘上输入的 10 个字符输出到文件 zifu1.dat 中，然后将文件 zifu1.dat 的内容复制到文件 zifu2.dat 中。

程序如下：

```
#include "stdlib.h"
#include <stdio.h>
void main( )
{   int i;
    char ch;
    FILE *fp1,*fp2;
    if((fp1=fopen("D:\\zifu1.dat","w+"))==NULL)
   { printf("Cannot open this file! \n");
     exit(0);
   }
    if((fp2=fopen("D:\\zifu2.dat","w"))==NULL)
   { printf("Cannot open this file! \n");
     exit(0);
   }
   printf("请输入 10 个字符:\n");
   for(i=0;i<10;i++)                /* ① */
   { ch=getchar( );
     fputc(ch,fp1);
   }
  rewind(fp1);                      /* ② */
  while((ch=fgetc(fp1))!=EOF)
    fputc(ch,fp2);
  fclose(fp1);
  fclose(fp2);
}
```

程序运行情况如下：

```
请输入 10 个字符:
abcdefghij
```

程序分析：语句行①的 for 循环语句实现了从终端输入设备键盘输入 10 个字符并输出到磁盘文件 zifu1.dat 中，当结束 for 语句时，磁盘文件 zifu1.dat 中的当前读写位置是第 10 个字符“j”的后面，即如果要再对磁盘文件 zifu1.dat 读字符，已经没有字符可读。要从磁盘文件 zifu1.dat 读文件头字符，需要将其当前读写位置设置在文件头。所以，该程序在语句行②中使用了 rewind( )函数调用语句。运行该程序以后，磁盘文件 zifu1.dat、zifu2.dat 的文件内容如下：

```
abcdefghij
```

11.5.2　文件的随机读写

C 语言文件可以进行顺序读写，也可以进行随机读写，关键在于控制文件的位置指针。如果位置指针是按字节顺序移动的，就是顺序读写。如果在文件读写时，读写完一个数据（字符或数据块）后，并不一定要读写其后续的数据，而可以读写文件中任意位置的数据就是随机读写。fseek( )函数用来移动文件内部的位置指针，实现文件的随机读写。

函数 fseek( )的函数原型为：

```
int fseek(FILE *fp,long offset,int origin);
```

功能：按 offset 和 origin 的值，设置 fp 所指向的文件的当前读写位置。

说明：origin 表示起始位置，它在 ANSI C 标准中的规定如表 11-3 所示。起始位置可以用数字表示也可以用 ANSI C 标准指定的名字表示；offset 表示位移量。位移量（起始位置相对于文件开头的字节数）就是位置指针的当前位置（相对于文件开头的字节数）。

返回值：如果操作成功返回 0，否则返回非零值。

表 11-3　ANSI C 标准对文件起始位置的规定

起始位置(origin)	名字	用数字代表
文件开始	SEEK_SET	0
文件当前位置	SEEK_CUR	1
文件末尾	SEEK_END	2

fseek( )函数的进一步说明如下。

1）位移量 offset 表示从起始点 origin 移动的字节数，它是一个 long 型数据。ANSI C 标准规定在数字的末尾加一个字母 L，就表示是 long 型数据。当位移量为正整数时，表示从当前位置向文件尾处移动位移量个字节；当位移量为负数时，表示从当前位置向文件头处移动位移量个字节。

2）fseek( )函数一般用于二进制文件。因为文本文件要发生字符转换，计算位置时会发生错误。

例如：

```
fseek(fp,200L,0);            /*将位置指针移到离文件头 200 个字节处*/
fseek(fp,-50L,SEEK_END);     /*将位置指针从文件末尾向文件头移动 50 个字节*/
fseek(fp,10L,1);             /*将位置指针从当前位置向文件末尾移动 10 个字节*/
```

【例 11.9】　在磁盘文件 stud.dat 中存有 10 个学生的数据，要求将第 2、4、6、8、10 个学生数据显示在屏幕上。

程序如下：

```
#include "stdlib.h"
#include "stdio.h"
struct student
```

```
{ char name[10];
  int  num;
  int  age;
  char sex;
} stud[10];
void main( )
{ int i;
  FILE *fp;
  if((fp=fopen("stud.dat","rb"))==NULL)
   { printf("Cannot open this file!\n");
     exit(0);
   }
  for(i=1;i<10;i+=2)
   { fseek(fp,i*sizeof(struct student),0);
     fread(&stud[i],sizeof(struct student),1,fp);
     printf("%s %d ",stud[i].name,stud[i].num);
     printf("%d %c\n",stud[i].age,stud[i].sex);
   }
  fclose(fp);
}
```

【例 11.10】 编程实现将某个磁盘文件中存放的第 n 个学生的数据显示在屏幕上。要求在命令行中输入磁盘文件名和 n 的值。

程序如下：

```
/* 源程序文件 chaxun.c */
#include "stdlib.h"
#include "stdio.h"
struct student
{ char name[10];
  int  num;
  int  age;
  char sex;
} stud;
void main(int argc,char *argv[ ])
{ int n;
  FILE *fp;
  if((fp=fopen(argv[1],"rb"))==NULL)
   { printf("Cannot open this file!\n");
     exit(0);
   }
   if(argc!=3)
   {  printf("输入参数不正确! \n");
      exit(0);
   }
  n=atoi(argv[2]);                                   /* ① */
  fseek(fp,(n-1)*sizeof(struct student),0);          /* ② */
  fread(&stud,sizeof(struct student),1,fp);          /* ③ */
  printf("输出第%d 个学生数据:\n",n);
  printf("%s %d %d %c\n",stud.name,stud.num,stud.age,stud.sex);
  fclose(fp);
}
```

程序分析如下。

1）按照题意，在命令行中需要输入三部分。第 1 部分是命令名即为该程序的可执行文件名 chaxun；第 2 部分是命令行中的第 1 个参数，即为存放学生数据的磁盘文件名，该磁盘文件应该使用 fwrite( )函数存入学生数据；第 3 部分是命令行中的第 2 个参数，即为第几个学生（n 的值）。

2）用户输入的命令行中的第 2 个参数“第几个学生”被系统处理为字符串，所以，需要把该字符串转换成整数，在 C 库函数中提供了将字符串转换成整数的函数 atoi( )，使用该函数时，要把需要转换为整数的字符串首地址写在圆括号中作函数 atoi( )的实际参数，该函数值是转换后的整数。在该程序中，语句行①中的函数调用“atoi(argv[2])”将命令行的第 2 个参数字符串转换成整数赋值给整型变量 n。

3）语句行②中的函数调用“fseek(fp,(n−1)*sizeof(struct student),0)”，将文件位置指针从文件头移动到第 n 个学生数据的起始位置。

4）语句行③中的函数调用“fread(&stud,sizeof(struct student),1,fp)”，从文件当前读写位置（即文件位置指针处）读出一个结构体数据存放在结构体变量 stu 中。

假设磁盘文件 student 中存放了 5 个学生数据：

第 1 个学生数据：Zhao,100101,18,m

第 2 个学生数据：Li,100102,19,w

第 3 个学生数据：Sun,100108,20,m

第 4 个学生数据：Tian,100106,18,w

第 5 个学生数据：Wang,100130,20,m

若在 DOS 环境下键入如下命令行：

```
chaxun student 1(回车)
```

则在终端输出设备显示器上显示的内容如下：

```
输出第 1 个学生数据：
Zhao 100101 18 m
```

11.5.3 ftell( )函数

由于文件中的位置指针经常移动，人们往往不容易辨清其当前位置。用 ftell( )函数可以得到当前位置。

函数 ftell( )的函数原型为：

```
long ftell(FILE *fp);
```

功能：得到文件中的当前位置，用相对于文件开头的位移量来表示。

返回值：返回 fp 所指向的文件中的读写位置（字节数），如果出错则返回值为−1L。

例如：

```
i=ftell(fp);
if(i==-1L)  printf("error\n");
```

变量 i 存放当前位置，如调用函数出错（如不存在此文件），则输出“error”。

【例 11.11】 向磁盘文本文件 zifu1.dat 中添加 10 个字符并输出该文件的长度。zifu1.dat 是在例 11.8 中建立的文件。

程序如下：

```
#include "stdlib.h"
#include <stdio.h>
void main( )
{   int i,len;
    char ch;
    FILE *fp1;
    if((fp1=fopen("D:\\zifu1.dat","a"))==NULL)       /* ① */
    { printf("Cannot open this file! \n");
      exit(0);
    }
    printf("请输入追加到文件中的 10 个字符:\n");
    for(i=0;i<10;i++)
    { ch=getchar( );
       fputc(ch,fp1);
    }
   len=ftell(fp1);                                   /* ② */
   printf("文件长度为:%d\n",len);
   fclose(fp1);
}
```

程序运行情况如下：

```
请输入追加到文件中的 10 个字符:
1234567890
文件长度为:20
```

程序分析如下。

1）语句行①中调用的文件打开函数“fopen("D:\\zifu1.dat","a")”，以追加方式打开存储在 D 盘根目录下的 zifu1.dat 文件，文件内容保留。如果以只写“w”方式打开该文件，则该文件的内容被清空。

2）程序执行到语句行②之前，文件 zifu1.dat 中的读写位置指针已经在第 20 个字符的后面即在文件末尾处，因此，函数调用表达式 ftell(fp1)的值为 20。

3）该程序执行结束后，文件 zifu1.dat 中的内容如下：

```
abcdefghij1234567890
```

11.6　出错的检测

C 语言提供一些函数用来检查输入输出函数调用时可能出现的错误。下面介绍两个与出错检测相关的函数——ferror( )函数和 clearerr( )函数。

11.6.1 ferror( )函数

在调用各种输入输出函数（如 fgetc( )、fputc( )、fscanf( )、fprintf( )、fread( )、fwrite( )等）时，如果出现错误，除了函数返回值有所反映外，还可以用 ferror( )函数检测。

函数 ferror( )的函数原型为：

```
int ferror(FILE *fp);
```

功能：检测 fp 所指向的文件在操作中是否出现错误。

返回值：如果未出错，返回值为 0（假）；否则返回值为一个非零值。

应该注意，对同一个文件每一次调用输入输出函数时，函数 ferror( )均产生一个新的函数值，因此，应当在调用一个输入输出函数后立即检查函数 ferror( )的返回值，否则信息会丢失。在执行 fopen( )函数时，ferror( )函数的初始值自动置为 0。

11.6.2 clearerr( )函数

函数 clearerr( )的函数原型为：

```
void clearerr(FILE *fp);
```

功能：使 fp 所指向的文件的错误标志和文件结束标志置为 0。

返回值：无。

假设在调用一个输入输出函数时，fp 所指向的文件出现错误，函数 ferror（fp）的函数值就为一个非零值，只要出现错误标志，就一直保留，直到对该文件调用 clearerr(fp)、rewind(fp)函数，或者调用任何一个其他输入输出函数。为了进行下一次的文件出错检测，应该在文件出现错误以后立即调用 clearerr(fp)函数，使 ferror(fp)的函数值变成 0。

习　题　11

一、选择题

1．在 C 语言中，文件由（　　）组成。

A．记录　　B．字符（字节）序列

C．数据行　　D．数据块

2．C 语言中的文件类型只有（　　）。

A．索引文件和文本文件两种　　B．文本文件一种

C．二进制文件一种　　D．ASCII 文件和二进制文件两种

3．若用函数 fopen 打开一个新建的二进制文件，该文件既能读也能写，则使用文件方式字符串是（　　）。

A．"ab+"　　B．"wb+"　　C．"rb+"　　D．"ab"

4．要打开一个已存在的非空文件“file”用于修改，以下语句正确的是（　　）。

A．fp=fopen("file","r");　　B．fp=fopen("file","w");

C．fp=fopen("file","r+");　　D．fp=fopen("file","w+");

5．在C语言中，文件的存取方式有（　　）。

A．只能顺序存取　　B．只能随机存取（直接存取）

C．可以顺序存取，也可以随机存取　　D．只能从文件的开头进行存取

6．函数fgets(str,n,fp)从文件中读入一个字符串，以下叙述正确的是（　　）。

A．字符串读入后不会自动加入'\0'

B．fp是file类型的指针

C．fgets函数将从文件中最多读入（n-1）个字符

D．fgets函数将从文件中最多读入n个字符

7．函数调用fread(buffer,size,count,fp)，其中buffer代表的是（　　）。

A．一个文件指针，指向待读取的文件

B．一个整型变量，代表待读取的数据的字节数

C．一个内存块的首地址，代表读入数据存放的地址

D．一个内存块的字节数

8．若文件能正常打开，执行以下程序后，test.txt文件的内容是（　　）。

```
#include "stdio.h"
#include "stdlib.h"
void main( )
{   FILE *fp;
    char *s1="Fortran",*s2="Basic";
    if((fp=fopen("test.txt","wb"))==NULL)
    {   printf("Can't open test.txt file\n");
        exit(1);
    }
    fwrite(s1,7,1,fp);
    fseek(fp,0L,SEEK_SET);
    fwrite(s2,5,1,fp);
   fclose(fp);
}
```

A．Basican　　B．BasicFortran

C．Basic　　D．FortranBasic

9．以下与函数fseek(fp,0L,SEEK_SET)有相同作用的是（　　）。

A．feof(fp)　　B．ftell(fp)　　C．fgetc(fp)　　D．rewind(fp)

10．运行以下程序后，文件t1.dat中的内容是（　　）。

```
#include "stdio.h"
void WriteStr(char *fn,char *str)
{
   FILE  *fp;
   fp=fopen(fn,"w");
   fputs(str,fp);
   fclose(fp);
}
void main( )
{
   WriteStr("t1.dat","start");
   WriteStr("t1.dat","end");
}
```

A．start　　　B．end　　　C．startend　　　D．endrt

二、写出下列程序的运行结果

1．

```
#include "stdio.h"
#include <stdlib.h>
void main( )
{ FILE *fp;
  int a[10]={1,2,3,0,0},i;
  if((fp=fopen("d2.dat","wb"))==NULL)
  { printf("Can't open this file.\n");
    exit(1);
  }
  fwrite(a,sizeof(int),5,fp);
  fwrite(a,sizeof(int),5,fp);
  fclose(fp);
  fp=fopen("d2.dat","rb");
  fread(a,sizeof(int),10,fp);
  fclose(fp);
  for(i=0;i<10;i++)
    printf("%d,",a[i]);
  printf("\n");
}
```

2．

```
#include <stdio.h>
#include <stdlib.h>
void main( )
{  FILE *fp;
   char a[20];
   int b;
   float c;
   if((fp=fopen("t1.txt","wb+"))==NULL)
   {  printf("Cannot open the file\n");
      exit(1);
   }
   fprintf(fp,"this_is_a_test %d %f",10,20.01);
   rewind(fp);
   fscanf(fp,"%15s",a);
   fscanf(fp,"%d%f",&b,&c);
   puts(a);
   printf("%d %f\n",b,c);
   fclose(fp);
}
```

三、编程题

1．从键盘输入一个字符串，将其中的小写字母全部转换成大写字母，然后输出到一个磁盘文件“test”中保存。输入的字符串以“!”结束。

2．有 5 个学生，每个学生有 3 门课的成绩。从键盘输入 5 个学生数据（包括学号、姓名、三门课成绩），计算其平均成绩，将原有数据和计算出的平均分数存放在磁盘文件“stud”中。

附录 A 常用字符与 ASCII 代码对照表

ASCII 值	字符	控制字符	ASCII 值	字符	ASCII 值	字符	ASCII 值	字符	ASCII 值	字符	ASCII 值	字符	ASCII 值	字符	ASCII 值	字符
000	null	NUL	032	(space)	064	@	096	’	128	Ç	160	á	192	└	224	α
001	☺	SOH	033	!	065	A	097	a	129	ü	161	í	193	┴	225	β
002	☻	STX	034	"	066	B	098	b	130	é	162	ó	194	┬	226	Γ
003	♥	ETX	035	#	067	C	099	c	131	â	163	ú	195	├	227	π
004	♦	EOT	036	$	068	D	100	d	132	ä	164	ñ	196	─	228	Σ
005	♣	END	037	%	069	E	101	e	133	à	165	Ñ	197	†	229	ρ
006	♠	ACK	038	&	070	F	102	f	134	å	166	ª	198	╞	230	μ
007	beep	BEL	039	'	071	G	103	g	135	ç	167	º	199	╟	231	τ
008	backspace	BS	040	(	072	H	104	h	136	ê	168	¿	200	╚	232	Φ
009	tab	HT	041	)	073	I	105	i	137	ë	169	┌	201	╔	233	θ
010	换行	LF	042	*	074	J	106	j	138	è	170	┐	202	╩	234	Ω
011	♂	VT	043	+	075	K	107	k	139	ï	171	½	203	╦	235	δ
012	♀	FF	044	,	076	L	108	l	140	î	172	¼	204	╠	236	∞
013	回车	CR	045	-	077	M	109	m	141	ì	173	¡	205	═	237	ø
014	♫	SO	046	.	078	N	110	n	142	Ä	174	«	206	╬	238	∈
015	☼	SI	047	/	079	O	111	o	143	Å	175	»	207	╧	239	∩
016	►	DLE	048	0	080	P	112	p	144	É	176	░	208	╨	240	≡
017	◄	DC1	049	1	081	Q	113	q	145	æ	177	▒	209	╤	241	±
018	↕	DC2	050	2	082	R	114	r	146	Æ	178	▓	210	╥	242	⩾
019	‼	DC3	051	3	083	S	115	s	147	ô	179	│	211	╙	243	⩽
020	¶	DC4	052	4	084	T	116	t	148	ö	180	┤	212	╘	244	⌠
021	§	NAK	053	5	085	U	117	u	149	ò	181	╡	213	╒	245	⌡
022	▬	SYN	054	6	086	V	118	v	150	û	182	╢	214	╓	246	÷
023	↨	ETB	055	7	087	W	119	w	151	ù	183	╖	215	╫	247	≈
024	↑	CAN	056	8	088	X	120	x	152	ÿ	184	╕	216	╪	248	°
025	↓	EM	057	9	089	Y	121	y	153	Ö	185	╣	217	┘	249	•
026	→	SUB	058	:	090	Z	122	z	154	Ü	186	║	218	┌	250	·
027	←	ESC	059	;	091	[	123	{	155	¢	187	╗	219	█	251	√
028	∟	FS	060	<	092	\	124	¦	156	£	188	╝	220	▄	252	^{n}
029	↔	GS	061	=	093	]	125	}	157	¥	189	╜	221	▌	253	^{2}
030	▲	RS	062	>	094	^	126	~	158	P_t	190	┘	222	▐	254	▮
031	▼	US	063	?	095	_	127	⌂	159	ƒ	191	┐	223	▀	255	Blank’FF’

注：表中 ASCII 值为十进制数。其中，000～127 是标准的，128～255 是 IBM-PC 上专用的。

附录 B　运算符的优先级和结合性

<table>
<tr><th>运算类型</th><th>优先级</th><th>运算符</th><th>含义</th><th>结合性</th></tr>
<tr><td rowspan="13">单目运算符</td><td rowspan="4">1</td><td>()</td><td>圆括号</td><td rowspan="4">自左向右</td></tr>
<tr><td>[]</td><td>下标运算符</td></tr>
<tr><td>-></td><td>指向结构体、共同体成员运算符</td></tr>
<tr><td>.</td><td>结构体、共同体成员运算符</td></tr>
<tr><td rowspan="9">2</td><td>!</td><td>逻辑非运算符</td><td rowspan="9">自右向左</td></tr>
<tr><td>~</td><td>按位取反运算符</td></tr>
<tr><td>++</td><td>自增运算符</td></tr>
<tr><td>--</td><td>自减运算符</td></tr>
<tr><td>-</td><td>负号运算符</td></tr>
<tr><td>（类型）</td><td>类型转换运算符</td></tr>
<tr><td>*</td><td>指针运算符</td></tr>
<tr><td>&</td><td>取地址运算符</td></tr>
<tr><td>sizeof</td><td>长度运算符</td></tr>
<tr><td rowspan="14">双目运算符</td><td rowspan="3">3</td><td>*</td><td>乘法运算符</td><td rowspan="3">自左向右</td></tr>
<tr><td>/</td><td>除法运算符</td></tr>
<tr><td>%</td><td>求余运算符</td></tr>
<tr><td rowspan="2">4</td><td>+</td><td>加法运算符</td><td rowspan="2">自左向右</td></tr>
<tr><td>-</td><td>减法运算符</td></tr>
<tr><td rowspan="2">5</td><td><<</td><td>左移运算符</td><td rowspan="2">自左向右</td></tr>
<tr><td>>></td><td>右移运算符</td></tr>
<tr><td>6</td><td>< <= > >=</td><td>关系运算符</td><td>自左向右</td></tr>
<tr><td>7</td><td>== !=</td><td>等于运算符和不等于运算符</td><td>自左向右</td></tr>
<tr><td>8</td><td>&</td><td>按位与运算符</td><td>自左向右</td></tr>
<tr><td>9</td><td>^</td><td>按位异或运算符</td><td>自左向右</td></tr>
<tr><td>10</td><td>|</td><td>按位或运算符</td><td>自左向右</td></tr>
<tr><td>11</td><td>&&</td><td>逻辑与运算符</td><td>自左向右</td></tr>
<tr><td>12</td><td>||</td><td>逻辑或运算符</td><td>自左向右</td></tr>
<tr><td>三目运算符</td><td>13</td><td>? :</td><td>条件运算符</td><td>自左向右</td></tr>
<tr><td rowspan="2">双目运算符</td><td>14</td><td>= += -= *= /= %= >>= <<= &= ^= |=</td><td>赋值运算符</td><td>自右向左</td></tr>
<tr><td>15</td><td>,</td><td>逗号运算符（顺序求值运算符）</td><td>自左向右</td></tr>
</table>

附录C　常用的C语言库函数

库函数并不是C语言的一部分，每一种C编译系统都提供了一批库函数，不同的编译系统所提供的库函数的数目和函数名以及函数功能是不完全相同的。考虑到通用性，本书列出ANSI C标准建议提供的常用的部分库函数。读者在编制C程序时，可能要用到更多的库函数，请查阅相关手册。

1. 数学函数

调用数学函数时，要求在源文件中包含头文件“math.h”，即使用以下命令行：

```
#include <math.h>或#include "math.h"
```

函数名	函数首部	功能	返回值	说明
abs	int abs(int x)	求整数x的绝对值	计算结果	
acos	double acos(double x)	计算 $\cos^{-1}(x)$的值	计算结果	x在-1～1范围内
asin	double asin(double x)	计算 $\sin^{-1}(x)$的值	计算结果	x在-1～1范围内
atan	double atan(double x)	计算 $\tan^{-1}(x)$的值	计算结果	
atan2	double atan2(double x, double y)	计算 $\tan^{-1}(x/y)$的值	计算结果	
cos	double cos(double x)	计算cos (x)的值	计算结果	x的单位为弧度
cosh	double cosh(double x)	计算x的双曲余弦cosh(x)的值	计算结果	
exp	double exp(double x)	计算 e^x 的值	计算结果	
fabs	double fabs(double x)	求x的绝对值	计算结果	
floor	double floor(double x)	求不大于x的最大整数	该整数的双精度数	
fmod	double fmod(double x, double y)	求整除x/y的余数	余数的双精度数	
frexp	double frexp(double val, int *eptr)	把双精度数val分解为尾数x和以2为底的指数n，即 $val=x*2^n$，n存放在eptr所指向的变量中	返回尾数 x(0.5≤x<1)	
log	double log(double x)	求 $\log_e x$，即ln x	计算结果	
log10	double log10(double x)	求 $\log_{10} x$	计算结果	
modf	double modf(double val, double *iptr)	把双精度数 val 分解成整数部分和小数部分，整数部分存放在iptr所指向的单元中	val的小数部分	
pow	double pow(double x, double y)	计算 x^y 的值	计算结果	
rand	int rand(void)	产生-90～32767的随机整数	随机整数	
sin	double sin(double x)	计算sin(x)的值	计算结果	x的单位为弧度
sinh	double sinh(double x)	计算x的双曲正弦函数sinh(x)的值	计算结果	
sqrt	double sqrt(double x)	计算x的平方根	计算结果	x≥0
tan	double tan(double x)	计算tan (x)的值	计算结果	x的单位为弧度
tanh	double tanh(double x)	计算x的双曲正切函数tanh(x)的值	计算结果	

2. 字符函数和字符串函数

调用字符函数时，要求在源文件中包含头文件“ctype.h”；调用字符串函数时，要求在源文件中包含头文件“string.h”。有的 C 编译系统不遵循 ANSI C 标准的规定，而用其他名称的头文件，请使用时查阅有关手册。

函数名	函数首部	功能	返回值	包含文件
isalnum	int isalnum(int ch)	检查 ch 是否为字母或数字	是，返回 1；否则返回 0	ctype.h
isalpha	int isalpha(int ch)	检查 ch 是否为字母	是，返回 1；否则返回 0	ctype.h
iscntrl	int iscntrl(int ch)	检查 ch 是否为控制字符（其 ASCII 码值在 0～31）	是，返回 1；否则返回 0	ctype.h
isdigit	int isdigit(int ch)	检查 ch 是否为数字	是，返回 1；否则返回 0	ctype.h
isgraph	int isgraph(int ch)	检查 ch 是否为可打印字符（其 ASCII 码值在 33～126），不包括空格字符	是，返回 1；否则返回 0	ctype.h
islower	int islower(int ch)	检查 ch 是否为小写字母	是，返回 1；否则返回 0	ctype.h
isprint	int isprint(int ch)	检查 ch 是否为字母或数字	是，返回 1；否则返回 0	ctype.h
ispunct	int ispunct(int ch)	检查 ch 是否为标点字符（包括空格），即除字母、数字和空格以外的所有可打印字符。	是，返回 1；否则返回 0	ctype.h
isspace	int isspace(int ch)	检查 ch 是否为空格、制表符或换行字符	是，返回 1；否则返回 0	ctype.h
isupper	int isupper(int ch)	检查 ch 是否为大写字母	是，返回 1；否则返回 0	ctype.h
isxdigit	int isxdigit(int ch)	检查 ch 是否为 16 进制数字	是，返回 1；否则返回 0	ctype.h
strcat	char *strcat(char *s1,char *s2)	把 s2 指向的字符串连接到 s1 指向的字符串后面	s1 所指地址	string.h
strchr	char *strchr(char *s,int ch)	在 s 所指向的字符串中，找出第一次出现字符 ch 的位置	返回找到的字符的地址，找不到返回 NULL	string.h
strcmp	char *strcmp(char *s1,char *s2)	对 s1 和 s2 所指向的字符串进行比较	s1<s2，返回负数；s1=s2，返回 0；s1>s2，返回正数	string.h
strcpy	char *strcpy(char *s1,char *s2)	把 s2 指向的字符串复制到 s1 指向的空间	s1 所指地址	string.h
strlen	unsigned strlen(char *s)	求 s 指向的字符串的长度	返回字符串中字符（不计最后的‘\0’）的个数	string.h
strstr	char *strstr(char *s1,char *s2)	在 s1 所指向的字符串中，找到 s2 指向字符串第一次出现的位置	返回找到的字符串的地址，找不到返回 NULL	string.h
tolower	int tolower(int ch)	把 ch 字符转换成小写字母	返回对应的小写字母	ctype.h
toupper	int toupper(int ch)	把 ch 字符转换成大写字母	返回对应的大写字母	ctype.h

3. 输入输出函数

调用输入输出函数时，要求在源文件中包含头文件“stdio.h”。

函数名	函数首部	功能	返回值	说明
clearerr	void clearerr(FILE *fp)	清除与文件指针 fp 有关的所有出错信息	无	
fclose	int fclose(FILE *fp)	关闭 fp 所指向的文件，释放文件缓冲区	出错，返回非 0；否则返回 0	
feof	int feof(FILE *fp)	检查文件是否结束	遇文件结束，返回非 0；否则返回 0	

续表

函数名	函数首部	功能	返回值	说明
fgetc	int fgetc(FILE *fp)	从 fp 所指向的文件中读一个字符	出错，返回 EOF；否则返回所读字符	
fgets	char *fgets(char *buf, int n, FILE *fp)	从 fp 所指向的文件中读取一个长度为 n-1 的字符串，将其存入 buf 所指向的存储区	返回 buf 所指地址；若遇文件结束或出错，返回 NULL	
fopen	FILE *fopen(char *filename, char *mode)	以 mode 指定的方式打开名为 filename 指向的文件	成功，返回文件指针（文件信息区的起始地址）；否则返回 NULL	
fprintf	int fprintf(FILE *fp,char *format, args,…)	把 args,…的值以 format 指定的格式输出到 fp 所指向的文件中	实际输出的字符数	
fputc	int fputc(char ch,FILE *fp)	把 ch 中字符输出到 fp 所指向的文件	成功，返回该字符；否则返回 EOF	
fputs	int fputs(char *str,FILE *fp)	把 str 所指向的字符串输出到 fp 所指向的文件中	成功，返回非 0；否则返回 0	
fread	int fread(char *pt,unsigned size, unsigned n,FILE *fp)	从 fp 所指向的文件中读取长度为 size 的 n 个数据项存到 pt 所指向的存储区	读取的数据项个数	
fscanf	int fscanf(FILE *fp,char *format,args,…)	从 fp 所指向的文件中按 format 指定的格式把输入数据存入到 args,…所指向的内存中	已输入的数据个数；遇文件结束或出错，返回 0	
fseek	int fseek(FILE *fp,long offer,int base)	移动 fp 所指向的文件的位置指针	成功，返回当前位置；否则返回-1	
ftell	int ftell(FILE *fp)	求出 fp 所指向的文件的当前读写位置	读写位置	
fwrite	int fwrite(char *pt,unsigned size, unsigned n,FILE *fp)	把 pt 所指向的（n*size）个字节内容输出到 fp 所指向的文件中	输出的数据项个数	
getc	int getc(FILE *fp)	从 fp 所指向的文件中读取一个字符	返回所读字符；若出错或文件结束，返回 EOF	
getchar	int getchar(void)	从标准输入设备读取下一个字符	返回所读字符；若出错或文件结束，返回-1	
printf	int printf(char *format,args,…)	按 format 指向的格式字符串所规定的格式，将输出表列 args 的值输出到标准输出设备	输出字符个数；若出错，返回负值	format 可以是一个字符串，或字符数组的起始地址
putc	int putc(int ch,FILE *fp)	同 fputc	同 fputc	
putchar	int putchar(char ch)	把 ch 输出到标准输出设备	返回输出的字符；若出错，返回 EOF	
puts	int puts(char *str)	把 str 所指向的字符串输出到标准输出设备，将‘\0’转换成回车换行符	返回换行符；若出错，返回 EOF	
rename	int rename(char *oldname,char *newname)	把 oldname 所指向的文件名改为 newname 所指向的文件名	成功返回 0，出错返回-1	
rewind	void rewind(FILE *fp)	将 fp 所指向的文件位置指针置于文件开头，并清除文件结束标志和错误标志	无	
scanf	int scanf(char *format,args,…)	从标准输入设备按 format 指定的格式把输入数据存入到 args 列表所指向的内存中	读入并赋给 args 的数据个数；遇文件结束返回 EOF，出错返回 0	args 为指针

4. 动态存储分配函数

ANSI C 标准建议，调用动态存储分配函数时，要求在源文件中包含头文件“stdlib.h”，但许多 C 编译系统要求在源文件中包含头文件“malloc.h”而不是“stdlib.h”。读者在使用时应查阅有关手册。

函数名	函数首部	功能	返回值
calloc	void *calloc(unsigned n,unsigned size)	分配 n 个数据项的内存空间，每个数据项的大小为 size 个字节	分配内存单元的起始地址；如不成功，返回 0
free	void free(void *p)	释放 p 所指向的内存区	无
malloc	void *malloc(unsigned size)	分配 size 个字节的存储空间	分配内存空间的地址；如不成功，返回 0
realloc	void *realloc(void *p,unsigned size)	把 p 所指向的内存区的大小改为 size 个字节	新分配内存空间的地址；如不成功，返回 0

附录 D　调试程序时常见的出错提示信息

在 Visual C++ 6.0 编译系统中调试程序时，如果程序出错，系统会显示出错信息。下面列举常见的 15 种出错提示信息。

1. unknown character ‘0xa3’

说明：不认识的字符‘0xa3’。（一般是汉字或中文标点符号）

2. missing ‘:’ before ‘{’

说明：“{”前缺少“;”。

3. missing ‘;’ before identifier ‘dc’

说明：在“dc”前丢了“;”。

4. expected constant expression

说明：希望是常量表达式。（一般出现在 switch 语句的 case 分支中）

5. case value ‘1’ already used

说明：值 1 已被使用。（一般出现在 switch 语句的 case 分支中）

6. redefinition of formal parameter ‘bReset’

说明：函数参数“bReset”在函数体中重定义。

7. Cannot open include file: ‘s……h’: No such file or directory

说明：不能打开包含文件“s……h”：没有这样的文件或目录。

8. function call missing argument list

说明：调用函数的时候没有给参数。

9. ‘IDD_MYDIALOG’ : undeclared identifier

说明：“IDD_MYDIALOG”：未声明过的标识符。

10. ‘SetTimer’ : function does not take 2 parameters

说明：“SetTimer”函数不传递 2 个参数。

11. unexpected end of file while looking for precompiled header directive

说明：寻找预编译头文件路径时遇到了不该遇到的文件尾。

12. '= =' : operator has no effect; did you intend '='?

说明：没有效果的运算符"= ="；是否改为"="？

13. local variable 'bReset' used without having been initialized

说明：局部变量"bReset"没有初始化就使用。

14. 'f……': no return value

说明："f……"的 return 语句没有返回值。

15. LINK : fatal error LNK1168: cannot open Debug/P1.exe for writing

说明：连接错误：不能打开 P1.exe 文件以改写内容。（一般是 P1.exe 还在运行，未关闭）

参考文献

李清政．2008．C 语言程序设计教程．北京：中国铁道出版社．
谭浩强．1999．C 程序设计题解与上机指导（第二版）．北京：清华大学出版社．
谭浩强．2005．C 程序设计（第三版）．北京：清华大学出版社．